Joachim M. Köstnick

LASTWAGEN
DEUTSCHLANDS

Motorbuch Verlag

FERNFAHRER
DAS TRUCK-MAGAZIN FÜR BERUFSKRAFTFAHRER

1. Auflage 2017

Lektorat: Joachim Kuch/Joachim Köster
Innengestaltung: Luis dos Santos
Projektkoordination DMAX: Laura Lamertz/Rolf Schlipköter
Druck und Bindung: Conzella Verlagsbuchbinderei, 85609 Aschheim-Dornach
Printed in Germany

Mercedes-Benz SLT 4163 Schwerlast-Transport Tunnelbohrkopf Fa. Paule
(Foto: © Thomas Küppers)

INHALT

der Landstraße ins Abseits gedrängt, empfunden als ein unvermeidliches Übel, lästig wie das obligatorische Familientreffen zu Omas rundem Geburtstag.

Das ging so weit, dass sich die Verkehrsminister in Deutschland nach dem Zweiten Weltkrieg mit LKW-feindlichen Vorschlägen geradezu überboten, Herr Sehbohm zum Beispiel tat sich dabei besonders unrühmlich hervor. Seine Gesetzgebung legte den Güterkraftverkehr in ein enges Korsett und zwang die Hersteller, Fahrzeuge speziell für den deutschen Markt zu entwickeln – oder, umgekehrt, Lastwagen für den Export zu bauen. Das führte zu vielen unsinnigen Doppelentwicklungen, erst in den Sechzigern kam es im Rahmen der heute so oft gescholtenen EU (die damals allerdings noch nicht so hieß) zu einer Angleichung der Standards in Länge, Breite und Gewichten. Doch kaum war das geschafft, trat Seebohms Nachfolger, Georg Leber, nach: »Die Stinker müssen weg« – das Gedrängel auf den Straßen hatte nichts mehr mit der Fernfahrerromantik eines Hans Albers zu tun.

Die Nutzfahrzeugbauer konnten dagegen nur wenig tun, sie gehörten zu den Leidtragenden einer Entwicklung, bei der der Gesetzgeber mit am Reißbrett stand. Und doch: Es war nicht alles schlecht, denn gerade in den ersten Jahrzehnten brachte die Branche einige der schönsten Lastwagen aller Zeiten hervor. Auch wenn die klassischen Hauber – die Krupp, die Henschel und die Vomag – längst schon aus dem Straßenbild verschwunden sind: Vergessen sind sie nicht, und auch wenn das, was heute jeder mittelschwere Lkw leicht schultert, damals kaum ein Fernlaster weggezogen hätte: Die Faszination ist geblieben, war damals so groß wie heute.

Und genau diese Faszination, diese Freude an den »Spielzeugen für große Jungs« war die Triebfeder für diesen Rückblick auf ein gutes Jahrhundert Lastwagenbau in Deutschland. Gewiss, es ist nicht möglich, alle Marken, geschweige denn alle Modelle zu präsentieren, aber eine repräsentative Auswahl, die sollte es dann hoffentlich doch geworden sein.

Dass dieser Band entstanden ist, dazu haben viele fleißige Hände beigetragen, Wolfgang Gebhardt, zum Beispiel, Ralf Weinreich, Halwart Schrader oder auch MAN-Spezialist Wolfgang Westerwelle.

Autor, DMAX und Verlag freuen sich jederzeit über Anregungen, Verbesserungen und Ergänzungen, die in einer der nächsten Auflagen dann berücksichtigt werden können. In diesem Sinne: Cowboystiefel an, hoch auf den Bock, den Diesel angeworfen und – ab auf die Straße!

JOACHIM M. KÖSTNICK

Niemand sagt, dass Lastwagen langweilig sein müssen – oder langsam: Race-Trucks wie der 1100 PS starke MAN laufen rund 160 km/h.
(Foto: © Dakar Press Team/ Car Content Factory)

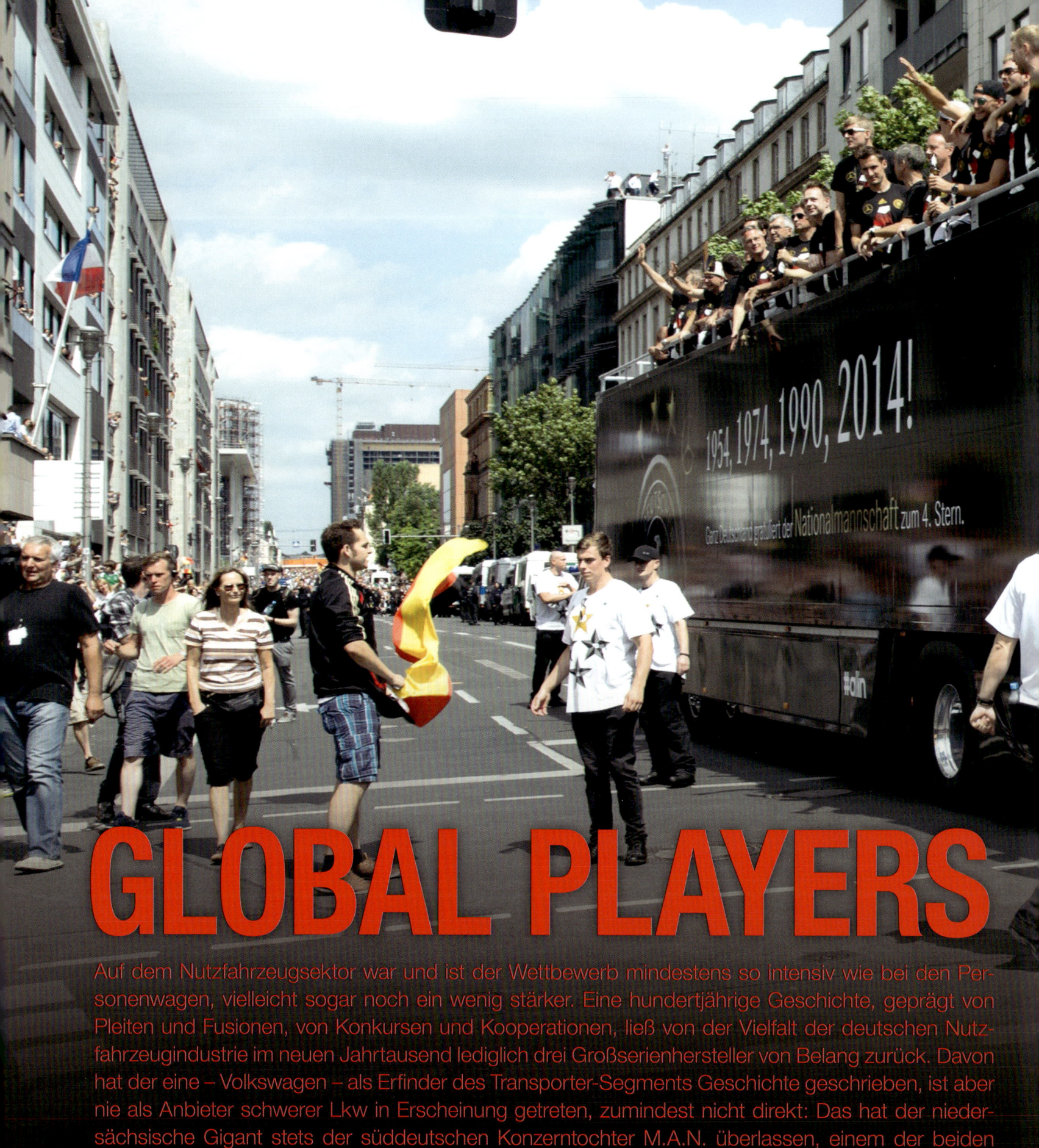

GLOBAL PLAYERS

Auf dem Nutzfahrzeugsektor war und ist der Wettbewerb mindestens so intensiv wie bei den Personenwagen, vielleicht sogar noch ein wenig stärker. Eine hundertjährige Geschichte, geprägt von Pleiten und Fusionen, von Konkursen und Kooperationen, ließ von der Vielfalt der deutschen Nutzfahrzeugindustrie im neuen Jahrtausend lediglich drei Großserienhersteller von Belang zurück. Davon hat der eine – Volkswagen – als Erfinder des Transporter-Segments Geschichte geschrieben, ist aber nie als Anbieter schwerer Lkw in Erscheinung getreten, zumindest nicht direkt: Das hat der niedersächsische Gigant stets der süddeutschen Konzerntochter M.A.N. überlassen, einem der beiden Wegbereiter im Bau von schweren Lastkraftwagen. Der andere ist nicht minder bekannt, aber noch erfolgreicher: Die Daimler AG ist der größte Nutzfahrzeughersteller der Welt.

Fußball-Weltmeister mit Mercedes-Benz Actros unterwegs zur WM-Feier am Brandenburger Tor. (Foto: © Daimler AG)

Das VEKA MAN-Team um Fahrer Peter Versluis setzt bei der Rallye Dakar 2016 auf die robusten und zuverlässigen Trucks vom Typ MAN TGS. (Foto: © MAN Truck & Bus AG)

Der VW Constellation wird von MAN für Südamerika hergestellt. (Foto: © Volkswagen AG)

2-Tonnen-Kardanwagen von 1915. (Foto: © MAN Truck & Bus AG)

4–5-Tonnen-Kettenwagen, 1915. (Foto: © MAN Truck & Bus AG)

Stärkster DIES

Der MAN S1 H6 war der stärkste Lastwagen der Welt, er leistete 150 PS, 1926-1933. (Foto: © Sammlung Weinreich)

MAN-Feuerwehrwagen von 1921.   (Foto: © MAN Truck & Bus AG)

Die heute zum VW-Konzern gehörende Marke MAN – das Kürzel steht für die »Maschinenfabrik Augsburg Nürnberg« – geht zurück auf die Fusion zweier Maschinenbauer im Jahre 1898. Der eine, der in Augsburg, hatte mit Strickmaschinen begonnen, dann Dampfmaschinen gebaut und anschließend Druckmaschinen. Die Nürnberger hatten gleich mit Dampfmaschinen angefangen und dann Eisenbahnwaggons und Stahlbrücken entwickelt. Zum Firmensitz der neuen Maschinenfabrik wurde Augsburg bestimmt, wo Rudolf Diesel zwischen 1892 und 1897 seinen neuartigen Selbstzünder-Wärmemotor entwickelt hatte. Der Motor besaß Potenzial, und nachdem Diesel sie von den Vorzügen seiner Maschine überzeugt hatte, begannen die Maschinenbauer mit der Verfeinerung und Weiterentwicklung dieser genialen Verbrennungsmaschine. Das Maschinenbauunternehmen konzentrierte sich auf den Bau von Diesels Maschinen für alle möglichen Zwecke wie Industrieanlagen oder Schiffe – darunter taten es die MAN-Mannen nicht, die Technik steckte noch in den Kinderschuhen.

MAN-SAURER

Autos waren auch nicht so ihr Ding, damit beschäftigte man sich erst ab 1915. Das Kaiserreich lag im Krieg und hatte einen schier unermesslichen Bedarf an Fahrzeugen; das Kriegsministerium forderte – und förderte – den Einstieg in die Lkw-Produktion. Das führte zur Gründung der MAN-Saurer Lastwagen GmbH in Nürnberg; die Deutschen übernahmen das im deutschen Saurer-Zweigwerk gebaute Saurer-Lkw-Programm und produzierten es in Lizenz nach. Das war schneller und kostengünstiger als die Entwicklung eines eigenen Programms. MAN-Saurer gab es in vier Nutzlastklassen von zwei bis fünf Tonnen, Motorleistungen von 30 bis 45 PS und, je nach Gewicht, Kardan- oder Kettenantrieb für die Hinterachse. Letzteres bevorzugte das kaiserliche Heer bei seinen Subventionslastwagen, also jenen Typen, deren Anschaffung vom Staat gefördert wurde. Eine sogenannte Motorbremse – bei der der Motor als Kompressor fungierte – war serienmäßig, ebenso das einfache Handling und die solide Bauweise: MAN-Saurer hielten einiges aus. Es gab nur, zumindest nach Ansicht der Heeresleitung in Berlin, einen Nachteil: Im Unternehmen steckte ausländisches Kapital, daher wurde 1918 Saurer aus dem Unternehmen gedrängt. Bald darauf hatte Deutschland kapituliert, und MAN geriet in gewaltige Schwierigkeiten. 1920 dann kaufte der Gutehoffnungshütte-Konzern in Oberhausen (GHH) den Lastwagen- und Maschinenbauer auf. Für die Lkw-Sparte änderte sich nichts, die erzielte Anfang der Zwanziger den Durchbruch in ihren Bemühungen, den Diesel-Motor so zu schrumpfen, dass er unter die Haube eines Lastwagens passte. Die ersten Versuchsfahrten 1924 erfolgten noch mit einem MAN-Saurer-Kettenwagen, die weiteren dann mit Kardanwagen. Ende 1924, auf der Deutschen Automobilausstellung in Berlin, präsentierte MAN dann stolz drei Diesel-Lastwagen, einer davon konnte sogar vom interessierten Publikum gefahren werden. Das überzeugte, die neuen Diesel-MAN – Typ D 1580 – gingen in Serie, ein 3,5-Tonner mit zunächst 40/45 PS machte den Anfang. Dabei handelte es sich noch um modifizierte MAN-Saurer.

DIE ERSTEN DIESEL-DIREKTEINSPRITZER

Bei diesem ersten brauchbaren Fahrzeug-Diesel handelte es sich um einen Vierzylinder-Direkteinspritzer; die Einspritzpumpe war eine Eigenentwicklung. Gestartet wurde noch per Handkurbel. Das Interesse war groß, die Nachfrage verhalten. Wohl kostete der neue Motor laut Werk im Unterhalt nur ein Fünftel von dem, was ein konventioneller Benzinmotor kosten würde. Doch das Argument zog nicht richtig, die Kunden blieben misstrauisch und gaben auch bei der neuen KVB-Baureihe von 1925 – übrigens die erste, bei der Saurer nicht mehr mit im Boot gewesen war – meist dem Benzinmotor den Vorzug. Doch egal mit welchem Motor: Elektrostarter, Vierrad-Druckluftbremsen und die neue Hinterachse mit separaten Antriebswellen und Seitenvorgelege über Stirnräder hatten sie alle, und damit waren sie schon ziemlich modern. Und der Fortschritt machte keine Pause, 1926 erschien der erste

MAN

Dreiachser S1 H6 des Herstellers. Für Vortrieb sorgte der mit 80 PS bis dahin stärkste Diesel-Motor des Herstellers.

Auf dieser Basis, aber mit sogenanntem »Niederrahmenfahrgestell«, entstand dann auch der S1 N6 als MAN-Omnibus. Der Kettenantrieb gehörte endgültig der Vergangenheit an, die Kardanwelle wirkte über Schneckengetriebe auf die beiden an Blattfederpaketen geführten Hinterachsen. Drei Differenziale und seitliche Vorgelege vervollständigten den Antriebsstrang, verzögert wurde über wartungsfreundliche, weil außen liegende, Bremsen.

Das änderte aber nichts daran, dass zum Ende des Jahrzehnts das Unternehmen tiefrote Zahlen schrieb. Die Weltwirtschaftskrise, ausgelöst durch den Börsencrash 1929 in den USA, führte zu gravierenden Absatzeinbrüchen, MAN stellte zeitweise den Bau von Diesel-Lkw ganz ein.

Mit Beginn des neuen Jahrzehnts wurden die Absatzzahlen nicht besser, 1931 wurden lediglich 184 Lkw verkauft, 1932 erreichte man einen Tiefstand von 144 Einheiten. Allerdings war MAN groß genug, um auch diese Durststrecke zu überstehen, baute eine moderne Fertigungsstraße auf und konzentrierte sich ausschließlich auf den Bau von Dieselmotoren. Ab 1933 verbesserte sich die Wirtschaftslage zusehends, nicht zuletzt durch Maßnahmen der neuen Machthaber. Die Auftragsbücher füllten sich wieder, die Absatzzahlen stiegen in den fünf Jahren zwischen 1933 und 1938 von 323 auf 2568 Lastwagen und Omnibusse, so viel wie noch nie in der MAN-Geschichte.

IMMER MEHR LEISTUNG

Trotz der schwierigen Zeit hatte MAN mit einigen wichtigen technischen Neuerungen auf sich aufmerksam gemacht. So stellte das Unternehmen 1932 mit dem S1 H6 den damals stärksten Diesellastwagen der Welt vor (Leistung: 150 PS / Hubraum 16,6 Liter). Dabei handelte es sich um einen Langsamläufer, der nach dem Luftkammerprinzip arbeitete. Alle sechs Zylinder waren in einem Block gegossen, für je drei Zylinder war zur einfacheren Wartung ein Zylinderkopf aufgesetzt. Die Kolben bestanden aus Leichtmetall, die siebenfach gelagerte Kurbelwelle hatte Gegengewichte. Die unten liegende Nockenwelle wirkte über Stoßstangen und Schwinghebel auf die Ventile. Das Starten des Motors besorgten zwei Anlasser.

Weitere wichtige Features der neuen MAN-Baureihen waren Einheitsgetriebe von ZF und druckluftgesteuerte Bremsen von Bosch. Keine große Zukunft indes war dem »Stahlmotor D 273« von 1933 beschieden, dessen komplettes Zylindergehäuse, mit Ausnahme der Ölwanne, aus geschweißtem Stahl bestand. Laufbuchsen aus Grauguss waren eingepresst. Bei einem Hubraum von 12,2 Liter betrug die Leistung 110 PS bei 1100 U/min. Gegenüber einem gleichvolumigen, aber gegossenen Motor war er wesentlich leichter, konnte sich jedoch aufgrund des hohen Fertigungsaufwandes letztlich nicht durchsetzen.

Auf der Automobil-Ausstellung 1937 präsentierte MAN ein komplettes Programm im neuen Design mit leicht nach hinten geneigtem Kühlergrill. Die Angebotspalette begann beim E 2, als kleinstem Vertreter der neuen Familie, mit 65 PS und einer Nutzlast von 2,75 Tonnen und reichte bis hin zum F 4 mit 150 PS und einer Nutzlast von 6,5 Tonnen.

Das Typenreduzierungsprogramm der Vorkriegszeit, besser bekannt als »Schell-Plan«, wies 1939 MAN für die Kriegsjahre den Bau von Fahrzeugen mit Nutzlasten von vier, fünf und sechs Tonnen zu. Im oberen Segment war MAN bislang mit dem F 4/F 5 vertreten gewesen. Die Fertigung der 6,5-Tonner wurde nach Österreich an Fross-Büssing vergeben.

Darunter angesiedelt, wurde ein mittelschwerer Typ unter der Bezeichnung SML entwickelt. Den Vortrieb besorgte der D 1040 G, ein Achtliter-Reihensechszylinder mit 110 PS. Dieser Viereinhalbtonner wurde dann, als ML 4500 typisiert, von der Wehrmacht übernommen, die Fahrzeuge mit Allradantrieb bekamen die Bezeichnung ML 4500 A. Auch hier erfolgten Lizenzfertigungen in Österreich (ÖAF). Daneben blieb der E 3000 in der Produktion, als Nachschublaster und als Wehrmachtsbus, obwohl

Im Zweiten Weltkrieg war der MAN E 3000 mit Hinterradantrieb zahlreich als Tross- und Nachschubfahrzeug im Einsatz. (Foto: © Archiv Oswald, Panzer und Radfahrzeuge)

4-Tonnen-Kettenwagen der GHH, 1922. (Foto: © MAN Truck & Bus AG)

Der MAN war ein Viertonner mit 100 PS von 1938. (Foto: © Sammlung Weinreich)

MAN 745 LI mit 135 PS Leistung und 8 Tonnen Nutzlast auf der Hyazinthen-Fahrt 2010 in Lisse, Niederlande. . (Foto: © Alf van Beem, PD)

MAN-Werbeomnibus von 1949.   (Foto: © MAN Truck & Bus AG)

MAN feierte im Jahr 2015 seinen einhundertjährigen Einstand im Nutzfahrzeugbau.
(Foto: © Ampnet)

Der MAN F8 mit 8,3 Tonnen Nutzlast und 180 PS wurde ab 1951 zum meistverkauften
schweren Lkw in Deutschland.   (Foto: © MAN Truck & Bus AG)

dieser hinterradgetriebene 3,5-Tonner nicht dem Schellplan entsprach und eigentlich bei MAN gar nicht mehr gebaut werden durfte.

Vor dem Hintergrund des enormen Bedarfs blieben aber die Lkw-Produktionszahlen stets bescheiden, insgesamt wurden etwa 1900 ML 4500, 100 ML 4500A und 230 F4/F5 gebaut, einschließlich der Lizenzfertigungen. Die Montagebänder von MAN in Deutschland hatten schwerpunktmäßig auf den Panzerbau (»Panther«) ausgerichtet werden müssen. Die Lkw-Fertigung lief mehr oder weniger nebenher.

SCHWIERIGER NEUBEGINN

Wie in den meisten anderen deutschen Fahrzeug-Werken stand man auch bei MAN zum Kriegsende vor schier unlösbaren Problemen. US-Truppen besetzten am 16. April 1945 die Nürnberger Produktionsanlagen. Bereits zuvor hatten wiederholte Luftangriffe die Anlagen und Maschinen zu rund 80 Prozent zerstört. Die unbeschädigt gebliebenen Einrichtungen wurden sofort beschlagnahmt.

Dennoch gelang es bereits im Mai 1945, unter strenger Aufsicht durch die Besatzungsmacht, Reparaturaufträge für US-Militärfahrzeuge auszuführen, und auch die Ersatzteillieferung lief wieder an. Im Herbst 1945 bekam MAN sogar die Genehmigung zur Fertigung eines ersten Nachkriegslastwagens, der natürlich nichts anderes war als ein Vorkriegslastwagen. Es handelte sich dabei um den Viereinhalbtonner MK (= Bezeichnung für Kurzhaube), der mal SML geheißen hatte und im Krieg als ML 4500S vom Band gelaufen war.

Trotz aller Schwierigkeiten wurde dann an Weihnachten 1945 der erste Nachkriegs-MAN komplettiert, wobei der, ebenso wie die anderen acht Fahrzeuge, die bis Jahresende noch entstanden, aus Restteilen zusammengesetzt wurde, eine Neuproduktion von Teilen war noch nicht möglich, und Luftreifen gab es auch nicht für alle Wagen, daher wurden, wie im Panzerbau erprobt, teilweise Gummibandagen aufgezogen. Doch es ging aufwärts, 1946 wurden schon 311 neue MK-Pritschenwagen gebaut.

LASTWAGEN IN DER MITTELKLASSE

Die westalliierten Besatzungsmächte begrenzten die Materiallieferungen bis zum Jahre 1949, es standen der MAN jedoch größere Mengen von Rohmaterial zu, um Aufträge aus dem Ausland anzunehmen. Einen solchen Auftrag erteilte die Schweiz 1947. 400 Exemplare des 4,5-Tonners wurden geordert. Diese Großbestellung führte zu einer Gesamtfertigung von 617 Fahrzeugen. 1948 steigerte sich die Produktionszahl auf 725 Fahrzeuge. Neben den Exportaufträgen handelte es sich fast ausschließlich um Kommunalfahrzeuge.

Im Jahre 1949 sah die Welt schon wieder besser aus. Durch die Währungsreform, ein Jahr zuvor, war wieder eine geregelte Wirtschaft möglich und das Augenmerk auf die Zukunft gerichtet. Die Hannover-Messe, an der auch MAN teilnahm, zeigte bereits erste Spuren von neuem Optimismus. In den Nürnberger Werkshallen hatte bereits wieder die Serienproduktion begonnen, obwohl es noch keine neuen Typen gab.

Noch baute man die alten, wenngleich modifizierten, Fahrzeuge aus der Vorkriegs- und Kriegszeit, von denen in jenem Jahr 857 Stück die Produktionsstätte verließen. 1950 lagen die Produktionszahlen bei rund 1400 Lastwagen, die Bänder bei Daimler-Benz aber spuckten beinahe das Zehnfache aus. Allerdings war das Programm der Stuttgarter ungleich umfangreicher, MAN konzentrierte sich auf die mittleren und schweren Lastwagentypen. Ein Lastwagen der MK-Serie mit fünf Tonnen Nutzlast kostete als Fahrgestell mit Spritzwand 23.700 D-Mark, ein kompletter Pritschenwagen kam auf 25.800 Mark und ein Kipper-Fahrgestell mit Fahrerhaus auf 29.413 Mark; ein MAN war damit um rund 2000 Mark teurer als ein vergleichbarer Mercedes L 5000.

DAS WIRTSCHAFTSWUNDER NIMMT FAHRT AUF

Fünf Jahre nach Kriegsende war MAN in der Lage, sein Modellprogramm auszuweiten. Den Anfang machten der neue Fünftonner MK 25 und der MK 26, ein 6,5 Tonner,

MAN

der sich nur durch die breitere Haube und die modifizierte Kühlermaske und den um zehn PS stärkeren Diesel-Sechszylinder und ein anderes Getriebe vom 25er unterschied. Außerdem hatte er Trilex-Räder. Er war für den Anhängerbetrieb vorgesehen und konnte mit einer hinteren Schleppachse auch als Dreiachser (MAN MK 26D) geliefert werden. Die bis 1954 hergestellten Typen gab es ab 1952 mit Allradantrieb für die Bauwirtschaft als MK 25A und MK 26A. MAN – das 1903 einen Verdichter (also Lader) in Kombination mit einem Explosionsmotor zum Patent angemeldet hatte – war auch der einzige deutsche Hersteller, der einen Motor mit Abgasturbolader herstellte, der D 1546 GT leistete statt der üblichen 130 dann 175 PS.

Zur ersten großen Nachkriegs-IAA 1951 (die Automobilausstellung 1949 in Berlin war eine nationale Veranstaltung ohne MAN-Beteiligung gewesen) brachten die Lastwagenbauer neben den bekannten MK-Typen – zulässige Gesamtgewichte 10,6 bzw. 11,8 Tonnen – auch den brandneuen Typ F8, ein Achttonner mit einem zulässigen Gesamtgewicht von 16 Tonnen. Seine Höchstgeschwindigkeit lag bei 60 km/h, die Optik mit breiterer Haube und in die Kotflügel integrierten Scheinwerfern wirkte wesentlich zeitgemäßer. Das neue Flaggschiff der Nürnberger hatte einen 180 PS starken V8-Dieselmotor unter der Haube. Der D 1548 G hatte einen Hubraum von 11,6 Litern, die Laufbüchsen waren auswechselbar. Der Fernverkehrslastwagen – daher das »F« in der Typenbezeichnung – hatte eigentlich nur eine Schwachstelle: Das recht beengte Ganzstahl-Fahrerhaus. Dieses Manko wurde dann bei der Modellpflege 1953 ausgemerzt, als wahre Sensation aber galt der nun verbaute V8-M-Motor.

Mit 180 PS ebenso kräftig wie der Vorgänger, arbeitete dieser Motor nach dem M-Verfahren.

Das »Mittenkugel-Brennverfahren« (nach dem Brennraum) revolutionierte den Dieselmotorenbau, die Presse sprach von der »größten Sensation des Jahres«, und MAN hatte damit einen Entwicklungsvorsprung, den die Konkurrenz so schnell nicht aufholen konnte. Die neue Technik bot drei gewaltige Vorteile, die M-Diesel waren leiser, sparsamer und elastischer als alle Diesel zuvor. Die Entwicklung beruhte im Wesentlichen auf einer neuen Auslegung der Ansaugkanäle und Brennräume, dank derer sich die Verbrennungsabläufe wesentlich sanfter gestalteten. Das M-Verfahren kam bei den beiden Reihensechszylindern wie auch beim V8-Motor zum Einsatz.

Zu diesem Zeitpunkt änderte MAN auch sein Bezeichnungsschema. In den nun dreistelligen Typbezeichnungen stand die erste Zahl, aufgerundet, für die Nutzlast, die beiden nächsten für die Motorleistung in PS, vermindert um 100. Eine weitere große Innovation war der Turbolader für den Motortyp D 1246 M2, (neue Bezeichnung D 1246 M2 T1) mit einer Leistungssteigerung von 25 PS. Die Presse war durchaus angetan von dieser Leistungsspritze, und dass das Ansprechen des Turboladers weniger als eine halbe Minute erforderte, galt als akzeptabel und wurde im Test lobend erwähnt.

Auch wenn der Turbo in den Fünfzigern noch nicht so richtig ausgereift war und im Alltagsgebrauch häufig nicht so funktionierte, wie er sollte (was etwa dem 1953 auf den Markt gebrachten Typ 750 TL1 mit 155 PS starkem Sechszylinder-Turbotriebwerk ein recht frühes Aus bescherte): MAN hatte damit das Tor zur Zukunft aufgestoßen.

Zur IAA 1953 erfolgte die Ablösung des MK 26 durch den neuen 630 L1, zu haben in verschiedenen Radständen, Antriebskonfigurationen und Nutzlasten von 6,3 und 6,8 Tonnen, darüber angesiedelt war der kurzlebige 758 L1 in F8-Optik, aber mit hubraumreduziertem V8 für 7,5 Tonnen Nutzlast.

Seit 1954 baute MAN nur noch Fahrzeugmotoren nach dem »M-Verfahren« und bot auch die Möglichkeit, ältere Motoren mit einem neuen Zylinderkopf umzurüsten. Ein nicht zu unterschätzender Nachteil des neuen Motors war jedoch, allen Beteuerungen der MAN-Werber zum Trotz, sein Kraftstoffverbrauch: So richtig sparsam waren die M-Motoren nicht. Doch auch wenn nicht jedes Modell sich als Volltreffer erwies: Der Markt boomte, im November 1955 erfolgte die Verlegung der Schwerlast-Fertigung in das ehemalige BMW-Flugmotorenwerk München-Allach, die Fertigung der leichteren Typen lief im April 1956 an, die komplette Produktionsverlagerung von Nürnberg

MAN 745 mit aufgesatteltem Langholz-Nachläufer. (Foto: © Ralf Weinreich)

Der MAN 10.210 T. FS wurde von 1960 bis 1963 gebaut, verfügte über eine Nutzlast von 9,5 Tonnen und leistete 210 PS. (Foto: © Ralf Weinreich)

MAN 735 Tanksattelschlepper mit Tankauflieger von Stadtler. (Foto: © Ralf Weinreich)

MAN-Lastwagen befördern Kurden auf der Flucht vor den Truppen Saddam Husseins im Nordirak in die vom US Militär aufgestellten Zeltstädte. (Foto: © PHAN April Hatton, PD)

Nach 1954 verbaute MAN ausschließlich Motoren, die nach dem M-Verfahren arbeiteten, so auch beim 520 L1 (120 PS, 1957–1962). (Foto: © Sammlung Westerwelle)

MAN

nach München war aber erst 1957 abgeschlossen. Zu diesem Zeitpunkt schob MAN mehrere Monate Lieferzeit vor sich her, vielleicht auch weil der Export mit mittlerweile 30 % einen immer größeren Anteil einnahm. 1957 rollten übrigens 5434 Lastwagen und Omnibusse von den vier Montagebändern. In diesem Jahr begann auch die Produktion des 630 L2 A, des kantigen Allrad-Haubers für die Bundeswehr. Er blieb bis 1972 in verschiedenen Varianten in Produktion und wurde fast 30.000 Mal gebaut. Der Fünftonner mit dem 130 PS starken Vielstoffmotor basierte noch auf dem Weltkriegs-Typ ML 4500.

Die zivilen Haubenlastwagen aber bestimmten, in verschiedenen Tonnageklassen und Ausführungen, das MAN-Lastwagenprogramm in den Fünfzigern, der kleinste der klassischen MAN-Hauber war der MK-25-Nachfolger 515 L1 von 1954; eine Nummer darunter rangierte der 400 L1, immer noch ein Hauber, aber einer mit großer Panoramascheibe und harmonisch integrierten Kotflügeln. Dieser Pontonhauber mit 100-PS-M-Motor und einer Tragkraft von 4,8 Tonnen trug den neuesten Forderungen des Verkehrsministeriums in Sachen Achslast, Länge und Gesamtgewichten Rechnung. Der Pontonhauber sollte sich in zahlreichen Varianten zum Erfolgstyp mausern, auch wenn er bereits 1958 durch den »415 L«, der mit einem aufgebohrten 5,9-Liter-Motor mit 115 PS ausgerüstet war, verdrängt werden sollte.

PONTONHAUBER UND PAUSBACKEN

Seit 1957 bot MAN auch Frontlenkertypen an, die eine entfernte Ähnlichkeit mit den Pontonhaubern aufwiesen. Wie bei den andern Herstellern auch, war dieser Typ eine Reaktion auf die gesetzlichen Längenbegrenzungen aus dem Haus Seebohm, der eine Einschränkung auf 14 Meter Länge und 24 Tonnen Gesamtgewicht vorsah. Daher führte am Frontlenker-Fahrerhaus kein Weg vorbei, denn das erlaubte bei unveränderten Abmessungen den Aufbau einer längeren Pritsche. Zu dem Zeitpunkt änderten sich auch die Typenbezeichnungen in Form des angehängten Buchstabens »H« für Haubenwagen und »F« für Frontlenker.

1965 wurde das alte Fahrerhaus noch kurzfristig kippbar gestaltet, was zum Typenzusatz »BF« (= Bewegliches Frontlenkerfahrerhaus) führte. Dieser Zusatz entfiel 1967 mit Einführung der neuen Frontlenkergeneration wieder.

Im September 1959 stellte MAN drei Prototypen der neuen »richtigen« Dreiachser der Nachkriegsgeneration vor. Davor gab es nur einige Exportausführungen mit einer Nachlaufachse. Allerdings blieben die frisch vorgestellten Prototypen zunächst auch Einzelexemplare. Die Serienlaster erschienen erst rund drei Jahre später auf dem Markt.

Bei der Motorenentwicklung gelang zuvor ein weiterer Durchbruch. Prof. Dr.-Ing. E. h. Siegfried Meurer und seinem Technikerstab war es gelungen, einen Vielstoffmotor auf der Basis des M-Motors zu entwickeln, der dann sogleich in die ab 1958 anlaufende Großserie der neuen Bundeswehr-Lkw des Typs 630 L 2 A / L 2 AE eingebaut wurde.

Zwischen 1960 und 1967 stand wieder ein Sechszylinder mit Abgas-Turbolader im Programm; der MAN 10.210 von 1960 etwa mit 9,7 Litern Hubraum und 210 PS – »MAN ist die einzige Lastwagenfabrik in Deutschland, die ihren 16-t-Lkw mit einer höheren Motorleistung ausstattet als der Gesetzgeber vorschreibt« – verfügte über diese von der Fachpresse ständig gelobten, wenn auch noch immer nicht ganz ausgereiften Herzschrittmacher. 1963 stellte MAN auf der Frankfurter Automobilausstellung die neue HM-Motorengeneration vor. Diese Weiterentwicklung der M-Motoren wies eine bessere Effizienz auf, qualmte weniger und war leiser; jetzt waren 212 PS auch ohne Aufladung möglich, mit Turbo kamen dann stolze 230 PS zusammen, was deutlich den vom Seebohm-Ministerium geforderten Wert von sechs PS pro Tonne überstieg: Ein Zug mit den maximal zulässigen 32 Tonnen Gesamtgewicht musste demzufolge nämlich lediglich 192 PS aufweisen, MAN lag damit weit darüber. 1965 erweiterte MAN sein Angebot von zehn auf 15 Grundmodelle; Flaggschiff war die schwere Dreiachs-Sattelzugmaschine 14.230 mit Großraum-Fahrerhaus.

MAN 10.210 F mit charakteristischer »Pausbacken«-Front.
(Foto: © O. Nordsieck, CC-BY-SA-3.0)

MAN

SAVIEM, VW UND DIE SUCHE NACH EINER MIDI-BAUREIHE

Ab 1967 intensivierte sich eine bereits bestehende Zusammenarbeit mit der Renault-Tochter Saviem. Der französische Hersteller hatte 1965 Lizenzen zum Nachbau des M-Motors erworben. MAN, mittlerweile hinter Daimler-Benz zweitgrößter deutscher Lkw-Produzent (Jahresproduktion 1967: 12.000 Fahrzeuge), wollte zu diesem Zeitpunkt seine Angebotspalette erweitern, um künftig nicht länger der Konkurrenz aus Stuttgart das Geschäft mit den leichten Lkw und Lieferwagen zu überlassen. Der Schritt in die unteren Nutzlastklassen schien der richtige Weg zu sein. Und da schien wiederum Saviem der geeignet Partner zu sein, denn die Franzosen waren auf Brautschau: Die 1961 geschlossene Kooperation mit Henschel hatte nur zwei Jahre gehalten.

Die mit MAN war länger angelegt und sollte bis 1977 Bestand haben. Frankreich belieferte die MAN-Händler mit Transportern und leichten Lastwagen, unter Verwendung zugelieferter Baugruppen und Motoren. Saviem lieferte außerdem Kabinen und bezog seinerseits Motoren. Letztlich schien das Arrangement vielversprechend zu sein, MAN verkaufte seinerseits mittelschwere und schwere Lastwagen als Saviem-MAN in Frankreich und kam in den Genuss der entsprechenden Modellpflegemaßnahmen. Die allerdings fielen, LKW-typisch, wesentlich dezenter aus als bei Pkw. So wiesen die MAN-Saviem-Hauber des Jahres 1969 optische und technische Veränderungen auf, ohne dass sich im Grundsatz etwas geändert hätte. Gleichwohl war die gesamte Motorhaube, einschließlich der Kotflügel, zur Wartung nach oben klappbar, was die Mechaniker dies- und jenseits der Grenze gleichermaßen zu schätzen wussten. Die jetzt eckigen Scheinwerfer waren in die Stoßstangen eingelassen. 5600 Transporter und 7100 leichte Lastwagen mit französischer Note verließen während der zehnjährigen Zusammenarbeit die MAN-Montagebänder, während die Münchner 20.000 Vorderachsen und über 25.000 Motoren nach Frankreich lieferten.

Auf der IAA in Frankfurt 1967 stellte MAN zudem mit Saviem ein neues, für beide Marken entwickeltes Lkw-Fahrerhaus vor. Die SM-Hütte wirkte mit ihrer kantigen, gradlinigen Form zeitlos und fand sofort ungeteilte Zustimmung bei den Messebesuchern und der Fachpresse. Während sich die Saviem-Kleinlaster auf dem deutschen Markt nicht so recht etablieren konnten, blieb das neue, für die schweren Fahrzeuge entwickelte Fah http://images.finanzen.net/mediacenter/575917bfb90cc3c1e926c98424b6b0f5/imags/LpWUWBFk3irhtke.png rerhaus rund zwanzig Jahre lang in der Produktion.

Mitte der Siebziger brummte bei MAN das Geschäft mit den schweren Brummern. Die Augsburger fuhren an der Kapazitätsgrenze, nährten sich einer Jahresproduktion von 18.000 Lastern und Omnibussen und konnten ein zweistelliges Umsatzplus verzeichnen. Stark war MAN mit seinen Frontlenkern im Fernverkehr, während die Hauber typische Baustellen-Laster waren. Rund ein Drittel seiner Produktion lieferte MAN an die Bauwirtschaft. Das war bei Daimler-Benz ähnlich, bei KHD-Magirus waren es dagegen über 60 %, und als die Konjunktur dann abflaute, geriet Magirus ins Trudeln, was die Ulmer letztlich die Unabhängigkeit kosten sollte.

Trotzdem wurde der Kooperationsvertrag zwischen MAN und Renault-Saviem1977 wieder aufgelöst. Dabei dürfte neben politischen Gründen auch der relative Misserfolg der Saviem-MAN auf dem deutschen Markt eine Rolle gespielt haben, was wiederum MAN schon 1975 veranlasst hatte, auf das in einer tiefen Krise steckende Volkswagenwerk zuzugehen und eine Kooperation vorzuschlagen. Wäre es nach dem nach wie vor zum GHH-Konzern gehörenden Lastwagenbauer gegangen, hätten zum Modelljahr 1978 im nicht ausgelasteten Audi-NSU-Werk Neckarsulm mittelschwere Lastwagen in der Nutzlastklasse sechs bis acht Tonnen vom Band laufen können, ein Ende der Zusammenarbeit mit den Franzosen zeichnete sich also schon länger ab. Eine Kooperation mit Volkswagen kam dennoch zustande. Die Vereinbarung zur Entwicklung einer Typenfamilie im leichten Nutzfahrzeugbereich oberhalb der LT-Reihe, mit der VW gegen die Daimler-Modelle 206-307 antrat. Dem im August 1977 geschlossenen Abkommen folgte die offizielle Vorstellung auf der IAA im Jahre 1979, wobei sich MAN einen

MAN 450 Feuerwehrwagen mit Allradantrieb von 1957. (Foto: © Marcus Lehmann)

MAN 7.126 F Pritschenwagen von 1967 mit Fahrerkabine von Saviem.
(Foto: © MAN Truck & Bus AG)

MAN 630 L2 A Kommandowagen mit 130 PS. (Foto: © Ralf Weinreich)

Der MAN 630 Fünftonner – Spitzname »Emma« – gehörte zu den ersten Militärfahrzeugen der Bundeswehr. (Foto: © Unterillertaler, CC-BY-SA 3.0)

MAN-Büssing 16.320 U mit 320-PS-Unterflurdiesel von 1972.   (Foto: © Ralf Weinreich)

MAN 13.215 F mit 215 PS von 1967.   (Foto: © MAN Truck & Bus AG)

Der MAN 15.240 wurde von 1974 bis 1983 hergestellt. Sein Direkteinspritz-Dieselmotor leistete 240 PS.   (Foto: © Axel Kirch, CC-BY-SA 4.0)

MAN-Volkswagen G90 nach dem Facelift von 1987.

Saviem-Nachfolger im unteren Gewichtsbereich erhoffte. Gebaut wurden zunächst vier Typen in der Nutzlastklasse von sechs bis neun Tonnen, die aber im Verkauf weit hinter den Erwartungen zurückblieben. Statt der geplanten 15.000 Fahrzeuge wurden pro Jahr kaum mehr als ein Drittel abgesetzt; anderseits erhielt Volkswagen dafür die dringend benötigte Truck-Kompetenz, die dem von Anlaufschwierigkeiten geplagten LT-Lieferwagen bisher gefehlt hatte. Der Ende 1993 auslaufende Kooperationsvertrag wurde dennoch nicht verlängert; insgesamt waren 72.000 Fahrzeuge der G-Reihe verkauft worden.

DAS JAHRZEHNT DER KOOPERATIONEN

Im September 1970 wurde zwischen MAN und der Daimler-Benz AG ein Kooperationsvertrag in Bezug auf die Motoren- und Achsenfertigung geschlossen. Die führte 1972/73 zur Entwicklung des Komponentenmotors D 25 bei MAN, der nach dem M-Verfahren arbeitete. Daimler-Benz brachte parallel den Diesel-Direkteinspritzer OM 400 heraus. Offziell mit Kostenvorteilen bei größeren Stückzahlen begründet, steckte auch hier wieder das Bundesverteidigungsministerium dahinter, denn für die zweite Hälfte des Jahrzehnts stand ein gewaltiges Neubauprogramm auf dem Plan.

1962 hatten auf der Hardthöhe in Bonn die Planungen für die Kfz-Folgegeneration der Bundeswehr begonnen. 1964 gründeten daher MAN, Klöckner-Humboldt-Deutz, Büssing, Krupp und Henschel ein »Gemeinschaftsbüro« zur Erfüllung der »Militärischen Forderung an das Wehrmaterial«, wie es in schönstem Bürokratendeutsch hieß. Ab 1968 liefen erste Versuche mit Prototypen und im Dezember 1975 übernahm MAN für das Gemeinschaftsbüro den Bau der neuen geländegängigen Fahrzeuge in den Nutzlastklassen 5 t (Zweiachser, 4x4), 7 t (Dreiachser, 6x6) und 10 t (Vierachser, 8x8). Die Motoren stammten von KHD, die Rahmen kamen von Rheinstahl. Zwischen 1976 und 1983 verließen 10.424 Lastwagen der »Folgegeneration« das ehemalige Büssing-Werk Salzgitter-Watenstedt. Weitere Militäraufträge, auch aus dem Ausland, kamen später dazu.

Die 1970 begonnene Kooperation mit Mercedes führte zu einer weitgehenden Vereinheitlichung wichtiger Baugruppen bei den Fünf- und Sechszylinder-Reihenmotoren sowie Acht- und Zehnzylindern in V-Anordnung. Daher stimmten die Motoren in den Bauteilen und Grundabmessungen komplett überein und unterschieden sich nur durch das Verbrennungsverfahren. Ein weiterer Punkt dieses Vertrages, der bis 1981 Gültigkeit besaß, war die Entwicklung und Produktion von Außenplaneten-Antriebsachsen. Diese Achsen verwendete MAN nach 1986 nur noch in seinen Schwerlastfahrzeugen, ansonsten fand die Hypoidachse Verwendung, welche mit der US-Firma Eaton entwickelt worden war.

Trotz aller Zusammenarbeit mit Daimler-Benz: Auf dem Zivilsektor waren die Schwaben das Maß aller Dinge: Mitte der Siebziger trugen hierzulande, je nach Gewichtsklasse, zwischen 50 und 85 Prozent aller neuen Lastwagen über vier Tonnen Gesamtgewicht den Stern aus Untertürkheim; in der schwersten Klasse über 16 Tonnen lag der Mercedes-Marktanteil europaweit bei fast 20 Prozent.

Im Jahre 1971 übernahm MAN – auf sanften staatlichen Druck – die traditionsreichen Büssing-Werke (Braunschweig und Salzgitter-Watenstedt). Das Unternehmen war seit 1962 in Staatsbesitz und hatte 1969 ein erstes Aktienpaket an MAN abgegeben, den Marktführer auf dem Gebiete der Schwerlastwagen mit über 20 Tonnen Gesamtgewicht. Nachdem sich der Bund verpflichtete, bis 1976 alle eventuellen Verluste zu tragen, hatte MAN schließlich den Rest übernommen und führte unter der Bezeichnung MAN-Büssing in erster Linie das Unterflurprogramm weiter. Anfangs wurden dafür noch Karosserien von Büssing aufgebraucht. Die Baustellenfahrzeuge mit stehenden Motoren nahm man dagegen aus der Fertigung. Nach Abschluss der Integration 1972 zierte das Emblem des Welfenherzogs Heinrich der Löwe nun auch den Kühlergrill der MAN-Fahrzeuge. Die Unterflurfahrzeuge behielten den Namenszusatz Büssing bis 1979 bei, während die Fahrzeuge aus Münchener Produktion den Schriftzug »MAN-Diesel« bekamen.

Auch im Ausland ging MAN auf Einkaufstour: 1971 wurde parallel zur Büssing-

MAN

Übernahme der österreichische Hersteller Gräf & Stift (ÖAF) erworben. 1990 kam die Steyr Nutzfahrzeuge AG (ebenfalls Österreich) unter das MAN-Dach, 2000/2001 folgten Star Trucks (Polen), ERF (Großbritannien) und der Bushersteller Gottlob Auwärter (»Neoplan«).

NEUES IN DEN ACHTZIGERN: DIE BAUREIHE F 90

Bis zum Anfang der 1980er Jahre hatte MAN eigentlich keine echten Mittelklasse-Lkw gebaut, wenn man davon absieht, dass sich die Größenordnungen verschoben haben. Lag man vor dem Krieg mit bis zu sechs Tonnen in der Mittelklasse, so änderte es sich später auf das Doppelte des Gesamtgewichtes und das Doppelte der Nutzlast. Da war MAN zwar immer mit von der Partie, doch die Fahrzeuge waren in ihrem Ursprung Schwerlastwagen, die man entsprechend angepasst hatte. Die ersten »Mittelklässler« gab es ab dem Frühjahr 1983 in der Klasse von zwölf bis 16 Tonnen. Im Jahre 1986 wurde mit dem Typ F 90 die nächste Schwerlastwagen-Baureihe vorgestellt. Namensgeber war hier die völlig neue Kabine (»Fahrerhaus 90«). Optisch sofort als MAN erkennbar, erinnerte sie an ihren Vorgänger, war aber innen komplett neu eingerichtet worden. Das Fahrerhaus war breiter und länger, die Frontscheibe höher, die Federung besser, der Motor wurde tiefer platziert, Geräuschdämmung und Seitenneigungsverhalten optimiert - kurzum: ein komplett neuer Auftritt, der kaum gelungener hätte sein können.

Drei Varianten gab es zur Auswahl: Kurz, Lang, Großraum. Als Standardmotor kam der 11,9-Liter-Saugmotor mit 290 PS zum Einbau. In den Turboladerversionen waren Leistungen bis 360 PS möglich. Im Herbst 1987 erschien mit dem 19.462 FLS der stärkste Fernverkehrs-Lastzug in Europa. Bei dem verwendeten Motortyp D 2840 LF/460 handelte es sich um einen 10-Zylinder (V-Form) mit Turbolader und Ladeluftkühlung (Bohrung 128 x 142 Millimeter Hubraum 18,3 Liter).

1988 stellte MAN die neue Mittelklasse M 90 (»Die neue Dimension in der Mitte«) vor, die optisch nicht sofort von den großen Lastwagen für den Fernverkehr zu unterscheiden war, da die Fahrerhäuser aus der schmalen F 90-Kabine abgewandelt wurden – allerdings etwas niedriger angebracht.

AN DER SCHWELLE ZUM NEUEN JAHRTAUSEND: DIE BAUREIHE F 2000

Bis 1994 wurden noch Unterflurmotoren alternativ angeboten. Mit dem neuen Modell F 2000, das in diesem Jahr vorgestellt wurde, verschwanden sie jedoch aus den Angebotslisten, wie auch die letzten Haubenwagenvarianten. Äußerlich hatte sich nicht sonderlich viel geändert. Die bewährte F-90-Kabine war geblieben, der Stoßfänger hatte nun zwei eingelassene Lüftungsöffnungen, die Kotflügel ragten etwas weiter in die Radläufe hinein und zwei doppelte H7-Rundscheinwerfer sorgten für eine wesentlich bessere Ausleuchtung. Unter dem Blech hatte sich dagegen einiges getan: Eine neue Lenkung von ZF, eine Hypoid-Hinterachse (Belastung bis zu 13 t) und Außenplanetenachsen für höhere Achslasten und Fahrzeuge mit Allradantrieb. Überarbeitete Motoren aus der bisherigen D 28-Reihe gab es nun in den Leistungsstufen 340, 400 und 460 PS. Der 500 PS starke V10-Diesel aus der F-90-Baureihe legte nochmals um erstaunliche 100 PS zu; 1996 für entsprechende Schwerfahrzeuge präsentiert. Die neue Baureihe wurde durch eine »3« am Ende des Typenkürzels kenntlich gemacht (z. B. 19.403 oder 26.343).

MAN sorgte zudem mit einem günstigen Kraftstoffverbrauch von nur 25,2 Liter auf 100 Kilometer für Schlagzeilen in der Fachpresse. 1998 erschien der Typ F 2000 Evolution (erkennbar am Wegfall des Chromrahmens um den Kühler), in dem bereits die neue Computertechnik für die zukünftige Baureihe TGA getestet wurde.

Die mittelschwere Reihe M 90 wurde ab 1996 durch die neue Baureihe M 2000 abgelöst, die ab dem Baujahr 2000 wieder umbenannt wurde. Der Kunde hatte hier die Wahl zwischen einem Fahrerhaus der leichten oder der schweren Klasse (LE 2000, ME 2000).

MAN 26.463 Sattelschlepper mit Silo-Aufsatz in Island.

MAN 24.262 bei der Kanalreinigung.

MAN 26.422 Tanklastzug.

Ein MAN-Truck des Dienstleisters Forst-Profi mit Hacker Biber 92 RBZ von Eschlböck bei der Arbeit im Wald.

(Foto: © Thomas Küppers)

Mit dem neuen MAN TGE zum Full-Range-Anbieter: MAN hält ab sofort für jede Transportaufgabe die richtige Lösung parat. (Foto: © MAN Truck & Bus AG)

Erhältlich ist der MAN TGE – genauso wie sein Konzernbruder von VW – mit Front-, Heck- oder Allradantrieb. Die Antriebsart bedingt das Gesamtgewicht des Fahrzeugs.

(Foto: © MAN Truck & Bus AG)

MAN

Die TGX D38 »100 Years Edition«. (Foto: © MAN Truck & Bus AG)

MAN-LKW mit anhebbarer Kabine, so gesehen beim Trucker & Country Festival Interlaken. Die liftbare Kabine gibt's nicht ab Werk, das erledigen Spezialisten wie die Firma Toni Maurer. (Foto: © Mkoenitzer, CC-BY-SA-4.0)

MAN TGS EOT 26.480 6x6 Sattelzug. (Foto: © MAN Truck & Bus AG)

TGA, TGM, TGS UND TGX: DIE TRUCKNOLOGY-GENERATIONEN

Mit dem neuen Jahrtausend präsentierte MAN eine ganz neue Lkw-Generation unter dem Schlagwort »Trucknology«, abgekürzt »TG«. Erster Vertreter dieser neuen Baureihe war ab 2000 der TGA (= schwere Gewichtsklasse) mit der XXL-Kabine (Höhe: 3,80 m, Stehhöhe für den Fahrer: 2,10 m). Auf der IAA 2000 wurde dann mit dem XL auch eine etwas weniger geräumige Ausführung vorgestellt. Unter der Haube sorgten zunächst Euro-2- und Euro-3-Motoren (Sechszylinder der Baureihe D 28) in einer Leistungsstärke von 310 bis 510 PS für die nötige Kraft. Eine weitere Steigerung bildete ab 2001 der V10-Diesel in Common Rail-Technik für Schwerlasteinsätze mit 700 PS. Zukunftsweisend auch die von MAN neu entwickelte Elektronik mit der Software aus eigenem Haus. Neben dem gelegentlichen Facelifting prägte ab 2007 die elegant wirkende Chromleiste am Kühler die neue MAN-Fahrzeug-Familie. Bei den Baureihen TGX (schwere Lkw für den Fernverkehr, drei Fahrerhäuser) und TGS (schwere Lkw u.a. für den Verteilerverkehr) setzte MAN zwecks höherer Nutzlast ebenso konsequent auf Leichtbau wie bei den mittelschweren TGM (Gesamtgewichte von 13 bis 26 Tonnen) sowie den leichteren TGL (sieben bis zwölf Tonnen für den Stadt- und Verteilerverkehr). Auf Absatzmärkte mit besonderen Einsatzstrukturen war die Baureihe CLA ausgerichtet. Die Typen der Cargo Line A haben Motoren in der Leistungsklasse von 220 bis 280 PS und ein zulässiges Gesamtgewicht zwischen 15 und 26 Tonnen. Zum Einsatz kamen diese robusten und extrem belastbaren Fahrzeuge hauptsächlich in Asien und Afrika, in Konkurrenz zu Daimlers »Zetros«-Reihe.

UNTER VW-FLAGGE

Nach der Jahrtausendwende rückte die Suche nach möglichen Kooperationspartnern wieder auf die Tagesordnung. In der globalisierten Welt war Deutschlands zweitgrößter Lastwagenhersteller vielleicht nicht groß genug. Für die drei MAN-Großaktionäre Allianz, Commerzbank und Münchner Rück schien der Volkswagenkonzern der logische Partner zu sein. Die Wolfsburger hielten zu der Zeit 18,7 Prozent der Scania-Anteile und hatten in Brasilien ein Lkw-Werk, belieferten aber nicht den europäischen Markt. Trotz der Dementierung jeglichen Interesses von VW-Seite aus legte 2006 MAN ein Übernahme-Angebot für Scania vor, was wiederum Großaktionär VW auf den Plan rief. VW machte sich schließlich für eine Dreier-Fusion stark, wobei der Dritte im Bund die brasilianische VW-Nutzfahrzeugtochter sein sollte. Das führte dazu, dass VW im Februar 2006 bereits ein Drittel der Anteile an MAN besaß und VW-Chef Piëch den Sitz im MAN-Aufsichtsrat übernahm. VW verleibte sich 2008 dann zuerst Scania ein. Seit 2011 sind die Wolfsburger auch Herr im Hause MAN. Eine Verschmelzung beider Truck-Marken ist nach derzeitigem Stand nicht angestrebt, wohl aber eine enge Zusammenarbeit.

DIE NEUE GEMEINSCHAFTSENTWICKLUNG MIT VW

Im Oktober 2016 erweiterte MAN dann seine Modellpalette um leichte Lastwagen in der Klasse bis 7,5 Tonnen Gesamtgewicht. Außerdem stand bei Volkswagen die Ablösung der Gemeinschaftsbaureihe Sprinter/Crafter an, die in dritter Generation wieder in Eigenregie ohne Daimler entstehen sollte. Die neue MAN-Baureihe trug das Kürzel »TGE«, deckte den Bereich von zwischen drei und 5,5 Tonnen Gesamtgewicht ab und war als Transporter, Kombi und Pritschenwagen zu haben. Die Crafter-Zwillinge standen zunächst in zwei Radständen, drei Dachhöhen und drei Fahrzeuglängen zur Wahl. Insgesamt waren bis zu 18,4 Kubikmeter Ladevolumen möglich, in Schwung gebracht von drei Antriebskonfigurationen – Front-, Heck- und Allradantrieb –, zwei Getriebe (6-Gang-Handschaltung, 8-Gang-Automatik) und einem Zweiliter-Dieselmotor in vier Leistungsstufen von 102 PS bis 177 PS. Der Verkaufsbeginn erfolgte im Frühjahr 2017, die Vorbestellungen übertrafen, so das Unternehmen, alle Erwartungen.

Text: Wolfgang Westerwelle, J. Kuch

TRUCK RACE

Ein Lastwagen ist ja in erster Linie ein Nutzfahrzeug, also etwas, das zu etwas zu Nutze ist. Ein nützliches Utensil, ein Werkzeug. Ein großes, schweres und sperriges, aber eben doch zweckgebundenes. Ein Arbeitsgerät eben.

Andersits: Arbeit kann ja auch Spaß machen, und es waren die sportverrückten Amerikaner, die zuerst merkten, wie viel Spaß in so einem Lkw steckt. Das war Ende der Siebziger, und Holländer kamen mit der kruden Idee Anfang der Achtziger nach Europa. Zuerst war das nicht mehr als eine einmalige Spaßveranstaltung, und das Reglement war ziemlich, nun ja, schlicht: Mit dem Lkw an die Rennstrecke, Trailer abkuppeln, Zelt aufstellen, grillen, Bierchen zischen. Dann am nächsten Tag auf die Piste – das erste Event fand in Zandvoort statt – dort einige Runden gedreht, und dann wieder runter vom Kurs, mit anschließendem Abendprogramm. Am nächsten Montag dann in aller Herrgottsfrühe wieder auf den Bock, und ab in den Alltag. Doch Ordnung muss sein, im nächsten Jahr, 1981, wurde die Geschichte institutionalisiert (in den Niederlanden gründete sich ein Verband), und in Le Mans kamen Enthusiasten auf die Idee, ein 24-Stunden-Rennen abzuhalten. 1983 nahm die ganze Geschichte Dampf auf, das Truckracing wurde internationaler, und beim Rennen in Assen stiegen auch britische Trucker aufs Gas. Eines kam zum anderen und führte zu einer zunehmenden Professionalisierung mit ausgefeiltem Klassement. 1985 fanden sich auf europäischer Ebene genügend Mitstreiter, um eine sieben Läufe umfassende Rennserie ins Leben zu rufen, die zur heutigen Truck Race-Europameisterschaft führte. Das ursprüngliche Reglement teilte in drei Klassen ein, zunächst nach Leistung gestaffelt – bis 300, bis 360, bis 400 PS – und dann, nachdem 1994 die internationale Motorsport-Vereinigung FIA die Schirmherrschaft über diese Truck-EM übernommen hatte, nach Hubräumen: In der Klasse A waren Fahrzeuge bis 11,95 Liter Hubraum startberechtigt, in der Klasse B waren Lkw bis 14,1 Liter am Start, und in der Königsdisziplin, der Klasse C, lag das Hubraumlimit bei 18,5 Litern.

Zwischen 1994 und 2001 gab es zwei Rennklassen, die Super Race Truck Class (die Prototypenklasse, die einen so hohen Aufwand erforderte, dass nur die Hersteller mithalten konnten) und die den Amateuren vorbehaltene Race Truck Class. Inzwischen gibt es nur noch eine für alle offene Race Truck Class und, seit 2007, eine Teamwertung. Seit 2006 gibt es die offizielle FIA-Europameisterschaft.

Natürlich gehören die Zeiten, in denen man mit straßenzugelassenen Sattelzugmaschinen Gummi gab, längst der Vergangenheit an. Die Professionalisierung führte zu hochgezüchteten Super-Race-Trucks mit 1500 und mehr PS, die in unter vier Sekunden den Standardsprint von 0 auf 100 km/h absolvierten. Und auch wenn diese Zeiten der Vergangenheit angehören: Noch immer treffen rund 5000 Kilogramm Fahrzeuggewicht auf knapp 1200 PS Motorleistung...

In den ersten Jahren fand dieser Sektierersport mehr oder minder unter Ausschluss der Öffentlichkeit statt, den Ton gaben britische Ford und Leyland an, Volvo- und Scania-Hauber, und ab und an verirrte sich auch ein Renault oder Sisu in die Siegerlisten. Nach 1990 sorgte Mercedes für etwas Abwechslung, seit 2000, mit kurzer Unterbrechung 2007 bis 2009, sind die MAN TGA auf Sieg programmiert.

Was sich in all den Jahren aber nicht geändert hat, ist die familiäre Atmosphäre – und der Spaß, den alle Beteiligten an einem Rennwochenende haben. Wer's nicht glaubt, dem sei dringend ein Besuch beim alljährlich vom ETM Verlag, Stuttgart, veranstalteten Truck-Grand-Prix auf dem Nürburgring empfohlen. Die Mischung aus Rennsport, Entertainment und Nutzfahrzeugmesse zieht inzwischen weit über 100.000 Zuschauer an und macht diesen Lauf der FIA-Truck-EM nach der Formel 1 zur bestbesuchten Veranstaltung in der Eifel.

Der MAN TGS gehört dem ungarischen Reboconort-Team, der Renn-Actros dem J. Hemming Racing Team aus Finnland.
(Foto: © ETM-Verlag)

Die Saison 2016 wurde im österreichischen Spielberg eröffnet. Der Reinert-TGS wurde von Stephanie Halm pilotiert, der MAN dahinter vom späteren EM-Sieger Jochen Hahn.
(Foto: © ETM-Verlag)

Da bebt die Erde: Ausfahrt aus der Boxengasse in Spielberg. Hier schön zu sehen: die Sattelkupplungen (sind nur Attrappe), die GfK-Seitenschürzen und die kräftige Stoßstange. Wer ganz genau hinsieht, erkennt dahinter noch einen Tank. Der fasst rund 200 Liter und dient zur Kühlung der Bremsen. (Foto: © ETM-Verlag)

Der MAN TGS (Motor: D 2676 RT) vom Team Hahn Racing, verfolgt vom tschechischen Buggyra-Freightliner mit Gyrtech-Motor: Diese beiden machten die Truck-EM 2016 unter sich aus. (Foto: © ETM-Verlag)

Mercedes-Benz N1 (1926). (Foto: © Daimler AG)

Lo 2750; Leichter Lkw der Vorkriegsjahre; 1936. (Foto: © Daimler AG)

Verhalf dem Dieselmotor zum Durchbruch: der Lo 2000 (hier Bj. 1935, Werk Gaggenau). Die Zahl 2000 steht für seine Nutzlast in kg. Alternativ dazu gab es auch diesen Typ mit Benzinmotor, dann natürlich ohne Schriftzug im Grill.

(Foto: © Daimler AG)

MERCEDES-BENZ

Die »Opel Blitz«-Version von Mercedes-Benz: der L 701 von 1945. (Foto: © Daimler AG)

Die Daimler AG ist der größte Lastwagenproduzent der Welt, das Produktprogramm ist so dicht gestaffelt, dass die vollständige Darstellung mehrere dickleibige Bücher füllen würde. Belassen wir es daher für die folgenden Seiten bei der Feststellung: Der älteste Lastwagenhersteller der Welt ist auch derjenige, der am breitesten aufgestellt ist. Hier findet wirklich jeder seinen Truck. Und auch das hat bei Mercedes-Benz eine lange Tradition. Das erste gemeinsame Lastwagenprogramm der aus der Fusion entstandenen Daimler-Benz AG, vorgestellt auf der »Internationalen Automobil-Ausstellung für Lastwagen und Spezialfahrzeuge« 1927 in Köln, umfasste drei Grundmodelle mit 1,5 bis 5,0 Tonnen Nutzlast. Die entsprechenden Bezeichnungen lauten Mercedes-Benz L1 bis L5, darüber hinaus gab es Ausführungen mit Niederrahmen-Fahrgestellen, die gerne als Basis für Omnibusse verwendet wurden. Der L1 mit einem Gesamtgewicht von 3,5 Tonnen verfügte über einen Vierzylinder-Benziner mit 45 PS und 3,7 Liter Hubraum. Der L5 war der schwerste Brocken, er brachte es auf ein Gesamtgewicht von rund zehn Tonnen, er verfügte über einen Vierzylinder-Benzinmotor mit 8,1 Liter Hubvolumen und 70 PS. Alternativ dazu gab es den L5 auch mit 8,6-Liter-Dieselmotor »OM 5«. Dieser »Oelmotor« war der erste Sechszylinder-Diesel für Fahrzeuge, spielte aber gegenüber den Benzinern klar die zweite Geige: Die Ottomotoren – Sechszylinder von 3,9 bis 7,8 Liter Hubraum und bis zu 110 PS – spielten die Hauptrolle. Nur der schwere Dreiachser N 56 mit 8,5 Tonnen Nutzlast wurde vor allem mit Diesel-Motor verkauft. Die Weltwirtschaftskrise 1929 traf natürlich auch die Daimler-Benz AG, doch der Grundstein für ein neues Lastwagenprogramm war schon gelegt: Zu deren wichtigstem Vertreter avancierte der Lo 2000 von 1932, ein Fünftonner mit zwei Tonnen Nutzlast und Diesel-Motor. Unter seiner kurzen Haube steckte der Vierzylinder-Diesel OM 59 mit Bosch-Einspritzpumpe und 3,8 Litern Hubraum. Er leistete 55 PS und bescherte dem Selbstzünder den Durchbruch.

KLARE STRUKTUREN: DAS LASTWAGEN-PROGRAMM DER DREISSIGER

Das neue Programm reichte zunächst bis hinauf zum L 5000 mit fünf Tonnen Nutzlast und 10,8 Tonnen Gesamtgewicht. Auch Sattelzugmaschinen gehörten erstmals dazu. Alle Modelle waren wahlweise mit gleichstarken Benzin- oder Dieselmotoren zu bekommen, einzig markanter Unterschied bildete der Schriftzug »Diesel« unten im mächtigen Mercedes-Stern auf dem Kühler.

In den kommenden Jahren bis zu Beginn des Zweiten Weltkriegs wuchs in Deutschland der Bestand an Nutzfahrzeugen um rund 150 Prozent. Parallel dazu baute das Unternehmen das Programm Stufe für Stufe aus. Höhere Nutzlasten kamen hinzu und stärkere Motoren. Flaggschiffe der Modellpalette waren die schweren Dreiachser L 6500, L 8500 und L 10 000, bestückt mit Sechszylinder-Reihenmotoren und 12,5 Litern Hubraum und 150 PS. Und das war beim zunehmenden Fernverkehr auch nötig, brachte es doch der mächtige Mercedes-Benz L 10 000 bereits solo auf 18,5 Tonnen Gesamtgewicht.

Aber nicht nur die Technik entwickelte sich weiter: Ab 1938 löste ein harmonisch gerundetes Fahrerhaus mit einteiliger Windschutzscheibe die bisher eckigen Kabinen ab. Dieses Fahrerhaus sollte lange Bestand haben, bis Anfang der sechziger Jahre änderte sich die Kabine nicht mehr.

In der zweiten Hälfte des Jahrzehnts führte der Hersteller eine weitere Baureihe ein, die Familie der leichten Lkw begann beim L 1100 und endete beim L 2000, wobei stets der Motor des Diesel-Pkw 260 D zum Einsatz kam. Allerdings führte der 1938 wirksame Schell-Plan – so benannt nach seinem Schöpfer, Oberst Schell, dem »Generalbevollmächtigten für das Kraftfahrzeugwesen« – zu einer rigorosen Beschneidung des Fahrzeugprogramms auf vier Grundtypen. Daimler-Benz hatte Lastwagen mit drei, viereinhalb und sechs Tonnen Nutzlast zu liefern. Dazu gab es Sonderprogramme für Spezialfahrzeuge wie Geländewagen oder Zugmaschinen. Und da Benzin leichter verfügbar war als Dieselkraftstoff, wurden die sparsameren Diesel wieder durch Benzinmotoren ersetzt. Die Fertigung der leichten Lastwagen erfolgte

MERCEDES-BENZ

in Mannheim, militärtaugliche Spezialfahrzeuge dagegen entstanden im ehemaligen DMG-Werk Berlin-Marienfelde.

In Mannheim rollte dann nach 1944 auch der Standard-Dreitonner der Wehrmacht vom Band, der Opel Blitz, jetzt allerdings als »Mercedes-Benz L 701« bezeichnet. Freiwillig tat Daimler-Benz das nicht, dafür hatte der eigene Dreitonner weichen müssen. Immerhin: Kurz nach Serienanlauf im Juli 1944 legten amerikanische Luftangriffe das Opel-Werk in Brandenburg flach, damit wäre die Produktion des wichtigsten Nachschub-Lastwagens der Armee zum Erliegen gekommen. So aber baute Mercedes den Opel weiter.

Natürlich litten auch die Werke von Daimler-Benz schwer unter den Zerstörungen des Krieges, die Lkw-Werke indes kamen einigermaßen glimpflich davon. Wie überall im zerstörten Deutschland fehlte es an allem, an Arbeitskräften, Rohstoffen und Zulieferteilen. Überdies lagen die Werke in unterschiedlichen Besatzungszonen: In Stuttgart und Mannheim hatten die Amerikaner, in Gaggenau die Franzosen und in Berlin die Sowjets das Sagen. Zudem schränkten die Besatzungsbehörden das Programm ein: Motoren über 150 PS und dreiachsige Lastwagen waren vorerst tabu.

MIT ALTEN LASTERN IN DIE NEUE ZEIT

Unmittelbar nach Kriegsende begannen die beiden wichtigsten noch funktionsfähigen LKW-Werke Mannheim und Gaggenau mit der Produktion der Vorkriegstypen für den Wiederaufbau, an die schweren Vorkriegstypen jenseits der 6,5 Tonnen war zunächst aber nicht zu denken. Die Mannheimer legten wieder den etwas aufgehübschten L 701, den Opel Blitz daimlerscher Prägung, auf Band (und produzierten ihn auch im Auftrag der Rüsselsheimer), während die Gaggenauer wieder den ehemaligen 4,5 Tonner ins Rennen schickten, der dann mit Stahlkabine als L 5000 die mittlere Nutzlastklasse bediente. Diese beiden Relikte der Kriegsjahre bildeten die Säulen des Produktionsprogramms. Beide Baureihen wurden Anfang der Fünfziger erneuert. Die Mannheimer stellten den Opel-Blitz-Nachbau ein und ließen im Spätsommer 1949 den neuen »Diesel-Schnell-Lastwagen« Typ 3250 vom Stapel. Die Bezeichnung entsprach der Nutzlast in Kilogramm, das Fahrzeug selbst wäre nicht weiter erwähnenswert gewesen, wenn hier nicht der für einen Diesel ungewöhnlich leichte, moderne und sparsame – 14,4 Liter auf 100 Kilometer waren damals in der Tat sehr beachtenswert – Sechszylinder-Dieselmotor OM 312 sein Debüt gegeben hätte. Die 4,6-Liter-Maschine mit Bosch-Einspritzpumpe und siebenfach gelagerter Kurbelwelle galt als Meilenstein, die dem rund 80 km/h schnellen und 6,56 Meter langen Pritschenwagen (es gab auch eine Ausführung mit 4200 Millimetern Radstand) zu einer Ausnahmestellung auf dem Markt verhalf. Dieser erste L 3250 blieb nicht lange im Programm, er wurde noch 1950 zum L 3500 aufgelastet; es folgten weitere mittelschwere Lastwagen, die nach diesem Erfolgsrezept aufgebaut waren. Allerdings bahnten sich im Lastwagenbau gewaltige Umbrüche an.

DER GESETZGEBER KONSTRUIERT MIT

Mitte der Fünfziger war man noch weit von den heute vertrauten, europaweit größtenteils vereinheitlichten Zulassungsvorschriften entfernt: Jedes Land hatte seine eigenen Vorstellungen bezüglich Achslasten, Abmessungen und Zulassungsvorschriften. Als Folge konnten die Lkw-Hersteller die für den heimischen Markt bestimmten Fahrzeuge nicht problemlos im Ausland verkaufen. In Deutschland kam hinzu, dass die Politik die Bahn, die im Güterverkehr massiv an Boden verlor, stark bevorzugte. Nach dem Zweiten Weltkrieg war die Bahn erst um 1950 herum wieder in der Lage, genügend Transportraum zur Verfügung zu stellen. In den Jahren zuvor subventionierte der Staat daher die Anschaffung schwerer Lastwagen in jeder erdenklichen Weise. So kostete der Frachttransport auf Straße und Schiene gleich viel. Aufgrund der »Gemeinwirtschaftlichkeit« musste die Bahn jedoch auch unrentable Transportaufträge abwickeln, geriet in wirtschaftliche Schieflage und türmte schließlich immer größere Defizite auf.

Der mittelschwere L 3500 von 1950 mit 90 bis 100 PS.   (Foto: © Daimler AG)

LAK 315 Kipper von 1955 mit Allradantrieb und 145 PS Leistung.   (Foto: © Daimler AG)

L 322 in Frontlenkerausführung als Möbeltransportwagen von 1959.

(Foto: © Daimler AG)

Mercedes-Benz L 329. Er entstand 1956 nach einer Leistungssteigerung auf 145 PS aus dem älteren L 5500. In den Fünfzigern ließen die Bezeichnungen keine Rückschlüsse auf die Nutzlast zu.

(Foto: © Daimler AG)

LA 329 Schwerlast-Zugmaschine für Strom- und Fernleitungsbau, 1960.

(Foto: © Daimler AG)

Aufgrund der gesetzlichen Bestimmungen wurde bei der neuen Lkw-Generation von 1959 die Haube verkürzt. Der LK 710 Kipper von 1964 war der kleinste Vertreter der neuen Bauweise.

(Foto: © Daimler AG)

Der Langhauber LAK 329 mit leistungsgesteigertem 172 PS (ursprünglich 145 PS) aus dem Jahr 1961. Hier ist sehr schön das Abkürzungsschema von Mercedes zu erkennen: L = Lastwagen, A = Allrad, K = Kipper. Frontlenker heißen LP, das P stand ursprünglich für Pullman und sollte auf die großzügigen Platzverhältnisse hinweisen.

(Foto: © Daimler AG)

MERCEDES-BENZ

L 710 mit 100 PS Leistung von 1965. Seine Karriere begonnen hat er unter der Bezeichnung L 328.

(Foto: © Daimler AG)

Der damalige Bundesverkehrsminister Seebohm, der zunächst sehr Lkw-freundlich agiert hatte, geriet zusehends unter Druck und vollzog ab 1952 eine politische Kehrt-wende: So änderte er die Zulassungsvorschriften, beschränkte die Konzessionen für Unternehmen des Fernverkehrs auf rund 12.000 und richtete die Bundesanstalt für den Güterfernverkehr ein. Sein Verkehrsfinanzgesetz führte zu einer Erhöhung der Mineralölsteuer, gemäß seines Straßenentlastungsgesetzes sollten bestimmte Güter wie Holz, Steine, Sand, Kohle oder Getreide über mehr als fünfzig Kilometer ausschließlich per Bahn transportiert werden dürfen. Auch wenn sie nicht oder nur zum Teil Gesetzeskraft erlangten: Diese Maßnahmen und die neuen Längen- und Achslastverordnungen in der Straßenverkehrszulassungsordnung (StVZO) machten den Verkehrsminister zum Schreckgespenst des Transportgewerbes.

Die StVZO vom März 1956, die eine zweijährige Übergangszeit vorsah, brachte für die Lkw-Hersteller erhebliche Einschränkungen. Ein zweiachsiger Lastwagen durfte nur noch elf Meter Länge haben (zuvor zwölf Meter), und das zulässige Gesamtgewicht eines Solowagens wurde auf zwölf Tonnen beschränkt (vier weniger als zuvor). Es gab Höchstgrenzen in Sachen Achslast und Mindestvorgaben in Sachen Motorleistung, als Mindestmaß galt die Formel sechs PS pro Tonne. Für Dreiachser galten andere Bestimmungen. Sattelzüge durften nur noch 14 Meter lang sein und 24 Tonnen wiegen statt der bisherigen 35 Tonnen.

In der Praxis hätte das bedeutet, dass viele Unternehmer nach Ablauf der Übergangs-frist 1958 ihre Lastzüge hätten stilllegen müssen, weil sie den neuen Bestimmungen nicht mehr entsprachen.

Dies führte 1956 zu einigen Sonderregelungen, welche die deutschen Hersteller zwangen, unterschiedliche Fahrzeuge für das In- und Ausland zu entwickeln. Sie mussten ihre Lastwagen in Hinblick auf die nun gültigen Inlandsbestimmungen neu auslegen.

Ein schönes Beispiel dafür ist der Mercedes-Langhauber-Typ L 326 von 1957. Die-ser Seebohm-Typ – benannt nach dem damaligen Bundesverkehrsminister – schob zwar die vertraute lange Schnauze vom L 315 vor sich her, entsprach aber in seinen Eckpunkten den neuen gesetzlichen Bestimmungen, etwa in Sachen Motorleistung und Gesamtzuggewicht: Der OM 326-Sechszylinder (10,8 Liter Hubraum) leistete hier 200 PS und war damit um 55 PS stärker als der bisherige OM 315 mit seinen 145 PS. Rahmen, Achsen und andere Komponenten entsprachen dem bisherigen L 315. Zu haben war der neue Schwerlastwagen als Fahrgestell mit und ohne Kabine, als Kipper und als Sattelzugmaschine. Doch in welcher Form auch immer: Letztlich waren die bewährten Langhauber in die Jahre gekommen und hatten aufgrund der gesetzlichen Längenbeschränkung eine zu kleine Ladepritsche. Deren Länge war zwar nicht definiert, aber wenn ein acht Meter langer Lastwagen aufgrund der sehr langen Schnauze lediglich eine 4,80 Meter lange Pritsche hatte, standen gerade einmal 60 Prozent der Fahrzeuglänge zum Warentransport zur Verfügung. Der Rest war zwar notwendiges, aber aus Sicht eines Unternehmers totes Kapital.

Im Grundsatz also bestimmte der Gesetzgeber das Nutzfahrzeugprogramm und beeinflusste somit massiv die Auslegung des Nutzfahrzeug-Programms der späten Fünfziger und frühen Sechziger. Diese geänderten Rahmenbedingungen erforderten neue Denkansätze: Das Verhältnis von Eigengewicht und Nutzlast musste ebenso besser werden wie das von Fahrerhaus und Ladefläche. Eine Lösung bestand im Frontlenker, der alsbald den im Wirtschaftswunder allgegenwärtigen Haubenlast-wagen verdrängte.

DAS ENDE DER LANGHAUBER

Im Spätjahr 1950 hatte mit dem L 6600 die erste neue schwere Lastwagenbaureihe der Nachkriegszeit das Werk in Gaggenau verlassen. Das Flaggschiff der Lastwagen-sparte war in zwei Radständen und verschiedensten Aufbauten lieferbar, allerdings nicht als Dreiachser, denn das war seitens der Siegermächte noch nicht erlaubt, ebenso wenig wie Motoren mit einer Leistung von über 150 PS. Dennoch war der

Vollbepackt mit Geschenken vom Weihnachtsmann: der Pritschenwagen 170 V: Pressebild aus den 2000er Jahren.. (Foto: © Daimler AG)

LO 1112; LKW-Fahrgestell mit argentinischem Busaufbau, ausgestellt auf der Retro Classic 2015. Beim Kurzhauber fand lediglich 1967 eine größere Modellpflege statt, als die Scheibe vergrößert und mit drei Scheibenwischern versehen wurde. (Foto: © Daimler AG)

Fallen garantiert auf: die Möbelwagen der Stuttgarter Spedition Auracher. Von links nach rechts: LP 322, Bj, 1959; LP 322, Bj, 1965; LP 1319, Bj. 1976; LP 1831, Bj. 1992 und ein Actros 1844 MP2 der Bauzeit 2003 bis 2008. Im Gegensatz zu den anderen Fahrzeugen, deren Aufbauten von Staufen bzw. Warnecke stammen und das Fahrerhaus integrieren, entspricht die Actros-Kabine weitgehend der Serie. (Foto: © Daimler AG)

L 710 Kurzhauber von 1965 mit 100 PS Leistung als Brauerei-Pritschenwagen. Die mittleren und mittelschweren Lastwagen stammten ursprünglich aus dem Werk Mannheim, die schweren kamen aus Gagenau. In den Sechzigern konzentrierte Mercedes-Benz seine Lkw-Fertigung im neuen Werk in Wörth. (Foto: © Daimler AG)

MERCEDES-BENZ

neue L 6600 ein mächtiger Brocken, auch finanziell. Der kurze (Radstand 4,2 Meter) Pritschen-Lkw kostete 27.500 Mark, der lange (5,2 Meter) 28.100 Mark, dafür gab's damals ein Häuschen im Grünen.

Einmal mehr eine Klasse für sich war der Motor, der OM 315-Sechszylinder mit 8,3 Litern Hubraum und 145 PS. Die Kraftübertragung erfolgte über ein Sechsganggetriebe, für die thermische Gesundheit waren Thermostat und Wärmetauscher zuständig (was zu der Zeit keineswegs eine Selbstverständlichkeit darstellte).

Mit steigendem Wohlstand und gewaltig anwachsender Nachfrage wuchs das Lastwagen-Aufkommen auf den Straßen. Markt und Politik verlangten nach neuen Lösungen – und das verhalf den Frontlenkern zum Durchbruch. Seebohm hatte ja Lastzüge mit mehr als zwei Anhängern verboten (was den Straßenzugmaschinen den Garaus machte), neue Leistungsanforderungen, Höchstmaße und Tonnagegrenzen definiert, und das führte zum Durchbruch der Frontlenker, die auf gleicher Verkehrsfläche mehr Ladefläche boten. Ab 1955 bot Mercedes-Benz diese zunächst parallel zu den Haubenfahrzeugen an. Diese Frontlenkerfahrzeuge erhielten die Bezeichnung »LP«, wobei das »P« ursprünglich für »Pullman« stand. Im Ausland aber – und der Exportmarkt war für Daimler-Benz von überragender Bedeutung – galten andere Bestimmungen, was dazu führte, dass das Programm bald ins Uferlose wuchs, zumal jedes Fahrzeug in mindestens zwei Radständen und verschiedensten Aufbauten geliefert werden konnte. Um diesen Wirrwarr an Typen, die zum Teil ähnliche oder gar identische Bezeichnungen führten, besser durchschauen zu können, beschloss das Unternehmen, von den bisherigen Bezeichnungen nach Gesamtgewicht abzurücken. Stattdessen kamen die zuvor nur intern verwendeten Projektnummern zum Einsatz, die keinerlei Rückschlüsse mehr auf den Fahrzeugtyp zuließen. Dass ein L 6600 jetzt L 304 hieß (und vier Jahre später dann L 315), trug nicht unbedingt zur Klarheit bei. Ab 1963 stellte Daimler-Benz daher erneut um und führte das noch heute übliche Ziffernschema aus Gesamtgewicht und Motorleistung ein. Die erste bzw. die ersten beiden Ziffern standen für das Gesamtgewicht in Tonnen, die beiden letzten für ein Zehntel der Motorleistung in PS. Ein L 322 verwandelte sich so in einen L 1113: Elf Tonnen Gesamtgewicht, 130 PS Leistung (auch wenn es, genau genommen, nur 126 PS waren).

VON TAUSENDFÜSSLERN UND KURZHAUBERN

Nachdem das Wirtschaftswunder an Fahrt aufgenommen hatte, reichten die von Mercedes-Benz angebotenen schweren Solowagen – die damals bei zwölf bis 16 Tonnen Gesamtgewicht endeten –nicht mehr aus. Die Transportunternehmen verlangten nach größeren Lastzügen, zumal zeitweilig Gesamtzuggewichte von 40 Tonnen und Zuglängen von 20 Metern zulässig waren. Das führte zu einer erheblichen Ausweitung des Programms , wenn auch auf Basis der bestehenden Konstruktionen. Zum Flaggschiff avancierte die Baureihe L 315, die es vornehmlich für den Export auch als Sattelzugmaschine mit großem Fernverkehrs-Fahrerhaus LPS 315 gab. Dieser Frontlenker von 1954 mit einem Gesamtgewicht von 14,9 Tonnen basierte zwar technisch auf dem alten L 6600, sprengte aber mit einer Nutzlast von 6,6 bis 8,5 Tonnen die beim Hersteller bisher für zweiachsige Motorwagen gültigen Dimensionen. Die LP-Modelle wurden Mitte 1955 dann aber auch parallel zum Langhauber in Deutschland angeboten. Von da an kannte die Entwicklung nur noch eine Richtung, die Nutzlasten wurden ständig erhöht, wobei die angekündigten gesetzlichen Bestimmungen – zulässiges Gesamtgewicht 24 Tonnen, Länge 14 Meter – zum wahrscheinlich spektakulärsten Mercedes-Lastwagen des Jahrzehnts, dem »Tausendfüßler« LP 333 mit doppelter Vorder- und einfacher Hinterachse, führte. Mit Hänger entsprach er exakt den gesetzlichen Bestimmungen in Sachen Gesamt- und Leistungsgewicht. Für Vortrieb sorgte hier der OM 326, ein Sechszylinder-Vorkammerdiesel mit knapp elf Litern Hubraum und 200 PS.

Zu den Langhaubern und LP-Frontlenkern gesellten sich Ende 1958 noch die Kurzhauber-Ausführungen, die im Export, aber auch im Inland sich großer Beliebtheit

Die Kurzhauber von Mercedes-Benz, wie dieser LK 1418 Kipper von 1967, galten als sehr robust.
(Foto: © Daimler AG)

Der Fahrmischer LK 1513 hat ein zugelassenes Gesamtgewicht von 15 Tonnen (gerundet, eigentlich sind es 14,8) und eine Motorleistung von 130 PS.　　(Foto: © Daimler AG)

LAK 2624 6x6 von 1974. Gebaut wurde diese Reihe von 1969 bis 1983. Bei diesen schweren Lkw ist die Haube etwas länger als bei den normalen Kurzhaubern, die bis zuletzt die Scheinwerfer im Kühlergrill trugen.　　(Foto: © Daimler AG)

Im Vordergrund ein LP 333 von 1959 mit 200 PS, dahinter ein LP 1624 von 1969 mit 240 PS.　　(Foto: © Daimler AG)

LP 1624 als Fernverkehrs-Lastzug. Das sensationelle kubische Fahrerhaus wies neben unbestreitbaren Vorteilen auch einige Nachteile auf. (Foto: © Daimler AG)

Ein 240 PS starker Mercedes-Benz LP 1624-Frontlenker mit kubischem Fahrerhaus. (Foto: © Daimler AG)

LP 1624 beim Beladen mit Baumstämmen. (Foto: © Daimler AG)

erfreuten. Kurzhauber gab es als leichte, mittlere und schwere Ausführungen, die zulässigen Gesamtgewichte reichten von 7,5 bis 26 Tonnen.

Ihr Erscheinen galt als Sensation, denn bis dahin hatte der typische Mercedes-Lastwagen eine ellenlange Motorhaube aufgewiesen. Der neue mittelschwere Mercedes begeisterte Presse und Publikum gleichermaßen. Binnen kürzester Zeit stieg der Neuling mit der kurzen Haube, der bis 1963 noch unter der Bezeichnung L 322 firmierte, zum meistverkauften Fahrzeug seiner Klasse auf.

Die große Beliebtheit der Kurzhauber in den 1960ern hatte hauptsächlich drei Gründe. Erstens feierten die Hersteller, allen voran Mercedes-Benz und MAN, die neue »Ponton-Optik« als Markstein im Lkw-Bau: Erstmals bei einem Hauber bildeten nun Front, Kotflügel und Fahrerhaus eine geschlossene, steif verschweißte Einheit. Damit erweckten die Fahrzeuge beim kaufwilligen Publikum der Wirtschaftswunderjahre den Eindruck von Unverwüstlichkeit und unbedingter Zuverlässigkeit. Zweitens überzeugten die Mercedes-Kurzhauber im Praxistest. Verglichen mit den Frontlenkern verfügten sie über einen gut zugänglichen Motor und boten eine komfortablere, dabei moderne, Kabine. Gegenüber den Langhaubern wiederum waren sie deutlich leichter, was den Nutzlastfaktor erhöhte, und boten zudem ein wesentlich besseres Verhältnis von Pritschenlänge und Vorderwagen. Außerdem gab es sie in einer schier unüberschaubaren Vielfalt. Standard-Aufbau der mittelschweren Kurzhauber war der Pritschenwagen, dazu kamen Kipper-, Müll-, Fäkalien- und Feuerspritzenwagen, Feuerdrehleiter und Kofferaufbauten, Sattelzugmaschinen und Allrad-Kipper: Insgesamt bot Mercedes-Benz zum Produktionsbeginn 1959 der neuen mittleren Lastwagenreihe L 322 ein halbes Hundert verschiedener Kurzhauber und Frontlenker an. Die schweren dreiachsigen Typreihen, vornehmlich für die Bauwirtschaft, wurden hierzulande bis 1984 angeboten. Für bestimmte Exportmärkte fertigte man sie sogar bis 1995. Im brasilianischen Mercedes-Benz-Werk liefen die Kurzhauber zwischen 1964 und, mit einem Facelift 1982, 1990 vom Band. Im Iran hatte die Khawar Indus trial Group 1966 die Produktion aufgenommen und fertigte knapp drei Jahrzehnte in Lizenz mittelschwere und schwere Nutzfahrzeuge, zuletzt die Baureihen L 2624 und L 1924. Die Ära der Langschnauzer endete 1961, die der ersten Frontlenker-Generation zwei Jahre später, als mit den kubischen Fahrerhäusern eine neue Ära anbrach.

DAS ZEITALTER DER KUBISCHEN KABINEN

Die IAA 1963 markierte eine Zäsur im Bauprogramm von Mercedes-Benz: Mit dem LP 1620, dem schweren Gaggenauer in der 16-Tonnen-Klasse, erschien ein Frontlenker, der Maßstäbe setzte. Auf den ersten Blick durch sein neues Fahrerhaus mit kubischer Formgebung von den bisherigen LP-Modellen zu unterscheiden, sorgte hier zunächst noch der alte Vorkammer-Diesel OM 326 mit 200 PS für Vortrieb, den aber schon Anfang 1964 der moderne OM 346 Sechszylinder-Dieseldirekteinspritzer mit 210 PS ersetzte, was ein Novum darstellte. Das Aggregat selbst war sehr tief im Rahmen versenkt und ragte nur noch wenig in die Fahrerkabine hinein, das sorgte im Dreimann-Fahrerhaus für wesentlich bessere Platzverhältnisse. Einziger Wermutstropfen: Das Fahrerhaus war nicht kippbar – das war es erst zum Modelljahr 1970 –, sondern über verschiedene Klappen im Grill und an den Seiten zugänglich. Außerordentlich wichtig waren auch das hervorragende Zweikreis-Zweileitungsbremssystem und die neue Hydro-Kugelmutterlenkung. Gemäß des neuen Typenschlüssels nannte die vierstellige Bezeichnung das zulässige Gesamtgewicht und die PS-Leistung: 16 Tonnen, 200 PS. In der Praxis stellte sich dann heraus, dass die modernen Frontlenker-Fahrerhäuser doch einige Nachteile aufwiesen, für die Unternehmen – aerodynamisch waren die Kubischen ja nicht, und Sprit war teuer – wie auch für das Werk: Die Fertigung war ziemlich teuer. Eine gewisse Zwitterstellung nahmen die schweren Allrad-Lastwagen für die Bauwirtschaft ein, bei diesen handelte es sich um umetikettierte Frontlenker von Krupp; Daimler-Benz hatte die Lastwagensparte von Krupp 1968 übernommen und ließ die Marke dann vom Markt verschwinden.

Mercedes übertrug die neue sachliche Gestaltungslinie auch auf die kleineren Lastwa-

MERCEDES-BENZ

genbaureihen, 1965 erschienen die mittleren Frontlenker-Baureihen aus Mannheim – Erkennungszeichen gegenüber den Fernverkehrslastwagen: kürzere Kabine ohne hintere Seitenfenster – mit acht bis 22 Tonnen Gesamtgewicht und verschiedenen Sechszylindern mit 5,7-, 8,0- und 8,75-Liter-Hubraum, die das Leistungsspektrum von 100 bis 192 PS abdeckten.

Unterhalb dieser mittleren Baureihe klaffte aber im Mercedes-Modellprogramm noch eine Lücke, diese schloss Daimler-Benz mit der leichten Baureihe aus dem neuen Werk in Wörth. Den Auftakt bildete 1965 die Baureihe LP 608, eine Familie von Nahverkehrs-Lastwagen mit kubischer Hütte und zunächst drei Radständen, die auf Gesamtgewichte zwischen sechs und elf Tonnen (3,5-7,5 t Nutzlast) ausgelegt war. Die Palette der Dieselmotoren begann beim Vierzylinder-Dieseldirekteinspritzer OM 314 mit 85 PS und reichte hoch bis hin zum OM 352 II, einem Sechszylinder, mit 130 PS. Der Komfort für den Fahrer galt nachgerade als vorbildlich – die Achse war weit nach vorne gerückt, der Fahrer stieg dahinter ein –, die Übersichtlichkeit war es sowieso, immerhin bestehe die Kabine, so die Presse damals, zu »89 %« aus Glas. Die Höchstgeschwindigkeit lag bei gut 90 km/h. Die Preisliste begann bei 18.200 Mark für den kleinsten Pritschenwagen.

Natürlich war das Programm lang nicht so klar strukturiert wie hier dargestellt, es gab mittelschwere Lastwagen, die durchaus mit den Einstiegsmodellen der Fernverkehrsmodelle konkurrierten, und leichte Lastwagen, die in die Domäne der mittleren Lastwagenfamilie eindrangen: Mercedes hielt für alle Zwecke den passenden Lastwagen bereit.

VON DER NEUEN GENERATION ZUM ACTROS

Von 1965 bis 1973 verdreifachte sich der Umsatz des Konzerns nahezu von 4,9 auf 13,8 Milliarden Mark. Die Nutzfahrzeugfertigung kletterte gar auf mehr als das Dreifache von 73.000 auf 216.000 Fahrzeuge. Daimler-Benz war zum größten Lastwagenhersteller der Welt aufgestiegen, und die neue Lastwagengeneration von 1973 untermauerte das noch.

Vorbote dieser neuen Entwicklung waren die kippbaren Fahrerhäuser – dass diese das bislang nicht gewesen waren, galt als große Schwachstelle der LP-Reihe. Auch auf dem Motorensektor gab es beachtliche Verbesserungen: in Form der neuen V-Motoren der Baureihe 400. Diese wiederum bildeten das Resultat einer Kooperation mit MAN und waren eine Folge der erhofften Militäraufträge, denn bei der Bundeswehr stand die Ablösung der ersten Fahrzeuggeneration bevor, und für die Neubeschaffung war eine größtmögliche Vereinheitlichung angestrebt.

Die Lastwagen der »Neuen Generation«, intern auch als »NG« abgekürzt, debütierten zuerst als Baustellenkipper (womit die alten Krupp-Frontlenker endgültig der Vergangenheit angehörten) und fuhren dann im Folgejahr in großer Breite vor. Letztlich wurde das Programm auf insgesamt 76 verschiedene Grundkonfigurationen ausgeweitet.

Auch wenn die neue Form lange nicht so revolutionär ausfiel wie zehn Jahre zuvor bei den »Kubischen« und die Raumverhältnisse nicht ganz so glänzend waren wie erwartet, so geriet die Funktionalität doch tadellos: Die Tester sprachen von neuen Maßstäben; Handlichkeit, Bedienung und Fahrsicherheit waren mustergültig. Kein Wunder also, dass die rundum gefederten Fahrerhäuser mit der schräg gestellten Frontscheibe und den nach unten gezogenen Seitenfenstern mehr oder weniger unverändert bis 1996 gebaut werden sollten.

Die neuen Kabinen von 1973 machten nun auch Schluss mit dem bisherigen Wirrwarr: Gab es bis dahin insgesamt vier verschiedene Kabinen für den Bereich zwischen zehn und 19 Tonnen Gesamtgewicht (jeweils sowohl einen Frontlenker als auch einen Hauber für zehn bis 15 Tonnen sowie von 14 bis 19 Tonnen) so ersetzte sie nun ein einziges neues, hydraulisch kippbares Fahrerhaus, das sich mit einem Satz Presswerkzeugen fertigen ließ. Allerdings blieb es nicht lange dabei, es folgten die um 600 Millimeter verlängerte Fernverkehrskabine, 1977 eine mittellange Variante, im Jahr 1979 ein Großraumfahrerhaus mit 164 Millimetern mehr Breite und höherem

Aus der 1996 eingeführten neuen Schwerlaster-Reihe Actros das Modell 1846 Euro II.
(Foto: © Daimler AG)

NG 1632 Sattelzugmaschine, ein Vertreter der 1973 eingeführten »Neuen Generation«. (Foto: © Daimler AG)

Mercedes-Benz NG 2228 L 6x2 (NG 80) von 1980 als Tanklastwagen für Lebensmitteltransporte. (Foto: © Daimler AG)

Die 500 PS starke Schwerlast-Zugmaschine 4850 A 8x8, Baujahr 1985.

(Foto: © Daimler AG)

Rechts das Sondermodell »20 Jahre Actros« 1863 LS 4x2 mit OM 473 Euro VI-Motor (625 PS) und Giga-Space-Fahrerhaus neben seinem Vorgänger aus dem Jahr 1997.

(Foto: © Daimler AG)

MERCEDES-BENZ

1953 SK Sattelzugmaschine von 1995.   (Foto: © Daimler AG)

Dach sowie, 1992, eine echte Hochdachvariante. Für Vortrieb sorgten zunächst die bereits bekannten V-Motoren mit 256 und 320 PS aus dem LP, ergänzt durch einen V6-Motor mit 192 PS.

Mit der NG-Baureihe hatte bei Mercedes-Benz die Neuzeit begonnen, denn hier kam erstmals ein neues und rationelles Baukastensystem zum Einsatz. Konsequent genutzt, waren nun eine Vielzahl an Varianten ab Werk machbar, ohne dass die Kosten aus dem Ruder liefen. Entwicklungsleiter Arthur Mischke dazu 1974: »Es wurde das Baukastensystem so systematisch angewandt, dass bei einem Minimum an Aggregaten und Teilen ein Maximum an Typen für alle Transportbedürfnisse möglich wurde.« In der Praxis bedeutet dies, dass etwa die neuen Außenplanetenachsen nur noch aus 220 anstelle von 480 Teilen wie die vorigen zwei Achsbaureihen bestanden.

Eine erste Staffel von 15 Kippern zwischen 16 und 26 Tonnen Gesamtgewicht bildete 1973 die Vorhut für jenes breit gefächerte Aufgebot an Straßenfahrzeugen. Zwei Jahre nach dem ersten Auftritt der NG-Reihe wurden auch die mittleren Baureihen mit 10, 12 und 14 Tonnen Gesamtgewicht auf den neuen Baukasten umgestellt, ergänzt durch eine zusätzliche Motorisierung: In den leichten Varianten kam der kleine Sechszylinder OM 352 als Saugmotor mit 130 PS sowie aufgeladen mit 168 PS zum Einsatz. Und wer einen Mittelklasse-Lkw mit hoher Motorisierung suchte, konnte seinen 14- oder 16-Tonner auch mit einem 240-PS-V8 ordern.

Überhaupt wäre das riesige Programm kaum anders als stufenweise einzuführen gewesen. Ob Fahrerhaus, Motoren, Achsen oder Getriebe, an der »Neuen Generation« war sowieso fast alles neu. Das lag nicht zuletzt auch daran, dass im Zuge der EU-Gesetzgebung das Gesamtzuggewicht auf 38 Tonnen hochgesetzt wurde. Damit ist auch klar, dass der bisher leistungsstärkste Motor mit 320 PS sich alsbald als zu schwach erweisen könnte, und ein Ersatz für die bewährten Ritzelachsen musste sowieso her (was dann zu den heute bei den Baulasten noch verwendeten Außenplanetenachsen führte). In den kommenden Jahren hielten technische Feinheiten und Sicherheitsdetails wie die Wandlerschaltkupplung für Zugmaschinen, ein Antiblockiersystem (1981), elektropneumatische Schalthilfen (1985) oder die Elektronische Dieselregelung (1985) Einzug.

Ende 1979 kam es, zehn Jahre nach ihrer Einführung, zu einer tiefgreifenden Revision der Motoren der 400er Serie. Daimler-Benz zog beim V8 alle Register: Der Achtzylinder legte an Hubraum zu und kam auf ein Volumen von 14,6 Litern, sein Leistungsspektrum reichte von 250 über 280 bis hin zu den 330 PS mit Turbolader, der dann mit Ladeluftkühler sogar 375 PS mobilisierte. Und neue, sehr eng gestufte Getriebe mit 16 Gängen reduzierten den Kraftstoffverbrauch.

In Kipperfahrzeugen wiederum sorgte ein wuchtiger V10-Saugmotor für Vortrieb, bei den Varianten für den Verteilerverkehr ein V6-Zylinder - das Baukastensystem der Baureihe 400 war ausgesprochen vielseitig und beflügelte Daimlers Neue Generation bis in die neunziger Jahre hinein. Zu diesem Zeitpunkt war die »Neue Generation« so neu nicht mehr, bei einer umfassenden Modellpflege 1988 wurde sie in SK, »Schwere Klasse«, umgetauft. Zu den wichtigsten Änderungen beim Facelift gehörten das neue Cockpit und, vor allem, die aufdatierte Technik. Bei den SK gingen Leistungsvarianten mit 260, 290, 354 und 435 PS an den Start, Flaggschiff war der V8 mit 475 und dann, 1994, 530 PS – in dieser Zeit der stärkste Straßen-Lastwagen in ganz Europa. Außerdem gewöhnte Mercedes seinen Lastern allmählich das Rauchen ab, in der ersten Hälfte der Neunziger wurden die Lkw auf die Erfüllung immer strengerer Abgasgrenzwerte getrimmt.

Das waren auch die bestimmenden Faktoren der SK-Nachfolgegeneration »Actros«, die zur IAA 1996 ihre Visitenkarte abgab. Denn hier war nun wirklich alles neu: Die Kabine, die einem Baukastensystem entstammte, und das gewaltige Megaspace-Fahrerhaus mit ebenem Fußboden, der Rahmen, das Fahrwerk und, natürlich, der Antriebsstrang. Zwar hatten die Entwickler wieder auf das Baukastensystem aus Sechs- und Achtzylindern in V-Anordnung zurückgegriffen, die Triebwerke jedoch unter der Bezeichnung Baureihe 500 völlig neu konstruiert. Die flammneuen Aggre-

MERCEDES-BENZ

gate mit zwölf und 16 Litern Hubraum mit Leistungen bis 428 PS aus sechs und 571 PS aus acht Zylindern waren enorm haltbar und auf enorm lange Wartungsintervalle von rund 100.000 Kilometer ausgelegt, dazu kamen modernste Schalttechnik, die komplette Riege fahrdynamischer Regelsysteme, Scheibenbremsen rundum, dazu elektronisch geregelt auch am Auflieger – der Actros gilt als weiterer Meilenstein in der langen Geschichte der Schwerlastwagen von Mercedes. Zum Modelljahr 2003 erfuhr die Modellreihe eine erste umfassende optische Überarbeitung – zu erkennen an den neuen Scheinwerfern – und erhielt Euro-3-Motoren. Das stärkste Pferd im Stall war der Actros 1861 mit dem 15,9-Liter V8 (OM 542) und 612 PS bei 1800 Umdrehungen; 2004 sah die Einführung einer modifizierten Triebwerks-palette, die der Abgasnorm Euro 4 bzw. Euro 5 entsprach. Wie später auch die meisten anderen LKW-Hersteller setzte Mercedes-Benz hierfür die sogenannte SCR (Selective Catalytic Reduction)-Technologie ein, die Leistung litt darunter nicht: Den V6-Motor OM 541 gab es in sechs Leistungsstufen von 320 bis 476 PS, den V8 in vier Varianten zwischen 510 und 653 PS. Nach einem erneuten Restyling 2008 kam es dann 2011 zur Neuauflage der Actros-Reihe. Hier war wirklich alles neu, die Motoren (jetzt Reihen-Sechszylinder mit Hubräumen von 7,7 bis 15,6 Liter, 238 bis 653 PS) in zunächst 16 Leistungsstufen, neue Fahrerhäuser und ein spezifischer Fernverkehrsrahmen mit breiterer Spur. Es gab vier Radstände für die Sattelzugma-schinen und elf verschiedene Radstände für die Motorwagen; stärkstes Stück war die zum Modelljahr 2014 präsentierte Schwerlastzugmaschine Actros SLT, die auf ein Gesamtzuggewicht von 250 Tonnen ausgelegt war und auch als 8x8 lieferbar war. Für die neuen Schwerlastzugmaschinen –es gab auch eine Arocs-Ausführung – kam der OM 473 in drei unterschiedlichen Leistungsstufen zwischen 517 bis 625 PS zum Einsatz, alle in Euro-6-Homologation.

VOM LP ZUM ATEGO

Mit dem LP 608 präsentierte Mercedes-Benz in Brüssel 1965 einen komplett neu-en Leicht-Lkw. Dank seiner kantigen Frontlenkerkabine unzweifelhaft als »Kleiner Bruder« der »Kubischen« zu erkennen, sorgte hier mit dem neuen OM 314 ein neuer Diesel-Direkteinspritzer mit zunächst 80, dann 85 PS für Vortrieb. Nachdem der 6,5-Tonner sich auf Anhieb an die Spitze des Segments gesetzt hatte – immerhin konnten damals Lkw bis 7,5 Tonnen Gesamtgewicht mit dem normalen Pkw-Führer-schein gefahren werden – wuchs das Programm rasch in weitere Gewichtsklassen bis hoch zum LP 1113 mit elf Tonnen Gesamtgewicht und 21,6 Tonnen Zuggewicht. Immer wieder aufgefrischt, hat er bis 1984 überlebt.

Die Rolle der leichten Lastwagen im Konzern übernahm dann die »Leichte Klasse« (LK) oder auch LN2 – einen offiziellen Namen trugen die Lastwagen mit modernem Kipp-fahrerhaus nicht. Die Leichte Klasse überdeckte den Bereich von 6,5 bis 13 Tonnen Gesamtgewicht (Modelle 709 bis 1320) und schloss damit die Lücke zwischen den Großtransportern Düsseldorfer/T2 und NG/SK. Das Leistungsangebot reichte von 90 bis 204 PS und umfasste überdies auch ein Fernverkehrs-Fahrerhaus. Zum Einsatz kamen Vier- und Sechszylindermotoren der Baumuster OM 364 und OM 366, die trotz aller Modernisierungsmaßnahmen ihre Abstammung vom OM 312, dem Urvater der Motorenbaureihe 300 von 1949, nicht verleugnen konnten. Um so moderner allerdings das Schuhwerk, die LK-Reihe war die erste mit Niederquerschnittreifen. Zwei Mal erhielt die LK eine Modellpflege und blieb damit nicht nur technisch auf der Höhe seiner Zeit: Mit der Umstellung auf Euro II wurde 1994 ein um fünf Zentimeter verlängertes Standardfahrerhaus mit einem handlicheren Lenkrad eingeführt, ab 1996 fuhr die Leichte Klasse mit einem breiter verripptem Kühlergrill vor.

1998 trat der Atego die Nachfolge der »Leichten« an, bot Vier- und auch Sechszy-lindermotoren der neuen Baureihe 900 mit bis zu 279 PS, dazu feine Zutaten wie Scheibenbremsen rundum und ein komplett neues, fahrerfreundlich tief angeordnetes Fahrerhaus dank eines vorn abgesenkten Rahmens. Zu der abgedeckten Gewichtspa-lette von 6,5 bis 15 Tonnen passend gab es kurze und lange, flache und hohe Fah-

Der LP 608 war ein 3-Tonnen-Frontlenker-Leichtlastwagen von 1965.
(Foto: © Daimler AG)

Die Mercedes LK-Reihe wurde von 1984 bis 1998 produziert.   (Foto: © Daimler AG)

Der Atego 1217 der ersten Generation von 1998. Er löste die LK-Reihe ab.   (Foto: © Daimler AG)

Der Mercedes-Benz LP 608, hier als Möbelwagen, wurde von 1965 bis 1983 gebaut.   (Foto: © Daimler AG)

Der Arocs im Mercedes-Benz Arocs 2658 L 6×4 als Langholztransporter bei Holz-Krause in Lamspringe. (Foto: © Daimler AG)

Der Mercedes-Benz Econic NGT im Einsatz bei AWS Abfallwirtschaft Stuttgart. (Foto: © Daimler AG)

Mercedes-Benz Zetros: Hauben-Lkw mit permanentem Allradantrieb für anspruchsvollste Offroad-Einsätze. (Foto: © Daimler AG)

MERCEDES-BENZ

rerhäuser für alle denkbaren Verwendungen. Die Baureihe war auf Anhieb ein Erfolg. Die zweite Generation debütiert auf der IAA Nutzfahrzeuge 2004, lehnte sich optisch näher an die mittleren und schweren Baureihen an. Es gab zahlreiche neue Features, neue oder modifizierte Motoren und, 2008, auch eine Hybridvariante mit zwölf Tonnen Gesamtgewicht. 2010 im großen Stil überarbeitet und nach weiteren Varianten – so dem »Atego schwer« für 18 bis 26 Tonnen Gesamtgewicht mit Atego-Haus (hier höher gelegt) und Actros-Rahmen –, Verbesserungen und Verfeinerungen feierte dann zur »Bauma 2013« die nächste Atego-Generation. Vielfalt war Trumpf im leichten und mittelschweren Gewichtssegment: 42 Grundbaumuster, vier Fahrerhäuser in drei Längen, eine Vielzahl unterschiedlicher Radstände, wahlweise Allradantrieb – permanent oder zuschaltbar – sowie neu entwickelte, sauberere »BlueEfficiency Power«-Motoren (Euro 6) mit vier und sechs Zylindern von 156 bis 299 PS bildeten die Eckdaten.

AXOR, ANTOS, AROCS, ZETROS: FÜR JEDEN ZWECK DEN RICHTIGEN LKW

Anstelle des »Atego schwer« rückte 2001 die Baureihe »Axor« ins Programm und bildete damit das Bindeglied zum Actros. Gedacht für den schweren Verteilerverkehr, arbeiteten unter der Kabine des neuen Axor ausschließlich Reihen-Sechszylinder mit 6,4 l, 7,2 l und 12,0 l Hubraum; kombinierbar mit vier Fahrerhäusern sowie diversen Radständen zwischen 3150 und 6300 Millimetern. Kombinierbar waren diese mit unterschiedlichen Aufbauten wie Kipper, Sattelschlepper und Pritschenwagen. 2004 kamen dann die Bau-Varianten mit schmaler Kabine und erhöhter Schlechtwege-Tauglichkeit.

Nach diversen Modellpflegemaßnahmen baute Mercedes-Benz seine Nutzfahrzeug-Palette ein weiteres Mal um. Die Umstellung auf Euro-6-Norm vollzog der Axor nicht nach (blieb aber weiterhin lieferbar).

Stattdessen erschien 2012 ein neuer schwerer Lastwagen für den Verteilerverkehr. Der »Antos« war ein typischer Vertreter der Baukasten-Reihe von Mercedes. Er sah aber, so das Werk, freundlicher aus als der Actros, »entsprechend seinem häufig urbanen Einsatzgebiet«. Die neue Hütte, 2,30 Meter breit, gab es in kurzer oder mittellanger Ausführung, auch in superflach, damit zum Beispiel ein Kühlaggregat Platz fand.

An Motoren standen Euro-6-Diesel zur Verfügung, drei Reihensechszylinder mit 7,7 Liter, 10,7 Liter und 12,8 Liter Hubraum und 238 bis 510 PS.

Die Ausführung für den schweren Baustellenverkehr, etwa den Betontransport, hieß »Arocs«.

Er war schon auf den ersten Blick durch seinen Kühlergrill in »Baggerzahn-Optik« vom Straßenroller Actros zu unterscheiden. Es gab ihn mit sieben verschiedenen Fahrerhäusern und bis zu 14 Varianten. Rahmen, Rahmenhöhe und Überhänge waren deutlich anders als beim Fernverkehrs-Actros, außerdem standen nun Varianten zum Verkauf, die es bisher nur als nachträglichen Sonderumbau gegeben hatte. So liefen jetzt Vierachser mit einer Vorder- und drei Hinterachsen in der ganz normalen Serienfertigung im weltgrößten Lastwagenwerk Wörth vom Band – Brummer wie der Arocs 8x4/4 ENA mit einer nicht angetriebenen Lenkachse, zwei doppelt bereiften, angetriebenen Hinterachsen und einer zwangsgelenkten und liftbaren Nachlaufachse mit Einzelbereifung. Die zulässigen Gesamtgewichte reichten hoch bis zu 41 Tonnen, die Motorenpalette umfasste 16 Leistungsstufen in vier Hubraumgrößen von 7,7 über 10,7 und 12,8 bis hin zum flammneuen 15,6 Liter Reihensechszylinder-Motor OM 473 mit 625 PS und 3000 Nm Drehmoment.

Bereits 2008 hatte der Hauber sein Comeback gefeiert: Der hochgeländegängige Allradler, der die Bezeichnung »Zetros« erhalten hatte, war als Zwei- und Dreiachser in erster Linie für den Militäreinsatz bestimmt, nicht unbedingt für die Asphaltstraßen Mitteleuropas.

Denn noch immer gilt für Einsätze abseits befestigter Straßen ein Hauber als die beste Wahl. Beim Hauber, anders als beim Frontlenker, sitzt der Fahrer hinter der Vorder-

Größenvergleich: Zetros 2733 und Kurzhauber 2628 mutmaßlich aus iranischer Produktion. Iran Kohdro baute ihn noch bis 2016 weiter. (Foto: © Daimler AG)

Mercedes-Benz Zetros mit Wohnaufbau. (Foto: © Daimler AG)

Actros SLT 4163, 8x4/4, Bj. 2016. Das Fahrzeug wird im französischen Daimler-Werk für Sonderfahrzeuge umgebaut. (Foto: © Daimler AG)

Die Unimog – hier des französischen Teams Bardy-Allart – gehen in der kleinen Klasse an den Start. Radstand 2930 mm, Leistung 81 kW.   (Foto: ©ETM-Verlag)

TRUCK TRAIL

Wer hat's erfunden? Nein, nicht die Schweizer. In dem Falle waren es die Briten, und das schon in den 1910er Jahren, als sie versuchten – »to try«, daraus entwickelte sich die Bezeichnung »Trial – ihre Knatterkisten über Stock und Stein zu treiben. Dabei handelte es sich aber ausschließlich um Motorräder, die entsprechend präpariert wurden. Geländegängigkeit, möglichst wenig Gewicht, aber hochkompetente Geländekraxler, im Sattel von Könnern mit einem bemerkenswerten Gespür für Balance und Körperbeherrschung. Wettrennen-Geschwindigkeit war kein Thema, eher ein Geländewandern.

Die Wiege des Truck-Trails dagegen stand ausnahmsweise mal nicht auf der sportverrückten Insel, sondern im hessischen Wolfhagen, wo ein deutscher Enthusiasten Ende der Achtziger diese – ziemlich schräge – Variante des Motorsports etablierte und dank geschickten Marketings auch bekannt machte. Wobei: Truck Trail ist aber auch eine spektakuläre Geschichte, bei der das Können der Akteure jedem Zuschauer höchsten Respekt abnötigt.

Die abgesteckten Parcours sind mit solchen Schwierigkeiten gespickt, dass selbst das Zu-Fuß-Hinkommen unmöglich erscheint: Schräge Hänge und maximale Verschränkungen in den einzelnen Sektionen führen zu einem Maximum an Faszination, nichts und niemand scheint die Künstler am Steuer stoppen zu können: Die Gesetze der Physik scheinen für Momente außer Kraft gesetzt zu werden, wenn in halsbrecherischen Aktionen Gräben überwunden, durch Schlamm gerobbt, über Wurzeln, Steine und hohe Stufen geklettert wird.

Bei diesen Truck-Trials, diese Geschicklichkeitsprüfungen mit schwerem Gerät, gehen seriennahe Modelle neben reinrassigen Prototypen an den Start, die Wertung erfolgt entsprechend der jeweiligen Klasse, die von Quads über Zwei- und Dreiachser bis hin zur vierrädrigen Spezialausführung reicht. Wer am Ende der Saison die geringste Anzahl an Strafpunkten gesammelt hat, darf den Pott mit nach Hause nehmen. Wie bei jeder Motorsport-Veranstaltung gibt es ein festgeschriebenes Reglement, das von Zeit zu Zeit den sich verändernden Bedingungen angepasst wird. Das gegenwärtige Europa Truck Trail-Reglement besitzt seit 2014 Gültigkeit. Die Veranstaltungen sind, wie stets im Lkw-Sport, ein Fest für die ganze Familie und werden einmal mehr vom Stuttgarter Spezialisten ETM begleitet.

Der Dreiachser, ursprünglich ein TGS 33.480 BB-WW, des Teams BFS Trucksport. Radstand 5000 mm, 353 kW.   (Foto: ©ETM-Verlag)

Eine Kugel Vanille, bitte: Der T3 wurde in Hannover zwischen 1979 und 1990 gebaut und kam in unzähligen Varianten zum Einsatz. (Foto: Volkswagen AG)

»Sofie«: VW T1 Kastenwagen von 1950. (Foto: © Volkswagen AG)

VOLKSWAGEN

Der VW T2 in der Pritschenversion.   (Foto: © Ralf Weinreich)

Die ersten Pläne, einen Volkswagen zum Lieferwagen oder auch Transporter umzubauen, existierten bei Professor Porsche bereits in den 30er Jahren, doch erst 1946 befasste man sich ernsthaft mit dem Thema, weil es keine Transportmöglichkeiten innerhalb des Werkes gab.

VOM BULLI ZUM TRANSPORTER

Der VW Transporter war das zweite Modell aus dem Volkswagenwerk und hieß daher, intern, »Typ 2«, der »Typ 1« war der Volkswagen. Auf seiner Basis entstand der knapp 4,15 Meter lange Transporter. Die Techniker und Konstrukteure lobten ihre Neukonstruktion als die »Kombination eines selbsttragenden Kastenaufbaus mit den Hauptmerkmalen des Volkswagens«. Das bedeutete Frontlenkerbauweise, der Transporter-Laderaum fasste 4,6 Kubikmeter. Im Heck polterte der bekannte VW-Boxermotor mit 1,1 Litern Hubraum und einer Leistung von 25 PS bei 3300/min. Der neue Transporter aus Wolfsburg bestach überdies durch niedriges Gewicht (Leergewicht 975 Kilogramm) bei einem zulässigen Gesamtgewicht von 1725 Kilo. Deutliche Vorteile gegenüber der Konkurrenz von DKW und Co. konnte der VW in Fahrleistungen und Wirtschaftlichkeit für sich verbuchen, außerdem hatte Volkswagen das größte Vertriebsnetz. Die erste Transporter-Generation wurde zwischen 1950 und 1967 gebaut und brachte es auf eine Stückzahl von insgesamt 1,82 Millionen Transporter. Überlebt haben nicht viele, denn sie waren in erster Linie Arbeitstiere, zu finden bei Handwerkern und Behörden.

Die zweite Generation war die langlebigste. Zur neuen Optik kam eine praktische Schiebtür, wer mochte und zahlte, erhielt eine zweite. An der Modellpalette hatte sich nichts geändert, es gab Kasten- und Pritschenwagen, Kombi und Bus sowie einen Luxus-Achtsitzer. 1972 stand mit dem 1,7-Liter-Flachmotor erstmals ein hubraumstärkerer Motor zur Verfügung. Nach diversen Änderungen und Modellpflegemaßnahmen hatte er 1976 die Zweiliter-Marke erreicht, er leistete jetzt 70 PS und war zwar empfehlenswert, aber weder sonderlich sparsam noch besonders leise. In Tests lief der Zweiliter-Bus übrigens 133 km/h. Im Frühjahr 1979, am Ende seiner Bauzeit in Deutschland, hatte das Werk Hannover 2,93 Millionen Einheiten gebaut, als im Dezember 2013 in Brasilien der unwiderruflich letzte vom Band rollte, waren es 3,9 Millionen gewesen.

Auch wenn VW versuchte, beim T3 (1979) das Festhalten an Frontlenker-Bauweise und Heckmotor als Fortschritt zu verkaufen: Für die Umstellung auf ein modernes Frontantriebskonzept fehlte es VW damals schlichtweg am nötigen Kleingeld. Die Optik erinnerte an den größeren VW LT, es gehörte nicht viel Phantasie dazu, um hinter dem Transporter mit dem breiteren Grill und den integrierten Scheinwerfern den noch kantigeren großen Bruder zu entdecken. Es gab ihn, wie seinen Vorgänger, als Transporter, Kombi, Bus, Pritsche und Doppelkabine mit den bekannten Motoren. Später kamen Diesel-Motoren und wassergekühlte Ottomotoren (»Wasserboxer«), in jedem Fall aber trugen die T3 jetzt einen zusätzlichen Kühlergrill in der Front. Der T3 mit dem letztlich unpraktischen, aber unverwechselbaren Heckmotor-Konzept wurde elf Jahre lang gebaut, optional auch mit Allrad-Antrieb und kam auf weltweit 1,5 Millionen Einheiten.

Der Abschied vom vier Jahrzehnte alten Heckmotor-Konzept im Sommer 1990 brachte die Umstellung auf ein modernes Frontmotor-Layout mit Frontantrieb. Damit verlor der Transporter sein Alleinstellungsmerkmal – was zu argen Protesten seitens der eingefleischten Bulli-Fans führte, aber im Alltag klare Vorteile bot. Erstmals gab es den Transporter mit zwei Radständen (2920 und 3320 Millimeter). Die gewerblichen Nutzer begrüßten den Schritt, bescherte er ihnen doch endlich einen erheblichen Zuwachs an Laderaum. Die Motoren – Benziner mit G-Kat und Hubräumen von 2,0 bis 2,5 Liter (Leistungen 84 bis 110 PS, später 115 PS) sowie Selbstzünder von 1,9 bis 2,4 Liter (61 bis 78 PS) stammten aus dem Pkw-Baukasten des Konzerns, auch sonst bot der Transporter viel Pkw-Flair, um so mehr in der feinen Multivan-Ausstattung. Letzteren positionierte Volkswagen in der Ecke der trendigen Familien-

VOLKSWAGEN

vans; der Transporter blieb in seiner Schaffer-Ecke. Diesem Konzept ist Volkswagen bis heute treu geblieben, auch der T5 vom März 2003 nutzt es. Die Vielfalt war noch einmal größer geworden, neben den Radständen konnte der Kunde nun auch unter drei Dachhöhen auswählen. Mit 9,3 Kubikmeter Laderaumvolumen war der neue fortan auch der größte aller bisherigen VW Busse. Neben den neuen Triebwerken kam, wie bei den anderen Konzernmodellen auch, der Umstieg auf eine komplett andere Allrad-Technologie mit Haldex-Kupplung und eine stetig wachsende Vielfalt. Es entwickelte sich eine ganz klare Trennung von Kombi-, Kasten- und Pritschenwagen für Gewerbetreibende auf der einen Seite und Familientransportern und Campingmobilen auf der anderen. Erfolgreich waren sie beide, karg ausgestattet auch, und die Preisstellung – nun, nennen wir sie »selbstbewusst«.

Der Kastenwagen (maximale Nutzlast bis zu 1,438 Tonnen) überzeugte schon in der Grundversion mit einer Ladefläche von 4,3 Quadratmetern und einem Stauvolumen von 5,8 Kubikmetern. Mit dem Mittelhochdach wuchs das Fassungsvermögen auf 6,7 m³. Wie gehabt, gab es Transporter und dessen Ausführung mit Fenstern, den Kombi, mit einem längeren Radstand, in diesem Fall streckte sich der T5 auf eine Gesamtlänge von 5,29 Metern; mit Hochdach kam da ein Ladevolumen von 9,3 Kubik zusammen. Auf Wunsch gab's eine erhöhte Schiebetür, die Heckflügeltüren ragten bis ins Dach. Auch für Pritsche und Fahrgestell standen zwei Radstände (3,00 und 3,40 Meter) im Angebot. Vier Zweiliter-TDI deckten das Leistungsspektrum von 84 PS bis 180 PS ab. Die Modellpflege 2009 brachte leichte Änderungen an der Optik und eine überarbeitete Motorenpalette. Beim Wechsel 2015 zum T6 hat sich im Grunde genommen nichts geändert. Die optischen Änderungen waren sehr dezent, natürlich sind die technischen Verfeinerungen weitaus umfangreicher ausgefallen. Allerdings ist die Verwandtschaft zum Vorgängermodell so stark, dass man durchaus von einem T5c sprechen könnte, also einem zweiten großen Facelift-Modell des 2003er Transporters.

BULLI XL: VOM LT ZUM CRAFTER

Im Frühjahr 1975 begann im Transporterwerk Hannover-Stöcken die Produktion eines völlig neu entwickelten leichten Nutzfahrzeugs. Die Baureihe hieß niedersächsisch-nüchtern »LT«, war in der Klasse ab 2,8 Tonnen Gesamtgewicht und damit oberhalb des Volkswagen-Transporters angesiedelt und sollte der Mercedes-Benz-Transporter-reihe ein wenig vor's Schienbein treten. Was beim Bulli aber, dem bis dahin mit über 5,5 Millionen Exemplaren weltweit am meisten gebauten Lieferwagen in der Klasse bis eine Tonne Nutzlast und bis 2,4 Tonnen Gesamtgewicht, glänzend gelungen war, funktionierte beim LT nicht so richtig. Gewiss, der neue LT in der Nutzlastklasse bis 1,75 Tonnen wies eine durchaus moderne Frontlenker-Optik auf und zeichnete sich, so die Presseabteilung des Werks, durch »ein Pkw-ähnliches Fahrwerk mit einzeln aufgehängten Vorderrädern und Profilrahmen für hohes Zuladevermögen« aus. Der Markteinstieg gestaltet sich dennoch ziemlich holprig, denn zunächst gab's ihn nur als Pritschenwagen mit Zweiliter-Benziner, und das war schlichtweg zu wenig. Erst gegen Jahresende folgte er als Kasten und mit britischem Perkins-Diesel. Immerhin. Die Wolfsburger erweiterten sukzessive das Angebot um Doppelkabine, Tieflade-Pritschenwagen, Hochraumkasten, Kombi und Busse sowie Fahrgestelle mit Fahrerhaus, ersetzten den 2,7-Liter-Perkins 1979 durch einen 75 PS starken 2,4-Liter-Reihensechszylinder aus der Gemeinschaftsentwicklung mit Volvo.

Zum Modelljahr 1983 – im November 1982 verließ der 20.000ste LT das Transporterwerk – folgte dann eine erste umfassende Revision. Die Modellpflege brachte auch eine Ausweitung des Typenprogramms auf die Modellreihe LT 50 mit fünf Tonnen Gesamtgewicht (Zuladung 2,6-2,9 Tonnen) sowie eine dritte Radstand-Variante mit 3650 mm neben den bisherigen Radständen 2500 und 2950 mm. Nach überarbeiteten Motoren und weiteren Modifikationen – eckige Scheinwerfer 1993 – folgte 1996 der Modellwechsel.

Der LT der zweiten Generation war eine Gemeinschaftsentwicklung – ausgerechnet

Der L80 wurde ab 1995 bei Volkswagen do Brasil gefertigt und auch in Deutschland angeboten. Er war aber kein großer Erfolg, der Import endete im Jahre 2000.

(Foto: © Volkswagen AG)

Auch dem gemeinsam mit MAN entwickelten Modell G90 war kein größerer Erfolg beschieden. Hergestellt wurde er von 1979 bis 1993. (Foto: © High Contrast, CC-BY-SA-3.0)

Beim T4 saß der Motor erstmals nicht mehr im Heck und bot dadurch mehr Laderaum. (Foto: © Volkswagen AG)

Ahnengalerie: Die Transporter-Baureihen von Volkswagen. Von links nach rechts: LT (1976-1993), dann die beiden Transporter-Generationen aus der Gemeinschaftsproduktion mit Mercedes-Benz, und zuletzt der aktuelle Crafter, das Pendant zum MAN TGE. (Foto: © Volkswagen AG)

Die VW-Lkw werden nicht nach Europa exportiert. Sie entstehen bei MAN Latin America in Brasilien. Die 2006 eingeführte Constellation-Reihe deckt das Spektrum von 13 bis 57 Tonnen Gesamtgewicht ab und gehört zu den meistverkauften Schwerlast-Lkw Südamerikas.

(Foto: © Hauke Dressler / MAN AG)

Volkswagen Crafter als Rettungstransporter. (Foto: © Volkswagen AG)

VOLKSWAGEN

mit Mercedes-Benz. Was bei Volkswagen der LT war, hieß dort »Sprinter«. Neben den markenspezifischen Elementen machten jeweils die Motoren, Front- und Heckpartie sowie die Instrumententafel den Unterschied aus. Zu haben war der LT in drei Radständen, zwei Dachhöhen sowie zulässigen Gesamtgewichten von 2,8 bis 4,6 Tonnen. Mit der Neuauflage 2006 mutierte der LT zum Crafter, doch der Sprinter war bekannter. Drei Nutzlastklassen – Crafter 30, Crafter 35 und Crafter 50, je nach Gesamtgewicht – deckten eine große Bandbreite ab, die wuchs noch durch Auf- und Ablastungen ab Werk. Den Crafter gab es in drei Radständen von 3250 über 3665 bis hin zu 4325 Millimetern und – neu – als Kastenwagen zusätzlich in einer Variante mit verlängertem Überhang. Zu Normaldach und Hochdach gesellte sich beim Kastenwagen das neue Superhochdach mit einer Stehhöhe von 2,14 Metern im Laderaum. Dessen Volumen betrug nun zwischen 7,5 und 17 Kubikmeter.

Beim Antrieb setzte Volkswagen auf TDI-Motoren, Common-Rail-Fünfzylinder mit 2,5 Liter Hubraum und einem Leistungsspektrum von 89, 109, 136 und 164 PS; der Vertrieb erfolgte bundesweit über 600 VW-Nutzfahrzeughändler. Im Juni 2011 rollte dann der geliftete Crafter von den Bändern; dank der drei neuen TDI-Motoren war er sparsamer und sauberer als je zuvor, außerdem vergrößerte sich die Fahrzeug-Nutzlast motorabhängig um nahezu zehn Prozent.

Mit Entwicklung der dritten Crafter-/Sprinter-Generation entschied sich Volkswagen zur Scheidung von Mercedes-Benz. Neuer Entwicklungspartner wurde die konzerneigene Lkw-Sparte MAN (auch Scania gehörte zur Lkw-Sparte), denn der neue Crafter sollte die Lücke füllen zwischen dem Transporter und den größeren Lastwagen der Marken. Gebaut wurde der Crafter im neuen Volkswagen-Nutzfahrzeugwerk in Polen. Mit bis zu 5,5 Tonnen zulässigem Gesamtgewicht und bis 18,4 Kubikmetern Volumen bot der neue Crafter eine noch größere Vielfalt an Varianten, Ausstattungen und Antriebssystemen als zuvor. An Grundmodellen gab's Kastenwagen und Kombi in verschiedenen Längen (von 5986 bis 7391 Millimetern) und drei Dachhöhen (2355 bis 2798 Millimetern), dazu das übliche Sortiment an Pritschen mit Einzel- oder Doppelkabine sowie Fahrgestelle für Aufbauer.

KENNZEICHEN G: DIE LEICHTLASTWAGEN

Der größte LT der ersten Generation, der LT 50, stellte zugleich den Anschluss an die Fahrzeuge der Gemeinschaftsreihe MAN-VW sicher. Diese G-Baureihe hatte das LT-Fahrerhaus und bediente das Segment zwischen sechs und neun Tonnen Gesamtgewicht.

Motor, Chassis und Vorderachse stammten von MAN, VW lieferte Fahrerhaus und Hinterachse. Die ab 1979 produzierte Gemeinschaftsbaureihe vom Typ G 90 war mit verschiedenen Vier- und Sechszylindertriebwerken und Hubräumen von 4,6 bis 6,9 Litern erhältlich, verkaufte sich aber nur mäßig. 1987 kam es zum einzigen bemerkenswerten Facelift, bei dem die Scheinwerfer (jetzt eckig, vorher rund) ihren angestammten Platz oben neben dem Kühlergrill verließen und in die Stoßstange wanderten. Die Produktion endete 1993 nach 72.000 gebauten Exemplaren. Nach dem Auslaufen der G-Reihe führte Volkswagen ab August 1994 den L 80 ein. Dieser deckte die Nutzlastklasse bis 5,6 Tonnen ab und entstand bei der brasilianischen Tochtergesellschaft VW do Brasil. Das Modellprogramm umfasste dort Fahrzeuge von sechs bis 24 Tonnen Gesamtgewicht.

Volkswagen do Brasil hatte sich aber in erster Linie auf die 7,5-Tonner konzentriert, zu denen auch der L 80 gehörte. Er war mit zwei Radständen (3300 und 3900 Millimeter) lieferbar, der Motor – ein Vierzylinder-Dieseldirekteinspritzer mit 4,2 Litern Hubraum und 140 PS – stammte von MWM, der ehemaligen Deutz-Tochter. Die Achsen kamen von Rockwell, die Bremsen von Wabco. Das Fahrerhaus war eine modernisierte Variante der alten LT-Hütte mit tiefliegendem Stoßfänger vorn und großen, integrierten Scheinwerfern. Der Erfolg der neuen Baureihe war, vorsichtig formuliert, mäßig; der zuletzt 141 PS starke L 80 wurde im Jahre 2000 aus dem Programm genommen, lebt aber in der brasilianischen Worker-Reihe weiter.

SPEZIALHERSTELLER

Sie blühen im Verborgenen, und das ist mitunter durchaus im Wortsinne zu verstehen: Spezialhersteller sind vielfach »hidden champions«, also Firmen, die im Verborgenen ganz groß und in ihrer Branche wohl bekannt sind. Diese Hersteller, die ihre Fahrzeuge ganz gezielt nach den Bedürfnissen ihrer Kunden oder speziellen Einsatzgebieten zuschneiden, sind von den Stückzahlen her mit den Großen Drei nicht zu vergleichen. Doch sie kommen ins Spiel, wenn die anderen längst schon aufgegeben haben. Klassische Lastwagen finden sich hier keine, wohl aber solche, die Großserienkomponenten nutzen. Denn Nutzfahrzeuge sind sie allemal. Im Wort-wörtlichen Sinne.

Der Liebherr-Muldenkipper T 264.

Bergmann Tunneldumper 5025HK im Bahnprojekt Stuttgart 21 im Einsatz.   (Foto: © Schöning Fotodesign)

Goldhofer PST zum Transport schwerster Lasten.   (Foto: © Goldhofer AG)

Streetscooter, der neue Elektrotransporter der Post für die »Letzte Meile«.
(Foto: © MIKE HENNING)

Der Unimog U 4023 bzw. 5023 in seltener Ausführung mit Doppelkabine.
(Foto: © Daimler AG)

Der Rundkipper Bergmann 2012 R PLUS kann eine Nutzlast von 12 Tonnen befördern und verfügt über eine Motorleistung von rund 162 PS. (Foto: © Schöning Fotodesign)

Wie geschaffen für die Arbeit im Berg ist der robuste Zwei-Achser Bergmann 5025 HK. (Foto: © Schöning Fotodesign)

BERGMANN

Als der Dumper-Spezialist Bergmann eine Anfrage für den Einsatz im Großbauprojekt »Stuttgart 21« bekam, war man im norddeutschen Meppen in der letzten Phase der Entwicklung eines Tunnel-Dumpers. Das neue Fahrzeug wurde für den Einsatz unter Tage geradezu »maßgeschneidert« und erst in die Praxis geschickt, als sich die Meppener Ingenieure sicher waren: Der neue Bergmann 5025 HKPLUS wird seinen schwierigen und anspruchsvollen Job im Berg sehr effizient und sehr sicher erfüllen.

Im Bergmann 2060 R PLUS sorgt die gefederte Hinterachse für ein Plus an Fahrkomfort und Transportleistung. (Foto: © Schöning Fotodesign)

ECHTE KUMPEL UNTER TAGE

Seit 2013 stellen 16 Bergmann Tunneldumper unter härtesten Bedingungen ihre Leistungsstärke im Stuttgarter Untergrund unter Beweis. Auch bei weiteren wichtigen Infrastrukturprojekten Europas sind die gelben Spezialisten aus Meppen gefragt. So sind beispielsweise auf den Tunnelbaustellen Gloggnitz und St. Kanzian in Österreich weitere Fahrzeuge im Einsatz. Denn die Herausforderungen in einem Bahntunnel sind schon besonders. Ein Tunneldumper muss nicht nur ordentlich was wegschaffen, sondern extrem robust, zuverlässig und wartungsarm sein. Der Bergmann 5025 HKPLUS ist ein knickpendelgelenktes Zwei-Achs-Fahrzeug. Mit einem Eigengewicht von gerade 19,25 Tonnen transportiert es in seiner Heckmulde aus verschleißfestem Feinkornstahl eine Nutzlast von 25 Tonnen. Die 260 PS starke Maschine ermöglicht Fahrgeschwindigkeiten von 40 km/h vorwärts und 35 km/h rückwärts. Und dann ist da noch das Thema Wendekreis: Der sollte für den Einsatz im Tunnel möglichst gering sein oder besser noch: gar nicht erforderlich sein. Letzteres ist beim Bergmann 5025 HKPLUS der Fall. Der Tunnel-Spezialist ist mit einem um 180 Grad drehbaren Fahrerstand mit Logikschaltung ausgestattet. So ist der Fahrer bei bester Sicht auf den Arbeitsbereich rückwärts genauso sicher unterwegs wie vorwärts.

KLASSE ARBEITSPLATZ

Wer die Modelle der Bergmann Maschinenbau GmbH & Co. KG vergleicht, merkt sehr schnell: Der Dumper-Hersteller hat nicht nur die Produktivität auf der Baustelle im Fokus, sondern ebenso den Fahrzeugführer und seine Bedürfnisse in Sachen Sicherheit, Gesundheit und Komfort. So ist der drehbare Fahrerstand auch für den 12-Tonnen-Raddumper Bergmann 3012 RPLUS erhältlich. Darüber hinaus wurde 2016 die Kabinenausstattung komplett überarbeitet. Schließlich verbringt der Fahrer in dem Fahrzeug oft seinen ganzen Arbeitstag.

Eine gefederte Hinterachse bringt auch der kleinere 2060 RPLUS, der neueste 6-Tonnen-Dumper von Bergmann, mit. Hinzu kommt, dass der Führerstand über ein Wetterschutzdach verfügt, das den Fahrer vor Regen und Schnee, aber auch vor Sonne und Staub schützt. Zusätzlicher Vorteil für den Bauunternehmer: Das Schutzdach ist elektrisch absenkbar. So lässt sich für die Fahrt von einer Baustelle zur nächsten die Gesamthöhe des Dumpers so weit reduzieren, dass das Fahrzeug Transportkosten sparend auf einem handelsüblichen LKW transportiert werden kann und keinen Tieflader benötigt.

VERSIERTER DUMPER-SPEZIALIST

Das 1960 gegründete Familienunternehmen wird heute in zweiter Generation von Hans-Hermann Bergmann geführt. Das Bergmann Fahrzeugprogramm umfasst neben dem 25-Tonnen-Tunneldumper kompakte Raddumper und Kettendumper im Nutzlastbereich bis 12 Tonnen. Fast jedes Modell kann entsprechend einem Baukastensystem individuell konfiguriert werden, ob mit Rund-, Heck-, Dreiseiten- oder Fronthochmulde. Auch kundenspezifische Aufbauten, Sonderlackierung entsprechend dem Corporate Design des Kunden oder die Ausstattung mit Zwei-Wege-Laufwerk für die Nutzung des Dumpers auf der Schiene sind möglich. Selbst wenn für Landschaftsschutzarbeiten ein Fahrzeug durch die mächtigen Moorgebiete der Wehrtechnischen Dienststelle 91 in Meppen geschickt werden soll – Bergmann baut den »leichtfüßigen« Giganten. Und lässt ihn in Ruhe seine Arbeit machen. Ferngesteuert.

GHH FAHRZEUGE

Weitgehend im Verborgenen arbeitet die GHH Fahrzeuge GmbH in Gelsenkirchen. Und das ist durchaus wörtlich zu verstehen: Das Unternehmen entwickelt und produziert Spezialmaschinen für den Untertagebau.

Im Bergbau liegen auch die Wurzeln des in dieser Form seit 1995 existierenden Unternehmens: 1782 ging in Oberhausen die Hütte »Gute Hoffnung« in Betrieb, und bildete, zusammen mit zwei anderen Eisenerzeugern die Keimzelle der »Hüttengewerkschaft und Handlung Jacobi, Haniel & Huyssen«. Im Zuge der zunächst zaghaft beginnenden Industrialisierung wandte sich die Gesellschaft dem Maschinenbau und, nach der Reichsgründung 1871, als »Aktienverein für Bergbau und Hüttenbetrieb, Gutehoffnungshütte« (GHH), der Stahlerzeugung zu. In den folgenden Jahren und Jahrzehnten wuchs der Stahlkocher weiter, übernahm 1920 die »Maschinenfabrik Augsburg-Nürnberg AG« (MAN), wuchs auf die doppelte Größe heran und war nach dem Ende des Zweiten Weltkriegs weit oben auf der Liste der Stahl- und Rüstungskonzerne, die von den Alliierten entflochten wurden. Die diversen Um- und Ausgliederungen hemmten den Höhenflug der GHH aber nur kurz, Ende der Siebziger war Oberhausen Sitz des größten Maschinenbaukonzerns in Europa. Dann kam die große Stahlkrise, die GHH schrumpfte, trennte sich von zahlreichen Tochterfirmen und Beteiligungen, bis sie letztendlich unter dem Namen der bisherigen Tochter MAN restrukturiert wurde. Die Zentrale wanderte ab nach München, in Oberhausen blieb der – ebenfalls verselbstständigte – Unternehmensbereich »Bergbau- und Tunnelbaufahrzeuge«, aus der schließlich die GHH Fahrzeuge GmbH hervorging. Seit 2005 befindet sich der Firmensitz in Gelsenkirchen.

UNTER TAGE IN ALLE WELT

GHH fertigt seit 1964 Maschinen für den Untertagebergbau und Tunnelbau – klingt simpel. Ist es aber nicht. Letztlich geht es darum, unter schwierigen Bedingungen große Mengen an Gestein abzubauen. Um an Gold, andere Edelmetalle und seltene Erden zu gelangen, müssen Stollen in den mal härteren, mal weicheren Untergrund getrieben und gesprengt werden. Die so entstandenen Tunnel sind teils keine zwei Meter hoch, dazu kurven- und steigungsreich.

Was im Erdinnern herumkurvt, muss also extrem unempfindlich sein und kompakt; die Maschinen sind hier auf einen geringen Wendkreis angewiesen. Und dann ist da noch die Sache mit der Luft: Ein Motor benötigt Frischluft und stößt Abgase aus, daher muss ständig Frischluft in den Stollen gepumpt werden, je stärker der Motor, desto höher der Frischluftdurchsatz. Andererseits wird beim Abbau jedes bisschen Pferdestärke dringend gebraucht. Außerdem: Zeit ist Geld, gerade auch im Untertagebau, daher müssen die Fahrlader und Muldenkipper, die Berauber und Mixer zuverlässig und wartungsarm sein.

Maschinen für den Untertage- und Tunnelbau haben also ein ganz besonderes Leistungsprofil. Und weil jedes Projekt anders ist, ist eine kostengünstige Großserienfertigung kaum möglich, was erklärt, warum Großserienhersteller dieses kostenintensive Geschäft den Spezialisten überlassen – wie eben der GHH Fahrzeuge GmbH.

Aktuell stehen dort, neben diversen anderen Maschinen für den Einsatz im Berg- und Tunnelbau, die knickgelenkten Muldenkipper MK-A15, MK-A20, MK-A35 und MK-A63 im Programm, wobei die Zahlen für die Nutzlast in Tonnen stehen. Die Motoren, je nach Konfiguration mit Luft- oder Wasserkühlung, decken den Leistungsbereich von 185 bis 408 PS ab. Der kleinste Kipper kommt auf ein Leergewicht von 14 Tonnen, verteilt auf 8,31 Meter Länge und 1,8 Meter Breite; der A35 wiegt das Doppelte und kommt auf 10,5 Meter Länge und 3,3 Meter Breite. Im Moment arbeitet die GHH Fahrzeuge an einem MK-A63, einem Untergrund-Muldenkipper mit einer Nutzlast von 63 Tonnen. Dieses Fahrzeug wird mindestens elf Meter lang und über drei Meter breit sein. Ein Allradantrieb ist obligatorisch, wobei bei den größeren Modellen der Fahrer dank Drehsitz mit »Zweirichtungsfahrstand« auf teure Wendemanöver in engen Tunneln verzichten kann. Beim kleineren Modell sitzt der Fahrer – wie in den Fahrladern des Herstellers auch – quer in der Kabine, hat also gleichermaßen gute Sicht nach vorne wie hinten.

Der Schiebekasten Sk-A30 kommt dann zum Einsatz, wenn der Platz nicht ausreicht, um die Ladung konventionell abzukippen. Die Nutzlast liegt bei 30 Tonnen.
(Foto: © GHH Fahrzeuge)

Der MK-A20 ist der ideale Muldenkipper für kleine bis mittlere Querschnitte im Berg- und Tunnelbau. Es gibt ihn auch noch in einer ultraflachen LP-Ausführung, dann ist er nicht höher als 1,70 Meter. (Foto: © www.bastianwerner.com)

Der MK-A40 bezieht aus seinem wassergekühlten Deutzmotor 435 bis 540 PS. (Foto: © GHH Fahrzeuge)

Der Muldenkipper MK-A35 bringt 31,6 Tonnen auf die Waage und wird von einem wassergekühlten Deutzmotor mit 408 PS versorgt. (Foto: © www.bastianwerner.com)

Goldhofer Semitrailer für den Transport von Baumaschinen. (Foto: © Goldhofer)

Goldhofer SPMT: Windrad-Nabe auf einem Selbstfahrer der PMT-Baureihe (SPMT: Self propelled Transport Module). (Foto: © Klaas Eissens

Transportmodule für die Beförderungen schwerster Baumaschinen sind eine Goldhofer-Spezialität (Foto: © Foto: Goldhofer)

GOLDHOFER

Goldhofer hat 1987 mit der Entwicklung von stangenlosen Flugzeugschleppern begonnen. Hier ein Vertreter der Phoenix-Reihe für mittelgroße Passagierflugzeuge (220 t MTOW).
(Foto: © Goldhofer)

Die heutige Goldhofer Aktiengesellschaft wurde erstmals im Jahr 1705 als Schmiede in Amendingen urkundlich erwähnt. Um 1900 begann dort die Produktion von Anhängern für die Landwirtschaft. 1946 wurde die »Allgäuer Fahrzeugwerke Alois Goldhofer KG« in 8. Generation gegründet. Das Unternehmen wuchs in den Nachkriegsjahren und begann zu dieser Zeit mit der Herstellung von luftbereiften landwirtschaftlichen Anhängern.

VOM TIEFLADER ZUM SELBSTFAHRER-TRANSPORT-MODUL

1952 dann der Geniestreich: Zum Transport schwerer Lasten (z.B. Bagger) wurden entsprechende Anhänger benötigt. Bei denen, welche zu dieser Zeit bereits am Markt waren, musste umständlich die Hinterachse ab- und dann wieder angebaut werden, um die Baumaschine auf dem Anhänger platzieren zu können. Um den Anwendern den Beladevorgang zu erleichtern, entwickelte Goldhofer zusammen mit dem Reifenhersteller Metzeler, kleine, aber tragfähige 15-Zoll-Räder, die auch während des Beladens am Anhänger bleiben konnten: Der Bagger konnte einfach darüber hinweg fahren. In der Zeit des Wiederaufbaus führte diese Innovation zu einem explosionsartigen Anwachsen der Bestellungen. Weitere Tiefladerkonstruktionen folgten, so 1963 der Schwerlastanhänger mit mechanischem Achslastausgleich und mechanischer Lenkung (Typ TPA) oder 1971 der erste teleskopierbare Satteltieflader mit hydraulischer Verdränger-Lenkung. Die Transportsysteme wurden immer ausgefeilter. 1993 entstanden die ersten selbstfahrenden Schwerlastmodule mit elektronischer Vielweglenkung mit 4 x 6 Achslinien. Das sechsachsige Grundmodul erreichte mit insgesamt zwölf angetriebenen Pendelachsen eine Zugkraft von 820 kN, was im Verbund mit anderen lasttragenden Modulen ein Gesamtgewicht von 2000 t auf der Ebene bewältigen konnte. Der Antrieb erfolgte hydrostatisch. Heute bedient Goldhofer mit seinen Anhängern und modularen Transportsystemen Nutzlastbereiche von 20 bis weit über 10.000 Tonnen.

DIE FLUGZEUGSCHLEPPER

1987 begann die Entwicklung von stangenlosen Flugzeugschleppern, die im Gegensatz zu den bisher genutzten Stangenschleppern das Bugfahrwerk des zu bewegenden Flugzeugs huckepack nehmen und damit auf eine zusätzliche Ballastierung verzichten konnten. Dies ermöglichte ein wesentlich schnelleres Rangieren der Flugzeuge. Anfangs auf 180 Tonnen Zuggewicht ausgelegt, hatte der Zwölf-Tonnen-Schlepper einen V10-Zylinder-Diesel Typ mit 280 PS von Klöckner-Humbold-Deutz KHD. 1991 entstand auf Anforderung des bisherigen Entwicklungspartners Swissair der erste stangenlose Flugzeugschlepper von Goldhofer, der AST-1 F 840 mit zwei Sechszylinder-Dieselmotoren und 840 PS Gesamtleistung. Damit konnten Großraum-Flugzeuge (damals Boeing B747, 400 t Abfluggewicht) bewegt werden.

In den folgenden Jahren wuchs die Palette an Flugzeugschleppern ständig weiter und führte 2005 zur Entwicklung und zum Bau des größten stangenlosen Flugzeugschleppers der Welt. Um den neuen Airbus A380 mit max. 600 t Gewicht ausreichend schnell bewegen zu können, entwickelte Goldhofer den dreiachsigen AST-1 X. Ausgerüstet mit zwei V8-Diesel und insgesamt 1200 PS erreichte der AST-1 X auch mit 600 Tonnen im Gepäck immer noch seine Maximalgeschwindigkeit von 30 km/h. Dank der Allradlenkung ließ sich der 4,5 Meter breite und gut elf Meter lange Dreiachser fast auf dem Teller wenden.

2013 übernahm Goldhofer die 1948 gegründete Firma Schopf Maschinenbau GmbH in Ostfildern, die 1982 einen ersten Flugzeugschlepper mit Elektroantrieb vorstellte. Schopf baut, anders als Goldhofer, konventionelle, also mit Stange und Ballstagewichten arbeitende Flugzeugschlepper, dazu Verlade- und Transportschlepper für das Flughafenvorfeld sowie weitere Spezialfahrzeuge wie Lader für den Untertagebau. Bestückt werden diese mit Diesel-, Gas-, Elektro- und Hybrid-Antrieben. Erstes Gemeinschaftsprojekt ist der High-Speed-Towing-Flugzeugschlepper »Phoenix« von 2015, ein innovativer stangenloser Flugzeugschlepper mit hydrostatisch angetriebener Lenkachse.

LIEBHERR

Die Erfolgsgeschichte des heutigen Baumaschinenkonzerns begann im elterlichen Baugeschäft von Hans Liebherr, der den enormen Bedarf an Werkzeugen und Maschinen für den Wiederaufbau im Nachkriegsdeutschland erkannte. 1949 entwickelte er gemeinsam mit Konstrukteuren und Handwerkern den ersten mobilen Turmdrehkran.

MIT MOBILEN KRANEN ZUM ERFOLG

Der TK 10 ließ sich leicht transportieren und einfach auf der Baustelle montieren. Die Nachfrage war so gigantisch, dass Liebherr sich alsbald ganz auf die Kranproduktion konzentrierte. Um seine Krane schwenkbar gestalten zu können, brauchte er Zahnkränze und Zahnräder, und die waren Anfang der Fünfziger Mangelware. Also begann Liebherr damit, diese selber zu produzieren, und als er einen Seilbagger benötigte, fiel ihm auf, dass der schwer, unhandlich und umständlich zu bedienen war. Er war sich sicher: Das ginge besser, und so kam es 1954 – nur fünf Jahre nach Bau seines ersten Krans – zur Entwicklung des ersten Hydraulikbaggers. Eines führte zum anderen: Für den Wiederaufbau benötigt man Baustoffe, insbesondere Beton – 1956 entstanden die ersten Maschinen zur Herstellung und zum Transport von Beton, und weil man seit 1958 auch in Übersee vertreten war, musste man öfter per Flugzeug verreisen, was dann 1960 zu Liebherrs Luftfahrtsparte führte. Die vielen neuen Wohnungen wollten auch eingerichtet werden, und so ergänzten nach und nach Kühlschränke und Produktionsgesellschaften für Kühl- und Klimatechnik das stetig wachsende Portfolio der Firmengruppe aus Oberschwaben. Rund 20 Jahre nach der Firmengründung beschäftigte Liebherr knapp 6000 Mitarbeiter, hielt Dutzende von Patenten, baute Mobil-, Raupen- und Hafenkrane in Frankreich und in Irland, produzierte Großbagger und Muldenkipper für den Bergbau auf allen Kontinenten. Und die Liebherr-Erfolgsgeschichte setzte sich fort, beflügelt durch immer neue Entwicklungen wie den ersten Mobilkran, mit dem man auch ins Gelände konnte, dem All-Terrain-Kran LTM 1025 von 1977. Nach Liebherrs Tod 1993 bestand sein Konzern aus 46 Gesellschaften, 15.000 Beschäftigten und einem Jahresumsatz von über vier Mrd. D-Mark, zwanzig Jahre später hatte sich die Anzahl der Beschäftigten im Familienunternehmen mehr als verdoppelt.

Auf mitteleuropäischen Straßen und Baustellen mitunter zu sehen sind vor allem die Mobilkrane mit bis zu 1.200 t Traglast; nur auf Baumaschinenmessen oder vor Ort zu bewundern sind die spektakulären Großbagger und Muldenkipper, die wegen ihrer Größe erst am Einsatzort zusammengesetzt werden können.

MULDENKIPPER FÜRS GROBE

Zur Bauma 2016, der Baumaschinemesse in München, rollte Liebherr den T 264-Muldenkipper aufs Gelände – oder besser gesagt: montierte ihn dort. Mit einer Länge von 14,2 Metern, einer Breite von 8,6 Metern und einer Höhe von 7,2 Metern sprengt der Muldenkipper jedes Maß, neben den 3,5 Meter hohen Rädern verblasst jeder Lkw zum Spielzeug. Der 16-Zylinder-Motor hat bis zu 76,3 Liter Hubraum und kommt vom amerikanischen Hersteller Cummins oder von der deutschen MTU, mit Leistungen zwischen 2500 und 2700 PS. Allerdings dient der Diesel nicht zum direkten Antrieb des Fahrzeugs, sondern erzeugt den Strom für die beiden hinteren Radnabenmotoren, die bei Kurvenfahrten ziemlich praktisch sind und die Reifen schonen. Außerdem entfallen Komponenten wie Getriebe und Antriebswellen, was eine ganze Menge an Gewicht spart. In den Tank passen 5034 Liter Kraftstoff, im Kühlkreislauf zirkulieren 833 Liter Flüssigkeit. Wenn's mal eilig ist, schafft es der rund 175 Tonnen schwere T 264 auf beachtliche 64 km/h. In die Mulde passen rund 130 Kubikmeter Abraum, die Nutzlast liegt bei 221 Tonnen. Rund 4 Millionen Euro kostet dieser Kipplaster der Superlative. Sein großer Bruder, der T 284, hat ein Einsatzgewicht von 600 Tonnen und darf 363 Tonnen laden. Beinahe schmächtig dagegen wirkt der T 236 mit 100 Tonnen Nutzlast. Sein Mining-Equipment baut Liebherr in erster Linie im französischen Werk in Colmar und im nordamerikanischen Newport News.

Liebherr T 236 mit 1260 PS Motor-Leistung und 100 Tonnen Nutzlast.
(Foto: © Liebherr-International AG)

Knicklenker auf dem Gelände Liebherr-Logistics in Oberopfingen, einem Teilort von Kirchdorf an der Iller.
(Foto: © Wald-Burger8, CC-BY-SA-3.0)

Liebherr T 262 (aktuell ist die Baureihe T 264): Muldenkipper aus dem Mining-Bereich von Liebherr mit rund 390 Tonnen Nutzlast.   (Foto: © Liebherr-International AG)

PAUL-NUTZFAHRZ.

So breit das Nutzfahrzeugangebot der großen Hersteller auch aufgefächert ist, so gibt es doch die eine oder andere Nische, die sie nicht bedienen können oder wollen. Der Sonderfahrzeugbau ist daher oft Sache von Spezialfirmen wie der Firma Paul Nutzfahrzeuge in Vilshofen an der Donau. Das Unternehmen mit heute rund 330 Mitarbeitern wurde vor über 200 Jahren als Schmiede und Wagnerei gegründet. Noch heute in Familienhand, sind die Vilshofener schon vor Jahrzehnten in den Bereich des Sonderfahrzeugbaus eingestiegen.

Zum Standardprogramm gehören Achseinbauten, Hinterachs-Zusatzlenkung, Fahrgestell- und Fahrerhausumbauten, wobei die Antriebstechnik von Mercedes-Benz und weiteren namhaften Herstellern kommt. Diese Modifikationen sind notwendig für Sonderaufbauten wie Betonpumpen, Feuerwehren oder Autokrane.

AGROMOVER

Paul mischt inzwischen auch in der Landwirtschaft mit. Er ist, so der hersteller, »konsequent auf die gestiegenen Anforderungen moderner Agrarlogistik zugeschnitten«. Tatsächlich kann der Agro Mover große Transportvolumina wirtschaftlich bewältigen und geht dabei ausgesprochen bodenschoenend zur Sache. Er punktet in Sachen Nutzlast und Ladevolumen, ist nicht übermäßig teuer und ist, anders als andere Spezialfahrzeuge, schnell und mit bis zu 80 km/h in vollem Umfang autobahntauglich.

Die Basis sind 4x2- und 4x4-Lkw von Mercedes-Benz, MAN oder Iveco. Die Eintragung als Land- und Forstwirtschaftliche Zugmaschine bzw. Ackerschlepper (LoF) erfolgt für den Agro Mover in Deutschland beim TÜV-Süd.

DEUTSCHLANDS SCHWERSTER LKW

2012 trat Paul erstmals auch als eigener Nutzfahrzeughersteller in Erscheinung: Beim Heavy Mover ist der Name Programm. 50 Tonnen Nutzlast und ein Zuggewicht von bis zu 250 Tonnen machen aus dem Paul-Laster den größten und schwersten Lastwagen aus deutscher Produktion. Und auch wenn Kabine, Antrieb, Elektronik und Powershift-Getriebe vom Mercedes Actros stammen – serienmäßig oder normal ist bei diesem Giganten, der in drei Leistungsstufen von 570 bis 650 PS angeboten wird, nichts. Und was an Drehmoment geboten wird – 2400, 2700 oder 3000 Newtonmeter – übersteigt sowieso jede Vorstellungskraft. Das gilt auch für die Dimensionen. Fast zwölf Meter lang, über dreieinhalb Meter breit und gut vier Meter hoch – der Heavy Mover HM 80 6x6 braucht viel Platz, und ein Wendekreis von 37 Metern spricht auch eher gegen einen innerstädtischen Einsatz. Der Gigant aus Passau ist stattdessen für den Einsatz auf Ölfeldern des Mittleren Ostens und Russlands konzipiert worden, um dort das Bohrequipment problemlos umsetzen zu können. Je nach Ausstattung kann der Heavy Mover bei Temperaturen von Plus 40 bis Minus 50 Grad eingesetzt werden. Der Allradantrieb ist obligatorisch, und gewaltige Räder sowieso: 80 Tonnen Gesamtgewicht erfordern, verteilt auf lediglich sechs Räder, gewaltige Reifen: Der Riese steht vorn auf Michelins der Dimension 29,5 R 25 und hinten auf 875/65 R 29, das heißt: Ein Reifen ist fast zwei Meter hoch und wiegt über eine halbe Tonne, und dann kommen noch die Felgen hinzu. Gewaltig ist auch das Tankvolumen von 1000 Litern. Den HM liefert Paul für den Aufbau etwa als Kipper oder mit Pritsche und Winde, als Sattelzugmaschine – mit bis zu 50 Tonnen Sattellast – oder auch als Fahrgestell an Rosenbauer. Die Feuerwehr-Spezialisten bauen auf dieser Basis das Großtanklöschfahrzeug »Buffalo extreme« mit 33.000-Liter-Aluminiumtank auf.

Der Agro Mover macht sowohl auf dem Feld als auch auf der Straße eine gute Figur. Hier bildet der Arocs 2051 AK 4x4 mit Radstand 4200 mm die Basis.
(Foto: ©Paul Nutzfahrzeuge GmbH)

Der Heavy Mover ist der schwerste Lkw aus deutscher Produktion.
(Fotc: ©Paul Nutzfahrzeuge GmbH)

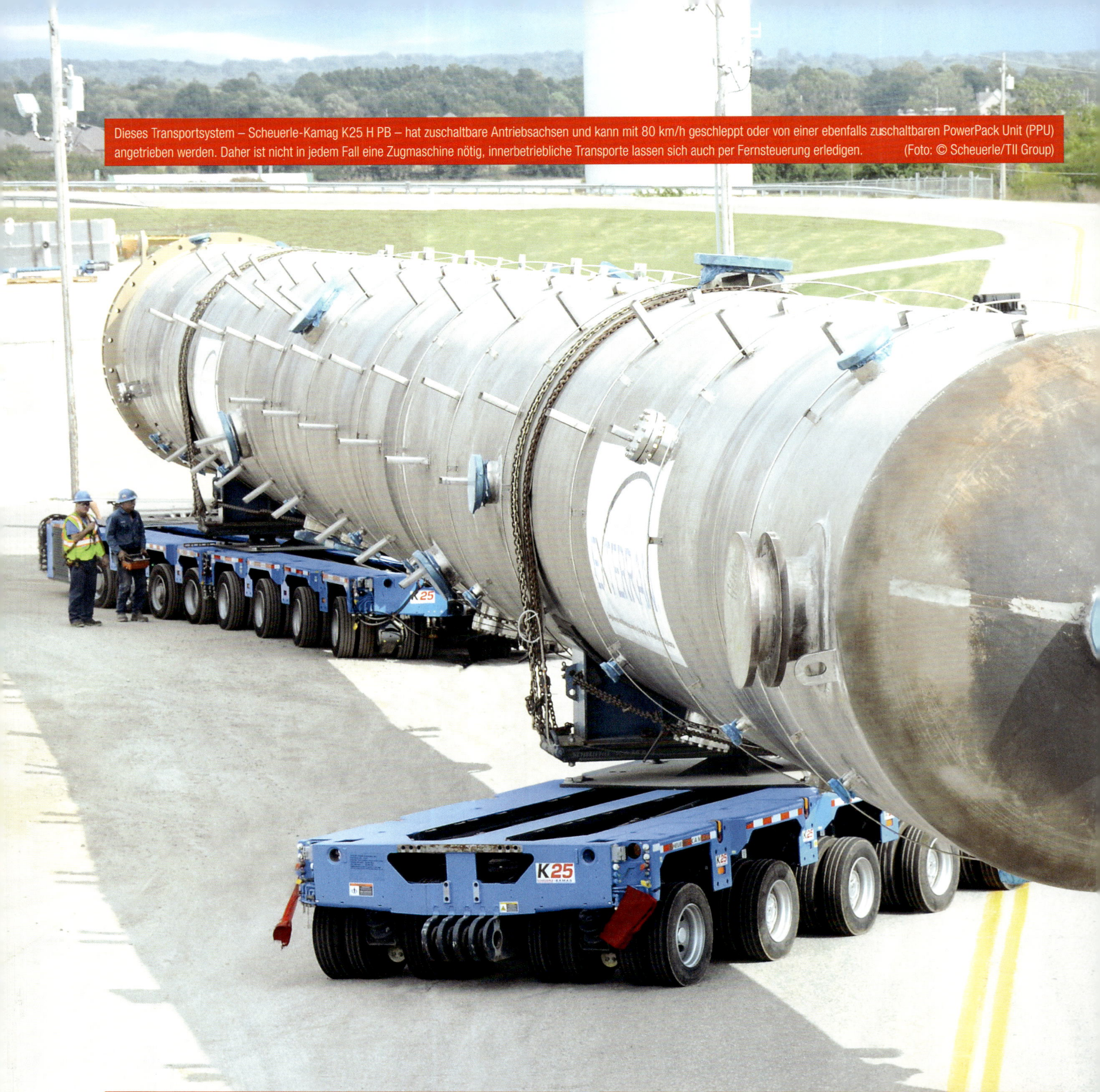

Dieses Transportsystem – Scheuerle-Kamag K25 H PB – hat zuschaltbare Antriebsachsen und kann mit 80 km/h geschleppt oder von einer ebenfalls zuschaltbaren PowerPack Unit (PPU) angetrieben werden. Daher ist nicht in jedem Fall eine Zugmaschine nötig, innerbetriebliche Transporte lassen sich auch per Fernsteuerung erledigen. (Foto: © Scheuerle/TII Group)

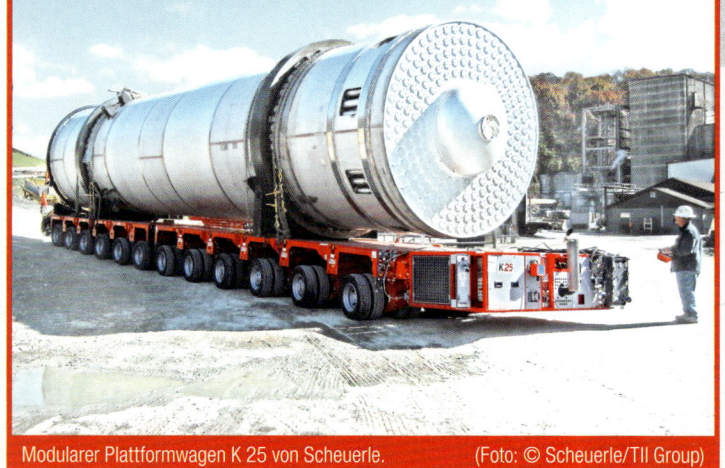

Modularer Plattformwagen K 25 von Scheuerle. (Foto: © Scheuerle/TII Group)

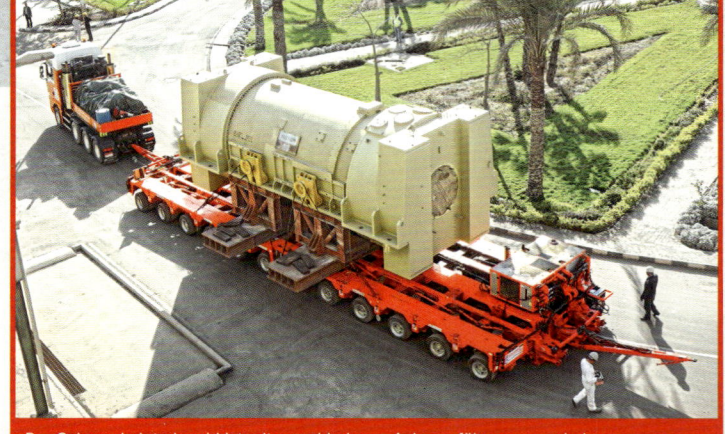

Der Scheuerle Interkombi ist mit verschiedenen Achsausführungen zu haben. (Foto: © Scheuerle/TII Group)

SCHEUERLE/TII GROUP

Die Wurzeln der TII-Group und damit auch der Fahrzeugfabrik Scheuerle gehen zurück auf das Jahr 1869, als Christian Scheuerle in Pfedelbach seine Schmiedewerkstatt eröffnete. Pfedelbach liegt im schwäbischen Unterland, und was so nach sterbenslangweiliger Provinz klingt, hat eine beachtliche Dichte an Firmen von Weltruf hervorgebracht: Die Firma NSU etwa, einst größter Motorradhersteller der Welt, stand keine 30 Kilometer entfernt, und Wolffkran, die Firma, die den modernen Gittermastkran erfunden hat, ist auch nur einen Steinwurf entfernt: Die schwäbische Provinz ist also nicht das schlechteste Pflaster für tüchtige Tüftler. Und ein solcher war Christians Enkel Willy, der 1949 den ersten modernen Tieflader mit abfahrbaren Fahrwerken und Allradlenkung entwickelte. Der nächste Meilenstein bestand 1956 in der Einführung der hydraulischen Pendelachse – ein hydraulischer Achsausgleich für den Transport von Nutzlasten bis zu 500 Tonnen –, im Jahr darauf kamen erste selbstfahrende Schwermodule: Als wegen des Baus des Nilstaudamms der Felsentempel von Abu Simbel verlegt werden musste, reiste Ramses mit Scheuerle-Schwerlasttransportern. 1972 präsentierte Scheuerle Schwerlastmodule mit elektronischer Vielweglenkung. Dabei konnten die Pendelachsen über das Lenkrad in der Kabine in eine 90° Position gedreht werden. 1983 schließlich kam mit dem SPMT (Self-Propelled Modular Transporter im Containermaß) ein Transportsystem auf den Markt, das die Schwertransportszene revolutionierte.

1987 stieg Otto Rettenmaier in das bisherige Familienunternehmen ein, ohne die grundsätzliche Ausrichtung zu ändern: Scheuerle blieb der Spezialist für schwerste Lasten. So stellte man 2003 eine Schiffsektionstransporter-Kombination für den Transport von bis zu 6000 t schweren Megablocks in der Werft vor, transportierte 2017 eine 17.200 t schwere Öl- und Gasplattform offroad mit SPMT, brachte 2009 mit dem »Power-Booster« einen Zusatzantrieb zur Unterstützung der Zugmaschine im Transportmodul unter und stellte 2014 den weltweit größten Schiffsektionstransporter mit 1300 t Nutzlast und 270 m² Ladefläche vor.

Ein weiteres Spezialgebiet sind Transportlösungen für Windkraftanlagen, dank derer sich bis zu 150 Meter lange Rotorblätter ans Ziel bringen und aufstellen lassen: Insgesamt sind rund 500 Mitarbeiter damit beschäftigt, immer neue Transportfahrzeuge mit und ohne Antrieb für schwerste Lasten auf oder abseits von öffentlichen Straßen auszutüfteln und umzusetzen. Dabei ist man inzwischen auch international gut vernetzt, denn Scheuerle ist inzwischen Teil der TII-Group (Transporter Industry International GmbH), die 1995 mit Eingliederung der französischen Firma Nicolas ihren Anfang nahm.

Der Werdegang des französischen Traditionsherstellers von Schwerlastfahrzeugen ähnelt dem von Scheuerle. 1855 gegründet, begann nach dem Krieg die Serienproduktion von Trailern, Tiefladern und hydraulisch abgestützten Fahrzeugmodulen. In den Sechzigern lief die Serienfertigung modularer Straßenfahrzeuge an. Besonders spektakulär geriet aber der »Tractomas«. Diese 10 x 10-Zugmaschine mit 1150 PS und 32 Litern Hubraum beförderte in ihrer jüngsten Ausbaustufe Ende 2015 im Tagebau vier Kippmulden mit insgesamt 350 Tonnen Ladung.

KAMAG

Seit 2004 gehört auch die Firma Kamag in Ulm zum inzwischen rund 1100 Mitarbeiter umfassenden Schwerlast-Imperium des Otto Rettenmaier. Die 1969 gegründete Firma für Transporttechnik ist spezialisiert auf Fahrzeuge und Modultransporter für Werften, Stahlkocher und Luft- und Raumfahrtunternehmen, 1979 etwa erhielt Kamag von der NASA den Auftrag, Transportmodule für die Raumschiffe zu bauen, etwa um die Kraftstofftanks der Space Shuttles verfahren zu können. Und für die Sowjetunion entwickelte man einen hydrostatisch angetriebenen Schlackentransporter – Schwerlastaufgaben sind unabhängig von jeder Ideologie. Außerdem gibt es Logistiktransporter für das schnelle Umsetzen von Wechselbrücken und weiterer Fahrzeugen für die Terminallogistik, wobei der Mercedes Atego dem hydrostatisch angetriebenen »Kamag Wiesel« Komponenten und Kabine spendiert.

Der Highway Giant kommt bei übergroßen Lasten in Nordamerika zum Einsatz. Für den Rückweg wird das Transportsystem auf Standard-LKW verladen, das spart teure Genehmigungen. (Foto: © Scheuerle/TII Group)

STREETSCOOTER

Die Post war schon immer bester Kunde von Elektrofahrzeugen. Erst in den Fünfzigern endete die Ära der Elektrokarren für den innerstädtischen Postumschlag. In den 2010er Jahren erlebte der Elektrolieferwagen eine Renaissance, und weil die Deutsche Post keine geeigneten Verteilerfahrzeuge kaufen konnte, begann sie damit, eigene zu entwickeln. Das führte zur Zusammenarbeit mit der Firma StreetScooter, die 2010 im Umfeld der Rheinisch-Westfälische Technische Hochschule (RWTH) Aachen gegründet wurde, um laut Aussage der Firma »Elektromobilität bereits ab kleinen Stückzahlen wirtschaftlich attraktiv zu gestalten«.

ELEKTRISCH UND EMISSIONSFREI

Zielgruppe waren vor allem Kommunen und Logistikunternehmen. Auf der IAA 2011 konnte das Unternehmen – hinter dem ein Konsortium aus rund 80 Industrieunternehmen der Automobilindustrie und verwandter Branchen stand – einen neuen Elektrotransporter namens »Compact« präsentieren. Im Mittelpunkt des Ansatzes standen die Halbierung der Entwicklungszeit, die Reduzierung der Kosten um bis zu 90% sowie eine modulare Fahrzeugarchitektur. Darauf basierend wurde ein auf die individuellen Bedürfnisse der Deutsche Post DHL Group ausgelegtes Elektrofahrzeug entwickelt – der »Work«. Dieses Nutzfahrzeug wurde 2012 präsentiert; die Versuchsphase begann 2013 im Raum Bonn bei der Deutschen Post DHL Group. Zunächst liefen nur 50 Elektro-Lieferwagen, und weil die sich so gut bewährten, liefen bald drei Mal so viele im Alltagstest. Die Praxiserfahrungen führten zu entsprechenden Verbesserungen, und am Ende stand – Ende 2014 – die Übernahme der StreetScooter GmbH durch die Deutsche Post DHL Group und der Beginn der Serienfertigung. Rund 70 Mitarbeiter begannen in einem ehemaligen Talbot-/Bombardierwerk mit der StreetScooter-Produktion, die sich seit diesem Jahr auf bis zu 10.000 Fahrzeuge jährlich beläuft. Außerdem denkt die Deutsche Post DHL Group über den Verkauf der StreetScooter auch an andere Kunden nach. Und der nächste Entwicklungsschritt ist schon in der Planung: Seit Ende 2016 testet das Unternehmen einen autonom fahrenden Stromer, der den Zustellern beim Austragen der Pakete und Briefe in Schrittgeschwindigkeit folgen soll. Auch Volkswagen hat ein kompaktes Zustellerfahrzeug (»eT«) in der Planung, das per Fernsteuerung seinem Fahrer mit maximal 6 km/h folgen kann. Wann diese Vision Wirklichkeit wird, hängt aber vom Gesetzgeber ab, der die entsprechenden Rahmenbedingungen schaffen muss.

EINFACH, ABER NICHT PRIMITIV

Der StreetScooter ist ein Nutzfahrzeug im ursprünglichen Wortsinne: Alles, was nicht unmittelbar dem Einsatzzweck dient, fehlt. Denn bei der Brief- und Paketzustellung kommt es auf andere Faktoren an. Eine Sitzheizung zum Beispiel (die ist sogar fünfstufig), eine leichtgängige Schiebetür oder eine rückenfreundliche Ladehöhe – hier kann der »Work« punkten. Mit einer Gesamtlänge von 4,60 Metern ist der Post-Express kleiner als der übliche Post-Transporter von VW, allerdings hat dieser ein deutlich besseres Nutzlastverhältnis. Der Streetscooter bringt 1,5 Tonnen auf die Waage und darf dabei 0,65 Tonnen transportieren, ein Standard-Bulli darf rund eine Tonne schultern und wiegt etwa 1,8 Tonnen. Und was die Reichweite betrifft: Der bis zu 30 kW (41 PS) starke Asynchronmotor hat, je nach Fahrweise, das Unterflur verstaute Lithium-Ionen-Batteriepaket mit 20,6 kW nach spätestens 80 Kilometern leergelutscht, wobei eine Ladung für rund zwei Tage reichen sollte.

StreetScooter möchte die Batterietechnik nicht wie andere Hersteller zukaufen, sondern mit Partnern wie etwa Thyssen-Krupp, M+W und weiteren eine eigene Zellfertigung in Deutschland etablieren. Letztlich wurde der Work um die Batterie herum gebaut: »Es ist also jetzt schon möglich, ein reines Elektrofahrzeug fast so günstig zu produzieren wie ein Verbrennerfahrzeug, sodass die Betriebskosten (über 7 Jahre gerechnet) sogar niedriger liegen können«, so Professor Günther Schuh, einer der Väter des Projekts im Interview mit dem Internetportal E wie Einfach.

Die Zahl der bei Deutsche Post DHL Group insgesamt eingesetzten StreetScooter ist mittlerweile auf auf mehrere tausend Fahrzeuge gestiegen.   (Foto: © MIKE HENNING)

Der Street Scooter Work XL ist das Ergebnis der Zusammenarbeit zwischen Ford und der Deutsche Post DHL. Er basiert auf einem Transit-Fahrgestell. Bis Ende 2018 sollen 2500 Fahrzeuge gebaut werden. Auch eine Lieferung an Drittkunden ist vorgesehen.

(Foto: © Ampnet)

Der »Streetscooter« ist ein speziell auf die Bedürfnisse der Deutschen Post DHL zugeschnittenes Elektrofahrzeug, das mit einer Reichweite von bis zu 120 Kilometern ideal in der Verbundzustellung – also der Auslieferung von Briefen und Paketen – eingesetzt werden kann.

(Foto: © ANDREAS KUEHLKEN)

DIE SACHE MIT DEN SCHWERTRANSPORTEN

Hebelsysteme und Seilzüge halfen schon in grauer Vorzeit, schwere Lasten zu bewegen. Und weil die Lasten immer schwerer wurden, mussten auch die Transportlösungen immer cleverer werden. Inzwischen können Kessel, Reaktoren, Großmaschinen und Großmodule und andere nicht ortsbewegliche Maschinen oder Teile mit Gewichten von über 10.000 Tonnen transportiert werden.

Die ersten Schwerlast-Transportsysteme mit Zugmaschinen und Straßenrollern entstanden 1929 für die Deutsche Reichsbahn nach Entwürfen des Reichsbahnrats Culemeyer. Der hatte eine Lösung entwickelt, um Kunden, die über keinen Gleisanschluss verfügten, dennoch waggonweise zu beliefern: Die Eisenbahnwaggons wurden dafür auf spezielle Transportanhänger gerollt und dann per Zugmaschine auf der Straße auf das Firmengelände gezogen. Diese Anhänger hatten Pendelachsen und Allradlenkung und konnten, nach Einhängen einer Tiefladebrücke, auch Baumaschinen zur nächsten Baustelle bringen. Und MAN baute ein 18-achsiges Spezialfahrzeug, mit dem über Tragschnäbel Großtransformatoren transportiert werden konnten. Doch was immer es nun zu transportieren galt: Man benötigte besonders leistungsfähige Zugmaschinen, und wenn eine nicht reichte, mussten eben mehrere zusammengespannt werden. Wichtig für die Zugleistung, und das ist bis auf den heutigen Tag so, ist das auf den Achsen lastende Gewicht, daher sind solche Schwerlast-Zugmaschinen meist mit einer zusätzlichen Pritsche versehen, auf der gegebenenfalls Ballastgewichte mitgeführt werden können. Am Vorabend des Zweiten Weltkriegs waren Anhängelasten mit bis zu 500 Tonnen zu bewältigen. Im Krieg dienten Schwerlastanhänger in erster Linie dem Panzertransport, die Transporter mit ihren kleinen Rädern und überfahrbaren Rampen wurden zur Blaupause für die Baumaschinen-Transporter der Nachkriegszeit. Der erste moderne Tiefladeanhänger mit hydraulisch absenkbarer Ladebrücke entstand 1950, der vierachsige Anhänger mit 16 Rädern hatte ein hervorragendes Verhältnis von Nutzlast (43 t) zu Eigengewicht (13 t). Später folgten auch sechs- und achtachsige Sattelauflieger, die so relativ leicht und unkompliziert die Verlegung von Maschinen und Baggern gestatteten.

In den Sechzigern kamen dann Schwerlastanhänger mit in der Breite und Höhe verstellbaren Lastbrücken auf, und die Firma Scheuerle brachte den ersten Plattformwagen mit hydraulisch abgestützten Pencelachsen, hydraulischem Belastungsausgleich und mechanisch-hydraulischer Allradlenkung auf den Markt. Diese rollenden Plattformen ließen sich seitlich aneinander kuppeln und boten eine schier unbegrenzte Variabilität, und weil bei diesen Kombinationen die bislang gültige Einteilung nach der Anzahl an Achsen nicht mehr sinnvoll war, begann man von Achslinien zu sprechen. Die Transportgewichte rückten Ende der Siebziger in den vierstelligen Bereich vor, und das wiederum überforderte die Leistungsfähigkeit der Zugmaschinen: Häufig wurden mehrere Zugmaschinen zusammengespannt, und Firmen begannen mit der Umrüstung von drei- und vierachsigen Kipperfahrgestellen, die entsprechend ballastiert werden. Eine Ballastpritsche verringert aber die Nutzlast, daher war die Entwicklung von selbstfahrenden Schwerlast-Modulen zur Unterstützung eine logische Konsequenz. Zwar können die selbstfahrenden Transporter weiterhin nicht auf Zugmaschinen verzichten, sind aber bei den gewaltigen Nutzlasten unverzichtbar.

Mercedes-Benz SLT 4163 Schwerlast-Transport eines Tunnelbohrkopfs, wie er etwa beim Bauprojekt Stuttgart 21 benötigt wird, durch die Fa. Paule. (Foto: © Thomas Küppers/ETM)

Schwerguttransport der dänischen Firma Torben Rafn A/S mit fünffachsigem MAN 50.502 (ursprünglich ein F90, dann auf F2000 umgebaut) und Modultieflader von Goldhofer.
(Foto: © Michael Müller)

Transport von Marbach Transporte im Auftrag von Porsche. Der Koffer ist für werthaltige Autotransporte ausgelegt. Hier geht ein Oldie zur Retro Classics.
(Foto: © Thomas Küppers/ETM)

Die österreichische Schwerlastspedition Rachbauer versetzt per Tieflader eine Yacht. Die Last ist jeweils 7,40 Meter hoch und breit. (Foto: © Rachbauer)

Plattformwagen erlauben den Transport von überschweren und übergroßen Lasten, die nur einteilig verfahren werden können, wie etwa einen soclhen Raffinierie-Kessel. Mehrere Zugmaschinen sind dazu miteinander verbunden. Der besseren Wendigkeit wegen wird der Kessel auf zwei unabhängigen Plattformen gesteuert. (Foto: © Megatranz)

Die russischen Kamaz sind bei der Dakar (die ja inzwischen in Südamerika veranstaltet wird) auf Sieg abonniert. Eduard Nikolaew holte sich nach 2013 in 2015 seinen zweiten Gesamtsieg. (Foto: © DPPI/F.GOODEN)

Bei der Dakar lautet das große Duell Kamaz gegen Iveco. Der Niederländer Gerard de Rooy gewann 2012 und 2016, 2014 belegte er Platz zwei. (Foto: © GIGISOLDANO)

Dakar ist, wenn Kamaz gewinnt. Immerhin: Das MAN-Team schob sich 2015 zwischen die Kamaz-Armada auf Platz vier vor. (Foto: © Dakar Press Team / car Content Factory)

Auf den Wertungsprüfungen sind maximal 140 km/h erlaubt. Überwacht wird das per Satellit. Der Kamaz des Red-Bull-Teams hat einen V8-Biturbo mit 16,2 Litern Hubraum und 965 PS. Er stammt von Kranhersteller Liebherr. (Foto: © Francois Flamand)

DIE DAKAR

Fernfahrten gehörten von Anfang an zur Automobilgeschichte, und die Namen der berühmtesten sind mit Start oder Endpunkt Paris verbunden: Die Peking-Paris etwa, 1907, oder New York-Paris, 1908 – und die vielleicht berühmteste von allen, die Rallye Paris-Dakar.

Damals, 1979, als die erste Langstrecken-Rallye von Paris über Algier nach Dakar führte, waren Lkw in erster Linie dafür da, Nachschub und Ersatzteile für die Piloten auf zwei und vier Räder zu transportieren, die sich dem harten Wettbewerb stellten. Ohne den unermüdlichen Einsatz der Mechaniker auf ihren Service-Trucks waren die auf diesem mörderischen 6000-Kilometer-Raid – bei dem gut die Hälfte der Teilnehmer erst gar nicht ins Ziel gelangte – aufgeschmissen. Schon im Jahr darauf aber wurde neben Autos- und Motorrädern auch die rasenden Ersatzteiledepots separat gewertet, und das wird bis heute so gehalten, wobei lediglich 1989 kein Lkw-Titel vergeben wurde. Aufgrund der veränderten Sicherheitslage – die 2008 dazu führte, dass die Rallye komplett ausfiel – wird seit 2009 die »Dakar« in Süd-

amerika ausgetragen, wobei sich am grundsätzlichen Charakter als Langstreckenwettbewerb durch wüsten- oder wüstenähnliche Regionen nichts geändert hat. Noch immer sind die Etappen bis zu 800 Kilometer lang, und noch immer sind es die Lkw, ohne die nichts geht.

Längst schon ist auch der Lkw-Rallyesport professionalisiert worden, wie das Beispiel MAN belegt: 2015 zum Beispiel waren gleich 15 Renntrucks, die der Hersteller speziell für Kundenteams aufgebaut hat, am Start, ein sechzehnter MAN mit dreiköpfiger Werks-Besatzung und zwölf Tonnen Ersatzteilen an Bord fungierte als Servicetruck, nicht nur für eigene, sondern, falls notwendig, auch andere Rallye-Teilnehmer. »90 Prozent der Trucks entsprechen dem Serienfahrzeug«, so der Hersteller, der die Rallye mitunter auch als Versuchsfeld nutzt, um künftige Technologien zu erproben, denn: »Was so hart auf die Probe gestellt wurde, wird im Alltag bestimmt überzeugen.«

Erfolgreichste Marke bei der Dakar ist übrigens der hierzulande weitgehend unbekannte russische Hersteller KAMAZ, der sich inzwischen 14 Mal in die Siegerliste eingetragen hat. Tschechische Tatra standen sechs Mal ganz oben auf dem Treppchen, Mercedes-Benz fünf Mal (1982 bis 1986), Perlini (ein italienischer Prototyp) vier Mal, Iveco zwei Mal und MAN ein Mal. Doch ein Teil des Mythos Dakar sind sie alle.

Der MAN des niederländischen Eurol-Veka-Teams (Loprais/Alcayana/van der Vaet) belegte 2016 ebenfalls den vierten Rang. (Foto: © Dakar Press Team/ Car Content Factory)

Mit dem Unimog kommt man überall durch: Hier der U4000L von Verzeletti/Mutti/Cabini auf der zweiten Etappe der 2006er Dakar. (Foto: © Tiraboschi Tiziana, PD)

Hauber sind auf Europas Straßen praktisch ausgestorben, bei der Dakar dagegen noch immer sehr erfolgreich: de Rooy/Colsoul/Rodewald machten 2014 mit ihrem Iveco Powerstar den Zweiten. Der 12,9 Liter V6 leistete 850 PS. (Foto: © Iveco)

UNIMOG

Der ehemalige und nach dem Krieg arbeitslose Daimler-Flugmotorenkonstrukteur Albert Friedrich entwickelte die Idee eines universal einsetzbaren Motorfahrzeugs, einem Mittelding zwischen Ackerschlepper, Kleinlastwagen und Zugmaschine. Wie bekannt, glaubte zunächst kaum jemand an diese ungewöhnliche Mischung, zumindest nicht in der Autobranche. Stattdessen griff die Gold- und Silberwarenfabrik »Erhard & Söhne« zu und baute die ersten Prototypen – ein kühnes Unterfangen für eine Firma, die bislang noch nichts mit Fahrzeugen am Hut gehabt hatte.

Wie dem auch sei: Die Schwaben bauten diverse Versuchsmodelle des neuartigen »Universal-Motor-Geräts«, kurz »Unimog«, der vor allem für die Land- und Forstwirtschaft gedacht war. Vereinfacht gesagt, handelte es sich beim Unimog um einen Lastwagen mit Schlepper-Features wie Portalachsen und Zapfwelle für den Betrieb von Anbaugeräten. Außerdem waren die Vorderräder zuschaltbar. Damit taugte der Unimog gleichermaßen als Schlepper wie als Straßentransporter. Weil aber die Firma Erhard zu klein war, um ein solches Fahrzeug in Serie zu bauen, übernahm 1948 die Firma »Böhringer Werkzeugmaschinenfabrik« in Göppingen das Projekt, hatte allerdings vom Fahrzeugbau auch keine Ahnung. Dennoch: Ausgerüstet mit einem Daimler-Motor, übertraf die Nachfrage nach diesem vom Start weg ausgereiften Vielzweckfahrzeug – für das bald Drittanbieter eine Vielzahl von Anbaugeräten entwickelten und so seine Verwendungsmöglichkeiten immer breiter gestalteten – schon nach drei Jahren die Möglichkeiten der Göppinger Firma.

Erste »Prüffahrt«, noch ohne Fahrerhaus, am 9. Oktober 1946. Chefkonstrukteur Heinrich Rößler am Steuer, rechts Hans Zabel, der Namensgeber des Unimog.
(Foto: © Daimler AG)

VOM BÖHRINGER ZUM DAIMLER

Ab 1951 übernahm Daimler-Benz in Gaggenau die Produktion des Unimog und ersetzte das bisherige Ochsenkopflogo durch den Mercedes-Stern. Erstmals in Großserie produziert, konnte er nun seine erfolgreiche Karriere um die Welt starten. Bald schon fand das Gefährt Einsatz in vielen Gebieten jenseits der Landwirtschaft, so etwa in der Forstwirtschaft oder im Weinbau; spätere Weiterentwicklungen gestatteten die Verwendung in der Industrie sowie im gewerblichen und kommunalen Bereich. Nichts schien unmöglich für den Alleskönner, sofern er nur mit den richtigen Zusatzgeräten ausgerüstet wurde.

Mitte der 50er Jahre erweiterte der neue »Unimog S« aus der Baureihe 404 abermals die Verwendungsmöglichkeiten des Fahrzeugs. Das Militär war schon früher auf das äußerst geländegängige Gefährt aufmerksam geworden. Die Schweizer Armee war ebenso im Besitz von Unimog-Exemplaren der frühen Baureihen wie die französische und die britische Armee; die letzten beiden hatten Unimogs u. a. als Reparationsleistung erhalten.

Doch der neue »Unimog S« richtete sich als hochgeländegängiger Lkw direkt an die neue Klientel, obwohl er geradeso gut im zivilen Bereich eingesetzt werden konnte und wurde. Einer der größten Abnehmer des Unimog war von jetzt an die Bundeswehr, aber auch zahlreiche Armeen weltweit setzten auf ihn, beispielsweise als Mannschafts-, Funk- oder Sanitätswagen.

Im Laufe der Zeit entstanden auf dem Grundbauplan des Unimog unzählige Varianten mit Sonderausstattungen; er kam als Sattelzugmaschine ebenso zur Anwendung wie als Straßenschlepper oder Geräteträger. Seine Motorleistung erhöhte sich, entsprechend den Kundenwünschen, immer mehr. Als Mitte der 60er Jahre das Modellangebot des Unimog erstmals überarbeitet und zum Komplettangebot erweitert wurde, war man bereits bei über 80 PS angekommen; spätere Modelle boten bis zu 125 PS. Gleichzeitig konnte Daimler-Benz den Verkauf des 100.000sten Unimog feiern. Und es gab noch weitere Gebiete, auf denen der Unimog glänzte. Dank seiner ausgezeichneten Geländegängigkeit gewann er nicht nur in den Achzigern die ersten Plätze bei der Rallye Paris-Dakar; zwanzig Jahre vorher war ihm zudem bereits die Durchquerung der Sahara in west-östlicher Richtung gelungen.

Mitte der 80er Jahre gab es von diesem Vielzweckfahrzeug mehr Varianten und Typen als jemals zuvor. Deshalb wurde zu Beginn des neuen Jahrtausends – zeitgleich mit dem Umzug der Herstellung nach Wörth am Rhein – das ganze Programm auf den

Unimog U 45 der Baureihe 421 mit Rüben-Vollernter und aufgebautem Kippbunker. Die Motorleistung lag bei 45 PS, daher die Typbezeichnung. (Foto: © Daimler AG)

Unimog U 34 (Baumusterbezeichnung 411) mit Ganzstahlfahrerhaus im kommunalen Einsatz. Die Serie wurde zwischen August 1956 und Oktober 1974 gebaut. Dieses wurde ab 1958 bei Westfalia gebaut, später dann im neuen Lkw-Werk Wörth. (Foto: © Daimler AG)

Eine Baureihe mit Tradition: Zum 60-jährigen Jubliläum 2011 fuhr Mercedes-Benz die Meilensteine der Modellgeschichte auf. (Foto: © Daimler AG)

60 Jahre Mercedes-Benz Unimog: Zum Jubiläum gab's eine spektakuläre Designstudie. (Foto: © Daimler AG)

Prüfstand gestellt und das bisherige eine Basismodell durch zwei Basisversionen ersetzt, die jeweils ganz eigene Zielgruppen bedienen sollten: Die Baureihe 405, das kleinere Grundmodell, war als »geländegängiger Geräteträger« konzipiert und bot die Fähigkeit, den Platz des Fahrers samt Lenkung und Pedalen von der linken auf die reche Seite zu verlagern (»VariPilot«). Die größere Baureihe 437.4 war ein »hochgeländegängiger Transporter«, der sich fürs Militär, die Energiewirtschaft und zur Waldbrandbekämpfung eignete.

Inzwischen beginnt die Unimog-Familie mit den Modellen U 216 und U 218, die zwar auch nicht groß anders aussehen als die größeren Maschinen, aber mit 2,80 Metern Radstand etwas kompakter ausfallen und um 50 Millimeter schmäler sind.

Darüber angeordnet sind die Geräteträger der Baureihen U 318 bis U 530. Bei diesen kann im Fahrbetrieb zwischen Hydrostat und Schaltgetriebe gewechselt werden. Die Königsklasse in Sachen Unimog sind die Typen U 4023 (zGG maximal 10,3 t) und U 5023 (zGG 14,5 t). Portalachsen und Schraubenfedern haben sie beide, ebenso das neue Fahrerhaus und die neue Motoreinbaulage: Der Motor sitzt nun einen Meter weiter hinten unter dem Fahrerhaus, um die Euro-VI-Technik unterzubringen. Inzwischen wird der Allrounder von der »Mercedes-Benz Special Trucks« hergestellt, die nicht nur für die Unimog-Familien – die stupsnasigen Geräteträger und die hochgeländegängigen Kurzhauber –, sondern auch für den Niederflur-Econic sowie den Zetros verantwortlich zeichnet.

DIE LIEBE VERWANDTSCHAFT: ZETROS UND ECONIC

In den 2000er Jahren bahnte sich eine Renaissance der Hauber an. Seit Ende der Fünfziger galten diese eigentlich als ausgestorben, geopfert auf dem Altar der höheren Nutzlasten und der längeren Pritschen, von den Frontlenkern überholt. An den prinzipiellen Vorteilen einer Haubenbauweise – einfacherer Einstieg für den Fahrer, weil die Kabine hinter der Vorderachse sitzt, besserer Schutz der Besatzung, niedrigerer Schwerpunkt, bessere Zugänglichkeit des Motors – änderte sich aber nichts, was dazu führte, das für bestimmte Märkte und Einsatzzwecke ein Hauber die bessere Wahl darstellte. Das führte zur Entwicklung des Zetros, der seit 2010 in Wörth auch für zivile Kunden entsteht.

Der Zetros ist hochgeländegängig wie ein Unimog, aber belastbar wie ein schwerer Lkw. Extrem robust aufgebaut und ab 110.00 Euro zu haben (und damit erheblich günstiger als ein »Mog«), ist dieses rustikale Arbeitstier für finnische Energieversorger ebenso interessant wie für mongolische Moguln, Ölfirmen im mittleren Osten, Rallyetruck- und Expeditionsmobil-Ausbauer oder Großagrarier: Wenn's Dicke kommt, wühlt sich der Zetros durch, und da macht es auch nichts, dass die Kabine eher karg möbliert ist: Alles, was es zum Fahren braucht, ist an Bord, und das konsequent auf die Bedürfnisse des Fahrers ausgelegt: Werkbank statt Bürosessel, sozusagen. Es gibt ihn als 4x4 für 16,5 oder 18,0 Tonnen Gesamtgewicht sowie als 6x6 für maximal 40 Tonnen; mit Einzel- wie auch Zwillingsbereifung hinten. Standard ist ein achtstufiges Schaltgetriebe samt Kriechgang und zuschaltbarer Geländeuntersetzung; eine Alison-Wandlerautomatik steht auf der Optionsliste. Die Achsen wie auch das Verteilergetriebe verfügen über zuschaltbare Differentialsperren. Den Antrieb der Zweiachser übernimmt der aus Axor und Actros bekannte Reihensechszylinder OM 926 mit 7,2 l Hubraum und 326 PS; seit 2015 gibt's den Dreiachser mit dem größeren 11,9-Liter-OM 457 (428 PS). Standardmäßig angeboten wird der Zetros mit Pritsche, allerdings erfüllt der hauseigene Spezialfahrzeugbau »Mercedes Custom Tailored Trucks« in Molsheim so ziemlich jeden Wunsch: Ein Zetros wird nie langweilig. Der Econic dagegen ist wieder ein Frontlenker, allerdings in Niederflur-Bauweise gehalten: Ein- und Ausstieg liegen also besonders niedrig, was ihn in erster Linie für den innerstädtischen Verkehr prädestiniert, etwa für Entsorgerbetriebe. Die tiefe Kabine mit durchgehend ebenem Boden wurde durch eine Absenkung des Rahmenvorderteils erst möglich. Inzwischen in zweiter Generation auf dem Markt, gibt es den Econic mit zwei, drei oder vier Achsen; das Gesamtgewicht liegt zwischen 18 und 32 t.

Futuristischer Bus namens »Anteos« von 1991 auf dem Fahrgestell des U 1300 L/37.
(Foto: © Daimler AG)

Des Unimogs großer Bruder heißt Zetros. Die dritte Achse ist optional, die wird im französischen Mercedes-Werk Molsheim angebaut.
(Foto: © Daimler AG)

NAMEN VON GESTERN

Bekanntlich ist nichts für die Ewigkeit bestimmt. Das gilt nicht nur für die Fahrzeuge selbst (die ja aufgrund ihres Einsatzzweckes und der wirtschaftlichen Gegebenheiten als Verschleißartikel konzipiert sind), sondern auch für deren Produzenten. Viele bekannte Namen der deutschen Nutzfahrzeuggeschichte mussten im Laufe der Jahrzehnte die Segel streichen, andere existieren zwar noch, haben sich aber von ihrer Nutzfahrzeug-Vergangenheit getrennt. In diesem Kapitel werden einige der berühmtesten Lkw-Bauer des letzten Jahrhunderts mit ihren unvergessenen Klassikern präsentiert.

Der Maßstäbe setzende Achttonner Krupp SW L 80 »Titan« von 1950.

Büssing LU 7 mit Unterflurmotor.

(Foto: © Ralf Weinreich)

Der schwere Haubenlaster Faun L8 von 1951 war ein großer Verkaufserfolg.

(Foto: © Ralf Weinreich)

Der schwere Allrad-Haubenkipper Henschel H 221 AK wurde von 1967 bis 1974 gebaut.

(Foto: © Henschel / Samml. Gebhard)

Magirus 4K-V110 Militärlaster.

(Foto: © Archiv Iveco-Magirus)

Benz 7-PS-Lastwagen mit 1250 kg Nutzlast, 1900/1902.

(Foto: © Mercedes-Benz Classic)

Benz-Gaggenau Wassersprengwagen DC 2 C.

(Foto: © Daimler AG)

Arbeiter bei Benz & Cie. in Mannheim 1894 vor dem epochemachenden Benz Patent-Motor-Wagen.

(Foto: © Daimler AG)

BENZ & CIE

Benz Dreitonner von 1912 mit Kettenantrieb und Vollgummibereifung.

Karl Benz in Mannheim und Gottlieb Daimler in Cannstatt. Der eine Badener, der andere Württemberger. Sie haben sich persönlich nie kennen gelernt, und doch einte beide eine große Leidenschaft: Beide waren leidenschaftliche Erfinder, und sie haben das Automobil ins Rollen gebracht. Anders als Daimler hatte Benz von Anfang an klare Vorstellungen: Karl, 1844 als Sohn eines früh verstorbenen Lokomotivführers geboren, wollte die schwere und unhandliche Verbrennungsmaschine auf Räder setzen. Zuerst war ihm das 1885 mit dem dreirädrigen Patent-Motorwagen gelungen, dass seine Idee funktioniert, bewies ihm seine Frau Berta. Zehn Jahre später war das Automobil Realität geworden, Benz hatte in seiner »Benz & Co. Rheinische Gasmotorenfabrik« inzwischen einen Omnibus gebaut und setzte auf den Rahmen seines Motorwagens »Velo« einen stabilen Holzkasten und nannte das Ganze dann »Combinations-Lieferungswagen«. Der Einzylinder-Motor mit 1045 cm³ Hubraum und 2,75 PS hatte mit dem Vehikel seine liebe Mühe, zumal ihm, samt Fahrer, 300 Kilogramm Zuladung zugemutet werden durften. Im Jahr darauf hatten sich Hubraum und Leistung verdoppelt – 2,65 Liter, 5 PS –, während die Nutzlast gleich blieb, jetzt aber zwei Personen mitfahren durften. Einen seiner »Lieferungswagen« verkaufte Benz auch nach Paris. Ein Jahr darauf, 1897, entstanden im englischen Birmingham einige Benz-Lieferungswagen.

MIT TRANSPORTERN INS NEUE JAHRHUNDERT

Ende 1897 stellte der schwäbische Rivale Daimler unter dem Begriff »Geschäftswagen« ebenfalls leichte Lkw vor, drei Jahre später aber gab Benz wieder Gas: Im Jahr 1900 präsentierte Benz einen im damaligen Sinne schweren Lkw in verschiedenen Varianten bis hoch auf fünf Tonnen Nutzlast. Den Antrieb übernahm ein Zweizylinder-Boxermotor, der »Contra-Motor« mit 14 PS. Die Nachfrage wuchs, auch im Ausland, Benz verschiffte allein im Jahr 1902 genau 100 Lieferwagen nach England. Die Nachfrage wuchs ständig, Benz stieß in Mannheim an die Grenzen der Fertigungskapazität. 1907 übernahm Benz die Mehrheit der benachbarten »Süddeutschen Automobilfabrik« (SAF), im südlich von Mannheim gelegenen Gaggenau. SAF war ein guter Kauf, hatte sich durch Lastwagen schon einen guten Namen gemacht, moderne Vierzylinder mit obenliegender Nockenwelle im Programm und Exportverbindungen bis nach Südamerika. Die Partner stimmten ihre Produktprogramme untereinander ab: Der »Benz & Cie.«, wie sie inzwischen hieß, fiel der Bau von Personenwagen zu, der SAF die Herstellung von Nutzfahrzeugen. Zum 1. Januar 1911 erfolgte die komplette Übernahme durch die Mannheimer, das was zuvor SAF gewesen war, hieß jetzt »Benz-Werke Gaggenau«.

MILITÄRLASTWAGEN UND NACHKRIEGS-DIESEL

Während des Krieges konzentrierten sich die Benz-Werke auf die Fertigung von Lastwagen mit zwei bis fünf Tonnen Nutzlast sowie maximal 58 PS; auch in den ersten Nachkriegsjahren, nun wieder ergänzt durch Lieferwagen und Omnibusse. Wichtigste Neuerung war aber der 1923 eingeführte Benz-Fünftonner mit Diesel. Bei diesen ersten serienmäßigen Dieselmotoren für Fahrzeuge handelte es sich um Vierzylinder-Vorkammermotoren des Typs OB 2. Daimler arbeitete zu dem Zeitpunkt an Dieseln mit Druckluft-Einblasung, während MAN mit der Direkteinspritzung experimentierte. Benz aber war am weitesten, deren Vorkammer-Diesel mit 8,8 Litern Hubraum leistete 45 bis 50 PS. Die erste Versuchsfahrt fand am 10. September 1923 in der Nähe des Werkes statt.

Parallel zur Entwicklung des Dieselmotors führte Benz eine weitere Innovation ein, das Niederrahmen-Fahrgestell. Ursprünglich zur Erleichterung der Arbeit von Müllmännern gedacht, verbesserte der gekröpfte, niedrige Rahmen zwischen den Achsen ab 1925 den Komfort von Omnibussen und führte damit zu einer ersten Abkoppelung der Omnibus-Entwicklung vom Lastwagen. Zu dem Zeitpunkt steckte Benz bereits in Verhandlungen mit der Daimler AG, die 1926 zur Fusion führten und das Benz-Werk Gaggenau zum einzigen Lastwagenwerk der neu gegründeten »Daimler-Benz AG« werden ließen.

BORGWARD

Die erstaunliche Automobil-Karriere des Carl F. W. Borgward begann 1924, als er die bisherige Bremer Reifenfirma, in die er 1919 als Teilhaber eingetreten war, auf die Produktion von Kühler und Kotflügel zur Belieferung der Firma Hansa-Lloyd umrüstete.

VOM AUTOZULIEFERER ZUM AUTOBAUER

Um die Kühler und Kotflügel nun schnell und einfach zu den Hansa-Lloyd-Werken transportieren zu können, entwarf Borgward mit dem »Blitzkarren« ein dreirädriges, motorisiertes Transportgefährt mit 2,2 PS und einer Nutzlast von 240 kg. Dieses Vehikel weckte auch bei anderen Interesse, z. B. bei der Deutschen Reichspost – der Einstieg in die eigene Fahrzeugproduktion war getan.

Mit dem zum »Goliath« weiterentwickelten Dreirad-Fahrzeug verdienten Borgward und sein 1925 dazugestoßener Teilhaber Tecklenborg so viel Geld, dass sie 1930 bei ihrem bisherigen Kunden, den Hansa-Lloyd-Werken, die Aktienmehrheit erwerben konnten. Diese verschmolzen sie sofort mit ihrer seit 1928 als »Goliath Werke Borgward & Co.« bezeichneten Firma zur »Hansa Lloyd und Goliath, Borgward und Tecklenborg OHG«. Mit diesem Schritt waren endgültig die Weichen für Borgward gestellt, der Betrieb wurde zum ernsthaften Fahrzeughersteller.

LASTER MIT SCHIFFSBEZEICHNUNGEN

Doch auch wenn Borgward vor allem für seine schönen Automobile berühmt und legendär werden sollte – was ihn in diesen Jahren zunächst am Leben erhielt, waren seine Nutzfahrzeuge. Neben den von Hansa Lloyd übernommenen Elektrofahrzeugen stellte er in den 30er Jahren eine ganze Palette von leichten und schwereren Lastwagen auf die Räder, deren Namen er von Passagierschiffen der Reederei Lloyd entlehnt hatte, um ihnen Glanz zu verleihen. So gab es im unteren Leistungsbereich unter der Markenbezeichnung Hansa Lloyd den »Columbus« mit 1,5 Tonnen Nutzlast, darüber gesellte sich der 2-Tonner »Bremen« dazu, gefolgt von »Europa« (3,5 Tonnen), »Merkur« (4,0 Tonnen) und dem 100 PS starken 5-Tonner »Roland« in der obersten Leistungsklasse.

1938 wurden diese Typen von den Modellen »Express«, »L 2000« (1,5 Tonnen) sowie »Europa V« mit 2,5 Tonnen Nutzlast abgelöst. Auf den Motorkühlern stand mittlerweile nur noch der Name Borgward, so wie sich auch der Firmenname auf Borgward verkürzt hatte. Im Bereich der nur noch eine Nebenrolle spielenden Elektrofahrzeuge avancierte der Borgward-Laster BE 3000 zum erfolgreichsten in Deutschland.

Der Automobil- und Lkw-Hersteller hatte es geschafft, sich in die Liga der großen deutschen Lastwagenproduzenten einzureihen. Und das waren nicht die einzigen Änderungen bei Borgward in einem Jahr, in dem das kommende Unheil des Zweiten Weltkrieges seine Schatten bereits vorauswarf. Borgward bezahlte seinen Teilhaber Tecklenborg aus, damit war er nun alleiniger Herr im Haus, und baute ein zweites Automobil-Werk – das damals modernste in Europa. Gleichzeitig trat er in die NSDAP ein!

MIT BORGWARD-LASTWAGEN DER B-REIHE IN DIE NACHKRIEGSZEIT

Während des Zweiten Weltkrieges versorgte Borgward die Wehrmacht mit seinem 3-Tonner-Lkw Typ B 3000, außerdem stellte er für sie Artilleriezugmaschinen, Schützenpanzer und Halbkettenzugmaschinen her. Dieser Umstand trug dazu bei, dass seine Werkshallen ein bevorzugtes Angriffsziel für alliierte Bomber wurden und bis zum Ende des Krieges erhebliche Schäden davontrugen. Wie durch ein Wunder überlebte aber Borgwards Maschinenpark, sodass das Bremer Unternehmen in der Lage war, bereits ab Sommer 1945 die Produktion des Wehrmachts-Lkw B 3000 – nun für zivile Zwecke – fortzusetzen. Carl Borgward selber erging es zunächst schlechter, denn seine Parteizugehörigkeit trug ihm drei Jahre Gefängnis und ein Entnazifizierungsverfahren ein, bevor er sein Unternehmen wieder leiten durfte. Sofort machte er sich an eine Umstrukturierung des Betriebs: es entstanden die Teile Borgward Automobile,

Hansa-Lloyd, Elektro-Schlepper, Baujahr 1935, Typ DL 5.

Mit dem Dreitonner B 3000 nahm Borgward 1946 die Lkw-Fertigung wieder auf.

Der B 1500 von 1952 gehörte zu Borgwards leichteren Lastwagen.

(Foto: © Alf van Beem, PD)

Der Frontlenker Borgward B 655 mit 110 PS war 1959 eine Neuentwicklung.

(Foto: © Ralf Weinreich)

Der Borgward B2000 A/O 0,75t gl Kübelwagen war vor allem für die Bundeswehr konzipiert und wurde bis 1975 gebaut.

(Foto: © Ralf Weinreich)

Die Borgward-Frontlenker wurden zum Genfer Salon1959 aufgefrischt. Lieferbar waren sie in zwei Radständen. Schwerster Typ war der B 655 mit 5,2 Tonnen Nutzlast. (Foto: © Ralf Weinreich)

Ein Borgward B 4500 Lastzug aus dem Jahr 1954 mit 95 PS vor zeitgenössischer Kulisse.

(Foto: © Ralf Weinreich)

Borgward B 1500 Möbelwagen mit 42 PS, gebaut von 1957 bis 1959.

(Foto: © Ralf Weinreich)

die Goliath-Werke und die Lloyd-Maschinenfabrik. In den kommenden Jahren baute Borgward seine Modellpalette der B-Lasterreihe aus: 1950 erschien der 4-Tonner B 4000 mit anfangs 85, später 95 PS, resultierend aus einem Sechszylinder-Diesel. Diese obere Nutzlastklasse bauten die Modelle B 4500 mit 4,5 Tonnen und sein Nachfolger aus dem Jahr 1957 mit 5 Tonnen aus. In den unteren Leistungsklassen bewegten sich der Eintonner B 1000 mit 30 PS, der seit 1947 verkauft wurde, das Modell B 1500 mit 42 PS und 1,5 Tonnen (ab 1957 als Frontlenker), der B 2000 von 1951 mit 2 Tonnen Nutzlast und der 2,5-Tonner B 2500 von 1954 mit 60 PS Leistung. Den Letzteren ersetzte ab 1957 eine Frontlenkervariante. In der Version B 2000 A ging ein allradgetriebener Borgward-Lkw zudem an die eben erst gegründete Bundeswehr.

ZU VIELE TYPEN, ZU WENIG KAPITAL

Carl Borgward war mit Sicherheit ein begnadeter und einfallsreicher Autobauer, ein begnadeter Kaufmann dagegen weniger. Das Unternehmen geriet Ende der 50er Jahre in finanzielle Bedrängnis, von dem die Öffentlichkeit noch nichts ahnte. Denn die Verkaufszahlen im Inland waren immer mehr zurückgegangen, ebenso die Exporte. Borgward hatte zu viele Modelle im Programm und war nicht bereit, hier Kompromisse einzugehen. Die unrationelle Arbeitsweise in seinem Betrieb verbesserte die Lage nicht gerade.

Ende der 50er Jahre waren noch Nachfolgemodelle bestehender Typen entstanden, so ersetzte der B 522 den B 2500, der B 555 den B 4500, der 611 den 1500F und der B 622 den B 2500 F. Neu erschien der Frontlenker B 655 mit 110 PS Leistung und einer Nutzlast von über 5 Tonnen. Das Blatt wenden vermochten die neuen Typen nicht mehr. 1960 wurde bekannt, dass das Land Bremen Borgward mit Millionenkrediten unter die Arme griff. Diese Meldung – öffentlich gemacht – reichte aus, um die letzte Kredittranche obsolet werden zu lassen, neue Bankenkredite bekam Borgward ebenfalls keine mehr – Ende 1960 willigte er in ein Konkursverfahren ein.

Dieses unerwartet schnelle Ende des bislang so erfolgreichen Auto- und Lastwagenbauers hat die Gerüchteküche befeuert, zumal einige Jahre später bekannt wurde, dass alle Gläubiger ihr Geld zurückgezahlt bekommen hatten. War es hier mit rechten Dingen zugegangen? War der Konkurs unter diesen Umständen überhaupt rechtmäßig? Steckte womöglich die Konkurrenz dahinter? Sie verleibte sich schließlich gehörige Teile der Borgward-Anlagen später ein.

Fest steht, dass 1961 die letzten Lastwagen mit der Borgward-Raute am Kühler auf den Markt kamen und 1962/63 die gesamte Automobilproduktion eingestellt wurde. Carl F. W. Borgward selber überlebte den Untergang seines Unternehmens nur um zwei Jahre.

Ein Borgward B 4500 Tanksattelzug in authentischer BV ARAL-Lackierung.

(Foto: © Ralf Weinreich)

Büssings erster Motorlastwagen mit Vierzylinder-Motor und 20 PS, 1904–1907.

(Foto: © Büssing Archiv)

Der erste deutsche Dreiachser: Büssing Typ VI GL Sechsrad, 1924.

(Foto: © Büssing Archiv)

Büssings erstes Test-Modell, der Dreitonnen-Motorlastwagen aus dem Jahr 1903 mit 9 PS starkem Zweizylinder-Motor.

(Foto: © Ralf Weinreich)

Kriegsversion des 62 km/h schnellen Büssing-NAG Typ 500 bzw. 4500 A-1.

(Foto: © Büssing Archiv)

Lastwagen der Heinrich Büssing AG aus Braunschweig gehörten Jahrzehnte lang zum technisch Besten und Fortschrittlichsten auf dem Gebiet der Nutzfahrzeuge in Deutschland. Im Grunde änderte sich dies auch nach dem Zweiten Weltkrieg nicht. Doch das Festhalten an einer kostspieligen technischen Spezialität des Unternehmens trug dazu bei, dem einstigen Branchenführer in den 60er Jahren finanziell die Luft abzuschneiden. Einige Jahre nach der Übernahme durch MAN erlosch die Marke mit dem Löwen-Emblem.

MIT 60 JAHREN AUF DEM WEG ZUM INNOVATIVEN NUTZFAHRZEUGBAUER

Heinrich Büssing, gelernter Schmiedehandwerker, hatte schon drei eigene Firmen besessen, als der Kauf eines Daimler Motorwagens seine eigentliche berufliche Höhepunktsphase einläutete. Büssing war fasziniert von den Möglichkeiten der motorisierten Fortbewegung und beschloss – da kam der Unternehmer in ihm hoch –, in den noch weitgehend unbeackerten Bereich der Nutzfahrzeuge einzusteigen. Seinen letzten Betrieb, eine Eisenbahnsignal-Bauanstalt, hatte der Braunschweiger nicht zuletzt dank seines technischen Erfindungsgeistes in die schwarzen Zahlen gebracht.

Im nicht mehr ganz jungen Alter von 60 Jahren ließ sich der umtriebige Unternehmer und Erfinder somit noch einmal auf ein neues Abenteuer ein. Er verkaufte seine Anteile an der alten Firma und gründete 1902 in Braunschweig die »Heinrich Büssing Spezialfabrik für Motorwagen und Motoromnibusse«. Bereits ein Jahr später konnte er ein Testfahrzeug vorstellen, das über 2,5 Tonnen Nutzlast verfügte und dessen Zweizylinder-Vergasermotor 9 PS leistete. Die Erfahrungen aus diesem Modell flossen 1904 in den Nachfolger ein, den 3-Tonnen-Motorwagen, dessen Motorleistung auf 20 PS heraufgesetzt worden war. Das Fahrzeug verkaufte sich gut – nicht nur im Inland, in den kommenden Jahren wurden zahlreiche Lizenzen ins Ausland vergeben – und wurde z. B. häufig als Brauereiwagen eingesetzt.

Neben Lastwagen baute Büssing auch Omnibusse und richtete zu Testzwecken im selben Jahr die erste motorisierte Omnibus-Linie Deutschlands ein. Außerdem stellte er mit Erfolg seine eigenen Vier- bis Sechszylindermotoren her.

Ab 1907 entwickelte Büssing eine neue Serie von Lastern mit neuem Bezeichnungsschema. Die Typen II bis VI, die bis zum Ersten Weltkrieg entstanden, deckten dabei alle Nutzlastklassen von zwei bis sechs Tonnen Nutzlast ab. Zu diesem Zeitpunkt war auch das Militär auf den innovativen Lkw-Hersteller aufmerksam geworden. Die als Subventionslastwagen klassifizierten und mit Vollgummireifen versehenen Typen IV und V mit 35 bis 40 PS kamen deshalb im Ersten Weltkrieg zum Einsatz, Büssing war schon vor dem Ersten Weltkrieg zum wichtigsten deutschen Nutzfahrzeughersteller aufgestiegen.

AUF DEM WEG ZUM BRANCHENFÜHRER

Daneben baute Büssing Schlepper und Flugmotoren. Doch das half im Chaos der ersten Nachkriegsjahre nur wenig, die Nachfrage war gering und das Geld für Neuentwicklungen knapp. Daher hübschte Büssing zunächst nur einige Kriegstypen – die Typen II (2,5 t), III (3,6 t) und IV (4 t) – auf und präsentierte erst 1924 mit dem Typ III GL einen 3–3,5-Tonner mit Luftbereifung und einer Motorleistung von 50 PS als echte Neukonstruktion. Eine echte Sensation war der kurz darauf vorgestellte Typ VI GL, der erste deutsche Dreiachser. Der »Sechsradwagen« mit sechs Tonnen Nutzlast, Luftbereifung und patentiertem Antrieb (Leistung je nach Ausführung und Bauzeit 60 bis 66 PS) avancierte im In- und Ausland zum Verkaufsschlager. Gleichzeitig bot er die Grundlage für Büssings zukünftiges Omnibus-Programm.

In den folgenden Jahren erweiterte Büssing seine Modellpalette an Lastwagen mit Nutzlasten von 1,5 Tonnen aufwärts, wobei die zweite Generation des Dreiachsers als »Typ 80«, ein gewaltiger Neuntonner von 1931, schon als »Büssing-NAG« erschien. Denn Büssing war Ende der zwanziger Jahre groß auf Einkaufstour gegangen, kaufte erst Mannesmann-Mulag, dann Komnick und schließlich den Hauptkonkurrenten NAG, was Büssing ein lückenloses Programm leichter über mittlere bis zu schweren Lastwa-

Büssing VI GL, im Einsatz von 1928 bis 1974.

(Foto: © Ralf Weinreich)

BÜSSING

gen bescherte und die Braunschweiger endgültig zum Branchenprimus aufsteigen ließ. 1931 führte Büssing-NAG erstmals bei seinen Fahrzeugen den Dieselmotor ein und bot ihn bald als Baukastenreihe mit drei- bis sechs Zylindern an. Ein Jahr darauf bekamen die Lkw eine dreiziffrige Bezeichnung, so erschienen z. B. der Typ 275 mit 2,75 Tonnen Nutzlast und 70 PS (1932), der Typ 350 mit 3,5 Tonnen Nutzlast und 80 PS (1933) oder der Typ 801 mit 8–8,5 Tonnen Nutzlast und einer Motorleistung von 110 PS. Beim Typ 801 bzw. der nochmals überarbeiteten Variante 802 handelte es sich schon um die dritte Version des bewährten Dreiachsers. 1933 führte Büssing-NAG das erste der speziellen Erkennungsmerkmale seiner Laster ein, den Braunschweiger Löwen, der von nun an den Motorkühler zierte. Drei Jahre später geschah der nächste Schritt: die Motorhaube selber erfuhr eine Neugestaltung. Ab jetzt zierte die charakteristische »Spinne« des Designers Ernst Neumann-Neander die Hauben der Braunschweiger Laster.

EINHEITSLASTER UND 5-TONNER FÜR DIE WEHRMACHT

Die deutsche Wiederaufrüstung sorgte für zusätzlichen Aufwind, Büssing-NAG richtete sein Programm entsprechend der Staatsaufträge aus und entwickelte zum Beispiel geländegängige Dreiachser in 6x4-Konfiguration. 1937 arbeitete Büssing-NAG gemeinsam mit den Firmen Henschel, Borgward, Magirus, Krupp, Faun und MAN an einem 2,5-Tonnen-Einheitsdiesel, der später zu den besten Wehrmachts-Lkw zählte. Bei Büssing-NAG hatte zunächst der Typ 500 Priorität. Dieser Fünftonner war mit einem 95 PS starken Sechszylinder-Diesel ausgestattet, der später noch auf 105 PS gesteigert wurde. Im Zweiten Weltkrieg lief dieser Zweiachser unter der Bezeichnung 4500 S ausschließlich für die Wehrmacht vom Band, auch mit Holzvergaser und, als 4500 A, mit Allradantrieb. Neben den Lastern fertigten die Braunschweiger bis zum Kriegsende darüber hinaus Panzerspähwagen und Halbketten-Zugmaschinen.

MIT UNTERFLUR ZUM UNTERGANG

Obwohl das Stammwerk in Braunschweig nicht ungeschoren durch den Krieg kam, war es noch genügend heil, um bereits vor der Kapitulation der Wehrmacht am 8. Mai 1945 wieder die Produktion von einfachen Lastwagen – diesmal für die britischen Besatzer – aufnehmen zu können. Dieser eigentlich glückliche Umstand führte aber dazu, dass auf die Anschaffung neuer Maschinen verzichtet wurde. Dieser mangelnde Modernisierungsdruck führte letztlich zum Untergang, denn die Konkurrenz baute ihre zerstörten Werk nach neuesten Gesichtspunkten wieder auf und beschaffte modernste Maschinen. Das kostete zwar viel Geld, bescherte ihnen aber, auf Sicht gesehen, einen gewaltigen Produktionsvorteil.

Erstes Nachkriegsmodell war der Kriegstyp, der als 5000 S verkauft wurde und, verschiedentlich überarbeitet, schließlich als Büssing 8000 mit Sechszylinder-GD6-Motor seine Karriere beendete. Die erste echte Neuentwicklung erschien dann 1951, hieß »12000 U«, hatte zwölf Tonnen Nutzlast und einen Unterflurmotor. Der wiederum war in der Vorkriegszeit erdacht worden und sollte zum Markenzeichen des Unternehmens werden. Er saß zwischen den Fahrzeugachsen und schien nur Vorteile zu bieten: Weniger Lärm in der Kabine, mehr Nutzlast, tiefere Schwerpunktlage, bessere Zugänglichkeit des Motors – also die perfekte Lösung? Nicht ganz. Der Produktionsaufwand war beträchtlich, und nachdem dank der Pro-Bahn-Politik des damaligen Ministers Seebohm Gewichts- und Längenbestimmungen geändert wurden, fuhren die schweren Büssing-Laster ins Abseits. Vier Jahre lang wurde der U 12000 angeboten, aber nur in 39 Stück verkauft.

Der nächste Versuch, dem Unterflurmotor zum Durchbruch zu verhelfen, hieß Büssing 4000 U und war ein Viertonner von 1953, auch der zu teuer. Erst ein weiteres Jahr später fand das Unternehmen in dem Fernverkehrslastwagen 7500 U den idealen Träger für einen Unterflurmotor. Der Laster präsentierte sich in moderner Büssing-Technik, hatte ein bequemes Fahrerhaus und überzeugte mit seiner Motorleistung, war aber nicht billig und auch nicht für jeden Einsatzzweck geeignet. Für den Einsatz

Büssing LS Burglöwe von 1960 mit stehend eingebautem Reihen-Motor.
(Foto: © Alf van Beem, © PD)

Originale Bildbeschreibung von der Deutschen Fotothek Dresden. Demonstrationszug zum 1. Mai.
(Foto: © Deutsche Fotothek, CC BY-SA 3.0 de)

Der Fünftonner aus dem Krieg wurde ab 1945 als Büssing-NAG 5000 S wieder neu aufgelegt. (Foto: © Ralf Weinreich)

Der Büssing 8000 ersetzte ab 1950 den Typ 7000. Die Bezeichnung NAG fehlte hier bereits. (Foto: © Ralf Weinreich)

Büssing BS 16 Pritschenwagen von 1969 mit Unterflurmotor.

(Foto: © Ralf Weinreich)

DETLEF BÜSSY
Güterfernverkehr
BERLIN-WILMERSDORF

Ein Büssing Commodore F3 von 1963 als Betonmischer mit 192 PS Leistung.

(Foto: © Sammlung Gebhardt)

Büssing Typ 12000 U Dreiachser von 1951, von dem nur wenige Stück gebaut wurden.

(Foto: © Büssing Archiv)

im Baugewerbe war zum Beispiel die Bodenfreiheit zu gering. Büssing war deshalb gezwungen, auch konventionell konfigurierte Laster anzubieten, und das trieb die Kosten weiter in die Höhe. Die neuen Büssing-Laster trugen nun die Bezeichnung »LS« (S für Standmotor) beziehungsweise »LU« (U für Unterflurmotor). Außerdem lebte die Vorkriegs-Baureihenbezeichnung »Burglöwe« wieder auf. Um das alles finanzieren zu können, wurde der bisherige Familienbetrieb 1960 in eine Aktiengesellschaft verwandelt. Die letzten Gewinne des Lastwagenbauers fielen in diese Zeit, danach schrieb er nur noch tiefrote Zahlen. Ab 1962 kaufte sukzessive die Salzgitter AG die Büssing-Aktien auf und verlegte Mitte der 60er Jahre den Produktionsstandort nach Salzgitter. Doch die finanziellen Probleme – zu denen auch die unglücklichen Versuche beitrugen, das Werkstattnetz zu modernisieren – vergrößerten sich.

NEUES DESIGN, ALTE PROBLEME

Während die Laster der »Commodore«-Reihe in der ersten Hälfte der 60er Jahre sich sehr gut verkauften, galt dies nicht im selben Maße für den »Supercargo« (von dem 1965 eine innovative, ultra-flache Decklaster-Variante vorgestellt wurde) und erst recht nicht für den zum Unimog-Konkurrenten hochstilisierten »Burglöwe Universal«.

Um doch noch das Unterflurmotor-Konzept auf alle Fahrzeugtypen ausweiten zu können, plante Büssing Mitte der 60er eine neue Lastwagen-Reihe. Um die technischen Veränderungen in ein attraktives Äußeres kleiden zu können, war der Designer Lepoix engagiert worden, der sich um die Gestaltung des Fahrerhauses kümmerte. Dennoch wurde nichts aus dem Projekt. Weil die Technik zu anspruchsvoll und zu teuer ausfiel, verzichtete Büssing auf eine Serienproduktion. Lediglich das Fahrerkabinen-Design von Lepoix fand Eingang in die Laster der BS-Serie, die von 1966 bis 1971 produziert wurde und dabei Nutzlasten von 5,7 bis 23,4 Tonnen anbot.

Mittlerweile stand nicht nur Büssing das Wasser bis zum Hals, auch die Salzgitter AG als Mutterkonzern, die bis 1968 alle Büssing-Aktien aufgekauft hatte, sah sich unter enormem finanziellen Druck. Da kam es ihnen gerade recht, dass MAN schon länger ein Auge auf den Lastwagenbauer mit dem Braunschweiger Löwen auf der Haube geworfen hatte. Ab 1968 begannen die Münchner nun, in großem Stil Büssing-Aktien zu erwerben. Was Büssing für MAN so interessant machte, war das technische Konzept der Salzgitter-Tochter: Ende der 60er Jahre hatten die Lastwagenbauer von Büssing das Direkteinspritzungsverfahren sowie die Turboladertechnik eingeführt. Die Übernahme durch MAN bedeutete mittelfristig das Aus für die Marke. MAN brachte für eine Übergangszeit noch MAN-Büssing-Lkw auf den Markt, stellte zudem noch einige Jahre Fahrzeuge mit Unterflurmotoren her – letztlich blieb von dem Braunschweiger Unternehmen dann aber doch nicht mehr übrig als der Löwe auf den Motorhauben der MAN-Lastwagen.

Büssing BS 22 mit Wechselbrückenaufbau, je nach Motor zwischen 240 und 320 PS stark.

(Foto: © Ralf Weinreich)

DKW

Nach seinem Ingenieursstudium in Deutschland blieb der Däne Jörgen S. Rasmussen im Raum Chemnitz hängen. Gemeinsam mit einem Freund hob er 1904 die »Rasmussen & Ernst GmbH« aus der Taufe und stellte dort Dampfkesselarmaturen her. Weitere Neugründungen folgten. Wie viele andere deutsche Autopioniere produzierte Rasmussen während des Ersten Weltkriegs Rüstungsgüter für das deutsche Heer, in seinem Fall waren das Zünder. Der Kraftstoffmangel während des Krieges brachte den umtriebigen Dänen auf den Gedanken, Dampfkraftwagen herzustellen. 1917 entstanden die ersten Prototypen. Auch tauchten in diesem Zusammenhang erstmals die drei Buchstaben »DKW« als Kürzel auf. Was Rasmussen fehlte, waren geeignete Motoren, und da kam der Vorschlag von Hugo Rappe, kleine Zweitaktmotoren für unterschiedlichste Anwendungsbereiche zu bauen, gerade rechtzeitig. In den schwierigen Nachkriegsjahren entwickelten sich die kleinen, leichten und billigen Zweitakter zu echten Verkaufsrennern, Ende des Zwanziger war die »Zschopauer Motorenwerke AG«, wie die Firma ab 1923 hieß, zum größten Motorradhersteller der Welt aufgestiegen. Rund zehn Jahre zuvor hatte Rasmussen mit dem Verkauf des einsitzigen Elektrowagens aus der Entwicklung der Firma »Slaby & Behringer« begonnen und bereitete dann den Einstieg in die Autoproduktion vor, die dann 1927/28, nachdem genügend starke Zweitaktmotoren bereit standen, anlief. Die Weltwirtschaftskrise der frühen Dreißiger erzwang den Zusammenschluss mit den Horch-, Audi- und Wander-Werken zur »Auto Union«. Deren Werke lagen aber nach dem Ende des Zweiten Weltkriegs allesamt in der sowjetisch besetzten Zone und wurden enteignet.

VON DKW ZUR AUTO UNION

Führende Mitarbeiter hatten sich bei Kriegsende nach Bayern abgesetzt und Ende 1945 in der alten Garnisonsstadt Ingolstadt zunächst ein Depot für Auto Union-Ersatzteile eingerichtet. Aus dieser Keimzelle entstand am 3. September 1949 mit der Auto Union GmbH eine neue Gesellschaft, welche die Kraftfahrzeugtradition der Vier Ringe fortführte.

Zunächst waren es die bewährten DKW-Zweitakter, auf der Exportmesse in Hannover wurden dann im Frühjahr 1949 der DKW F 89 L Schnelllaster als erste Neukonstruktion und das Motorrad DKW RT 125 W – die Neuauflage des Vorkriegstyps – vorgestellt. Parallel dazu arbeitete man an einem Zweitakt-Personenwagen, dessen Produktion im Sommer 1950 in einem neuen Werk in Düsseldorf anlief.

Die Schnelllaster vom Typ F 89 L hatten eine Nutzlast von 0,75 Tonnen. Es gab sie als Kasten, Kombi, Kleinbus und Pritschenwagen; jeweils mit 0,7 Liter großem Zweizylinder-Zweitakter und einer Leistung von 20 PS, später dann mit bis zu 32 PS und Dreizylinder-Zweitakter mit 0,9 Litern Hubraum. Wie schon die Vorkriegs-Pkw hatte auch der Nachkriegs-Transporter Frontantrieb, doch viel entscheidender war die Konzeption, die als außerordentlich gelungen galt und angeblich die Inspiration bildete für den VW Transporter Typ 2. Unbestritten ist aber, dass der F 89 L die Messlatte im Segment der Vierrad-Transporter bis eine Tonne Nutzlast darstellte. Auch in Sachen Vielfalt, denn der DKW mit seinem Doppelprofilrahmen war prädestiniert für Aufbauten aller Art. Diese Vielseitigkeit machte ihn auch für das Ausland interessant, in Spanien liefen die Kleintransporter bei der Firma Imosa vom Band. Die Spanier entwickelten auch einen modernen Frontlenker-Nachfolgetyp, wenn auch noch mit dem modifizierten 3=6-Motor. Den 40-PS-Transporter bot DKW dann hierzulande zwischen 1963 und 1965 als F 1000 L an. 1958 übernahm Daimler-Benz die Zweitakt-Spezialisten und verkaufte die Pkw-Sparte dann an die VW-Tochter Audi, behielt aber das ehemalige DKW-Werk Düsseldorf und auch das spanische Tochterwerk (nicht aber das brasilianische). So erschien 1975 der zunächst nicht für Deutschland bestimmte N 1000 / 1300 mit Zweiliter-Mercedes-Diesel; und dessen Weiterentwicklung in Spanien führte dann in den Achtzigern zum MB 100. Und von dort führt die Entwicklungslinie direkt weiter zum Vito.

DKW Schnelllaster F 89 L mit Zweitaktmotor (20 PS) aus dem Jahr 1950.
(Foto: © Lothar Spurzem, CC-BY-SA-2.0-DE)

Dem DKW F 1000 L aus Spanien blieb der Erfolg versagt.   (Foto: © Archiv der Audi AG)

Früher Fall von Mehrzweck-Transporter: DKW F7 Gerätewagen mit 0,7-Liter-Zweitaker, Frontantrieb und 20 PS. Hier konnten noch zwei Personen mitfahren.

(Foto: © Archiv der Audi AG)

Die DKW-Elektro Schnelllaster-Version besaß einen Elektromotor mit 4,8 kW Leistung und war bis zu 40 km/h schnell.   (Foto: © Archiv der Audi AG)

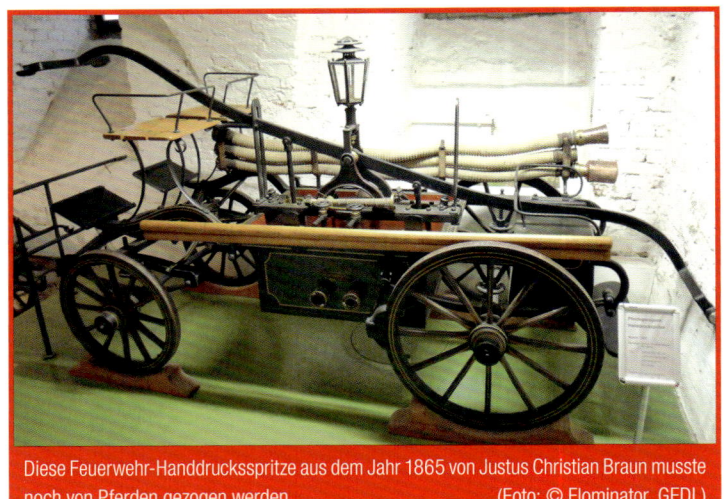

Diese Feuerwehr-Handdruckspritze aus dem Jahr 1865 von Justus Christian Braun musste noch von Pferden gezogen werden. (Foto: © Flominator, GFDL)

BRAUHAUS NÜRNBERG
FAUN

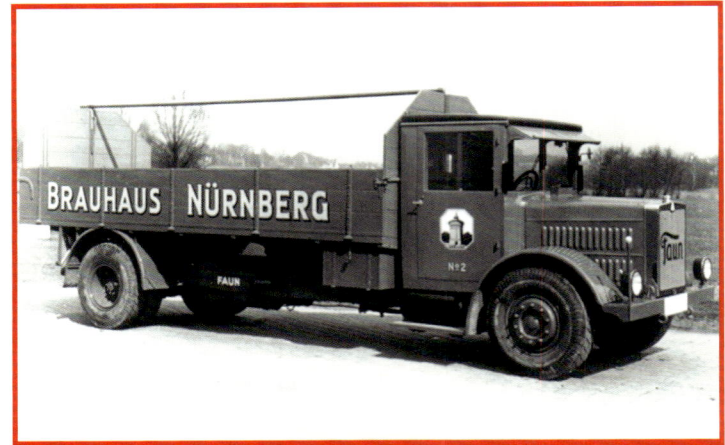

Ein Sechstonnen-Laster von Faun aus dem Jahr 1928. Die Weltwirtschaftskrise überstand Faun jedoch dank seiner Kommunalfahrzeuge. (Foto: © Sammlung Schrader)

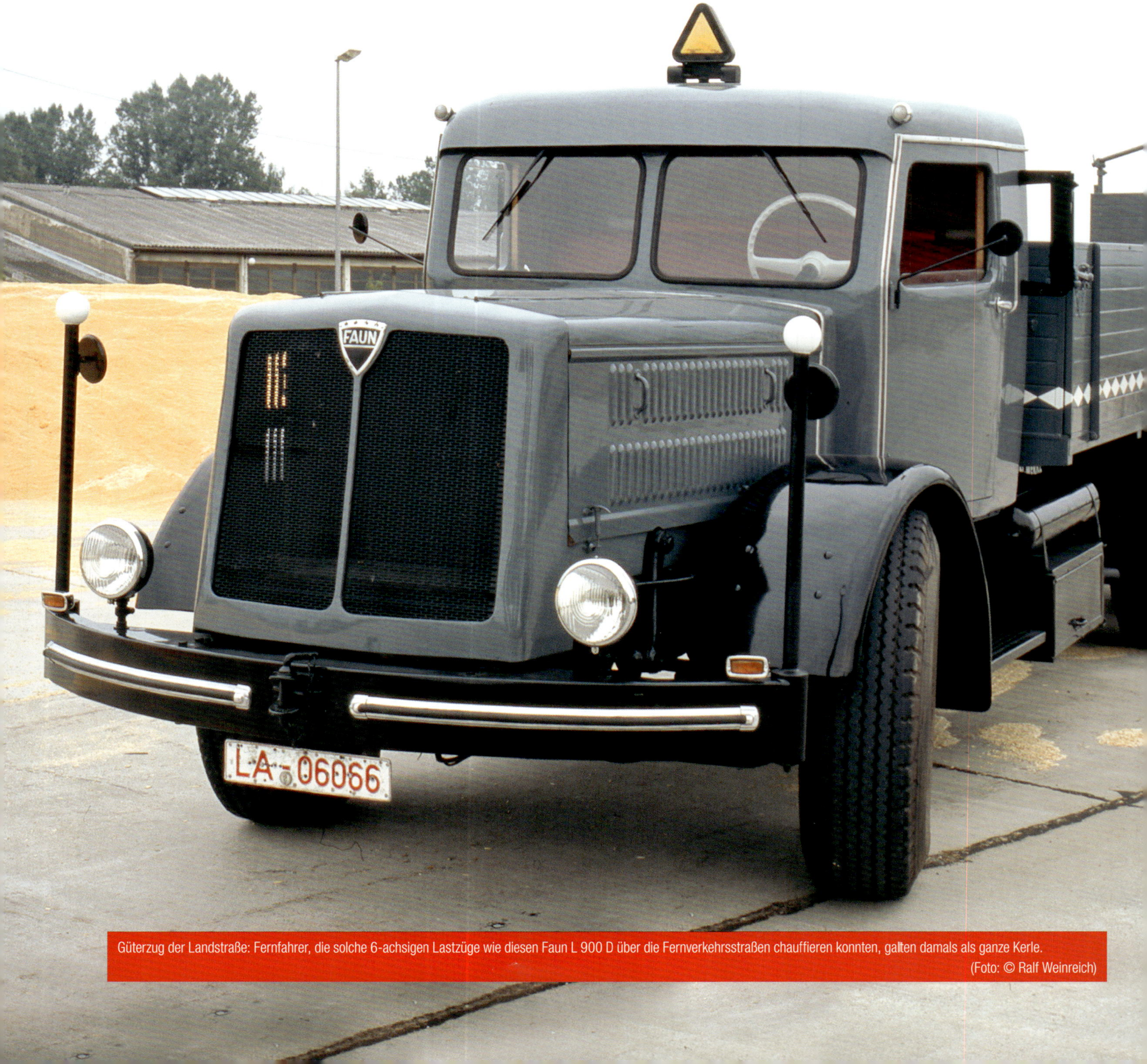
FAUN
LA - 06066

Güterzug der Landstraße: Fernfahrer, die solche 6-achsigen Lastzüge wie diesen Faun L 900 D über die Fernverkehrsstraßen chauffieren konnten, galten damals als ganze Kerle. (Foto: © Ralf Weinreich)

Der Faun Bundeswehr-Dreiachser L908 von 1957 war für Nutzlasten bis 8 Tonnen konstruiert.
(Foto: © Ralf Weinreich)

Die spätere Firma Faun war das Ergebnis einer Fusion mehrerer Betriebe. Die älteste Ursprungslinie geht zurück auf eine Nürnberger Gusswerkstatt, die Julius Christian Braun im Jahr 1845 gegründet hatte und daraus den führenden deutschen Hersteller von Feuerwehrleitern und Feuerwehrspritzen formte. Die weltweit erste von einer Dampfmaschine angetriebene Feuerspritze stammte im Jahr 1890 aus Brauns »Feuerlöschgeräte- und Maschinenfabrik«. Das Geschäft lief so gut, dass Brauns Söhne, die die Firma seit 1877 leiteten, um die Jahrhundertwende in den Fahrzeugbau einstiegen, ja sogar noch einen kleinen Automobilhersteller aufkauften, und sich damit hoffnungslos übernahmen. Denn dies trieb den bisherigen Musterbetrieb in die roten Zahlen und schließlich im Jahr 1913 in den Konkurs. Auch die finanzielle Beteiligung der englischen Firma »Premier Cycle« hatte dies nicht verhindern können.

An dieser Stelle kommt nun Karl Schmidt ins Spiel. Schmidt hatte 1910 die »Nürnberger Wagenbau & Radfabrik Karl Schmidt« gegründet, übernahm die Reste der »Justus Christian Braun-Premier-Werke« und formte daraus die »Nürnberger Feuerlöschgeräte und Fahrzeugfabrik«.

Der Ausbruch des Ersten Weltkrieges spülte ordentlich Geld in die Kassen, Schmidt produzierte den Regeldreitonner für das Heer, für die Luftwaffe diverse Spezialfahrzeuge und hatte noch genug Kapazitäten, um andere Automobilfirmen mit Rädern zu beliefern. Die sprudelnden Gewinne investierte er in den Kauf der benachbarten »Fahrzeugfabrik Ansbach«. Diese wiederum existierte seit 1906 und war nach Kriegsende in arge Schwierigkeiten geraten, daher fusionierten 1919 die beiden Betriebe. Von nun an verfügte Schmidt über eine eigene Motorenfertigung. Der Hauptsitz der neuen »Fahrzeugfabrik Ansbach und Nürnberg« – kurz »Faun« – war nun Ansbach. Hier entstand zukünftig außerdem eine Personenwagen-Linie, während aus dem Nürnberger Werk die Laster rollten.

FAUN IN DEN JAHREN ZWISCHEN DEN KRIEGEN

Die Nachkriegszeit war, wie für alle Hersteller, ziemlich schwierig, und, wie bei allen anderen auch, wurden aufgewärmte Kriegsentwürfe weitergebaut. Dem alten Regeldreitonner folgte schnell eine Lkw-Modellreihe nach, die die Nutzlasten von 2,5 bis 5 Tonnen abdeckte und 30 bis 55 PS stark war. Mit Beginn der 20er Jahre überarbeitete und erweiterte Faun sein Nutzfahrzeugangebot und begann mit dem Bau von Sonderfahrzeugen. Doch mit Müllwagen und sonstigen Spezialfahrzeugen war das Unternehmen nicht zu retten, 1925 war Faun zahlungsunfähig, es kam zu einem Zwangsvergleich, das Ansbacher Werk wurde kurzzeitig stillgelegt. In dieser Situation sprang die Krupp AG ein und übernahm zwei Drittel der Faun-Aktien, die sie bis in die 30er Jahre hielt. Der restliche Aktienbestand blieb bei Karl Schmidt, der 1926 sein Nürnberger Werk zurückkaufen konnte.

Schmidt gründete eine neue Firma, die »Faun Kommunalfahrzeuge und Lastkraftwagen GmbH«. Von nun an gingen Nürnberg und Ansbach wieder getrennte Wege. Während Schmidt den Umschwung schaffte, musste das Ansbacher Werk 1928 endgültig schließen.

Faun in Nürnberg hingegen brachte ungefähr zu der Zeit seine zweite Nachkriegsbaureihe auf den Markt, schwere Fernverkehrslastwagen wie den L600 D87 mit einer Nutzlast von 8,5 Tonnen und einer Motorleistung von 170 PS. Ihm nach folgte der 5-Tonner L5 mit 100-PS-Maybachmotor und einer Höchstgeschwindigkeit von 75 km/h. Ergänzt wurde das Lkw-Angebot der Nürnberger um 3- und 4-Tonnen-Modelle. 1933 stellte Faun bereits die dritte Modellreihe vor, in der der Klein-Laster M2 »Mammut« mit zwei Tonnen Nutzlast den untersten Bereich abdeckte. Weitere Lastertypen bedienten die Nutzlasten im Bereich von 2,5 bis 6 Tonnen. Zu diesem Zeitpunkt kamen Dieselmotoren von MWM und Deutz zum Einbau. Seit Mitte der 30er Jahre wurde außerdem mit Holzgasantrieb experimentiert.

1937 entstand der leistungsstärkste Faun-Fernverkehrslaster, der Dreiachser L900 mit neun Tonnen Nutzlast und einer Motorleistung von 200 PS. Für die Wehrmacht, die ab der zweiten Hälfte der 30er Jahre der Hauptauftraggeber für Faun wurde, be-

Zugmaschine Faun F60/365 aus dem Jahr 1955 mit 170 PS Leistung.
(Foto: © Ralf Weinreich)

FAUN

kam der L900 einen Holzgasantrieb, um Diesel zu sparen. Ein Jahr später stellte Faun den überschweren Vierachser L1500 D587 fertig (15 Tonnen Nutzlast). Mitbeteiligt war Faun zudem beim Einheitsdiesel, dem aus der Kooperation mehrerer deutscher Lastwagenbauer hervorgegangenen 2,5-Tonner.

Nach 1940 produzierte Faun schwere Zugmaschinen und dreiachsige Kranwagen für die Wehrmacht. 1943 sank das Nürnberger Stammwerk in Trümmer, der Werksneubau in Lauf an der Pegnitz wurde vor Kriegsende aber nicht mehr fertig.

DIE NACHKRIEGSZEIT:
SPEZIALIST FÜR SCHWERE LASTEN

Das erste Modell des neuen Werks war der Müllwagen M6 von 1946, Lkw und Zugmaschinen folgten im Jahr darauf. Mit Beginn der Währungsreform lief deren Absatz hervorragend an. Beim ersten Nachkriegslaster handelte es sich um den Achttonner L7 L für den Fernverkehr, dem der gleich schwere L8 L im Jahr 1951 nachfolgte. Dieser wurde ein so großer Erfolg, dass der Motorlieferant Deutz mit der Produktion nicht hinterher kam.

Faun setzte in den kommenden Jahren auf schwere Laster und schaffte in diesem Bereich bis Mitte der 50er Jahre einen Marktanteil von 52 Prozent. 1953 stellten die Nürnberger den 13-Tonnen-Laster L900 vor, der neun Jahre lang produziert wurde. Ebenfalls ein Verkaufserfolg war der 130 PS starke F 60 »Sepp« von 1950, der in seiner ersten Version Nutzlasten bis zu 6,2 Tonnen beförderte. Bei seinem Nachfolgemodell F 66 »Sepp« erhöhte sich die Nutzlast auf 7,5 Tonnen; erst zu Beginn der 60er Jahre lief das Modell aus.

Daneben entstanden ab 1952 Großraummuldenkipper und drei Jahre später mehrachsige Kranwagen-Fahrgestelle, aus denen ab den 80er Jahren vollständige Autokrane wurden. Zugmaschinen baute man sowieso. Mit der Übernahme der »Willy Oster Fahrzeugwerke« 1955 erweiterte Faun seine Modellpalette um leichte Transporter. Im Mittelklassebereich kamen die Modelle F54, F56 und F64 zum Verkauf, die Nutzlasten ab 4,5 Tonnen boten. Neue Frontlenker-Lkw hörten auf die Namen F68/53 V »Franz« und F56/34 V »Emil«.

Ab 1956 statteten die Nürnberger die neu gegründete Bundeswehr mit schweren Lastern und Transportern aus. Zu diesen Fahrzeugen gehörten z. B. der Faun L908, der von 1957 bis 1971 hergestellt wurde, und der 300 PS starke L912, der etwa im selben Zeitraum produziert wurde.

Ende der 50er Jahre stellte Faun seine neue Schwerlasterserie mit neuentwickeltem Frontlenkerfahrerhaus vor, darunter den Allradlaster L106/39 KVA, den Dreiachser F836, die Sattelzugmaschine L148 und den vierachsigen 20-Tonner L1400, der aufgrund seines Gewichtes nur vom Militär genutzt werden durfte oder ins Ausland verkauft werden konnte.

Die Herstellung von NATO-Militärfahrzeugen machte bei Faun auch noch zu Beginn der 60er Jahre einen Großteil des Programms aus. Im Zivilbereich hingegen verloren die schweren Lkw zusehends an Bedeutung, weshalb Faun seinen Produktionsschwerpunkt im Laufe der Jahre immer stärker hin zu Kommunal-, Bau- und Sonderfahrzeugen verlagerte. Dazu kamen Spezialfahrgestelle für Löschfahrzeuge und schließlich noch Spezialkrangestelle, welche die bisher dafür verwendeten Laster ablösten. Ende der 60er Jahre verabschiedete sich Faun dann endgültig von seinen Lastwagen und stellte deren unrentabel gewordene Produktion ein. 1973 kam es zu einer Neuorganisation im gesamten FAUN-Unternehmensbereich.

Das Werk in Osterholz-Scharmbeck – ein ehemaliges Büssing-Werk, das Faun schon in den Fünfzigern übernommen hatte – wurde wirtschaftlich selbstständig und setzte den Schwerpunkt auf die Entwicklung, Konstruktion, Herstellung, Vertrieb und Kundendienst der Kommunalfahrzeuge, zu denen auch pneumatisch aufnehmende Kehrfahrzeuge und Kanalreinigungsfahrzeuge gehörten. 1980 kam mit den FHP-Typen ein neues Fahrzeug für das Hausmüllfahrzeugprogramm, das universell für die Haus- und Gewerbemüllabfuhr einsetzbar war und daher einen gewaltigen Wett-

Faun Schwerlast-Zugmaschine HZ 34.30/41 mit 326 PS von Mitte der 70er Jahre.
(Foto: © Sammlung Schrader)

Dieser Faun Sepp S60, im Dienste der niederbayrischen Transportgesellschaft, stammt aus dem Jahr 1953.
(Foto: © Ralf Weinreich)

Faun-Heckkipper K 20 mit 12-Zylinder-250-PS-Deutz-Motor und 20 Tonnen Nutzlast von 1967.
(Foto: © Faun-Werke)

Der Faun 40-Tonnen-Kipper wurde von 1970 bis 1975 produziert.

(Foto: © Sammlung Schrader)

Faun Großtanklöschfahrzeug FlKfz 8000 der Bundeswehr. Sonderfahrzeuge waren im Lauf der Jahre zu einem Produktionsschwerpunkt von Faun geworden.

(Foto: © Ralf Weinreich)

Für den Panzertransport im Gelände wurde dieser 525-PS-Sattelzug konzipiert.

(Foto: © Ralf Weinreich)

Der Tadano Faun Allterrain-Kran ATF 180G-5 mit bis zu 551 PS hat eine maximale Tragelast von 180 Tonnen. (Foto: © Tadano Faun GmbH)

Faun Sidepress C1100: Seitenlader-Abfallsammelfahrzeug der Kirchhoff-Gruppe.
(Foto: © Faun Umwelttechnik)

bewerbsvorteil bot. 1983 wurde der Kommunalbereich der Firma KUKA übernommen. Die Ursprünge des Unternehmens reichen zurück bis ins Jahr 1898, als das Acetylenwerk für Beleuchtungen in Augsburg entstand und sich 1905 auf das neu aufgekommene Autogen-Schweißen konzentrierte. Auf diesem Gebiet entwickelte man sich zum Marktführer, baute 1936 die erste elektrische Punktschweißzange in Deutschland, begann mit dem Behälterbau und entwickelte sich zum Marktführer für Aufbauten für Kommunalfahrzeuge in Europa. Parallel dazu wuchs der Bereich Schweißanlagen. Nach der Fusion mit den Industrie-Werken Karlsruhe AG erfolgte eine Umstrukturierung in die Geschäftsbereiche Schweißtechnik, Wehrtechnik und Umwelttechnik, und eben dieser Bereich ging an Faun.

FAUN HEUTE

1984 erfolgte die Umwandlung in eine Aktiengesellschaft. Das allerdings hatte nicht nur positive Folgen, denn der Entsorgungsspezialist hatte sich finanziell übernommen. Daraufhin kaufte Orenstein & Koppel (O & K) die Mehrheit der Faun-Aktien auf und gliederte den Baumaschinenbereich bei sich ein.

Faun stand jetzt für die Herstellung von Entsorgungsfahrzeugen und Aufbaukehrmaschinen, die nach wie vor im niedersächsischen Osterholz-Scharmbeck entstanden. Dies wiederum machte den Betrieb – der längst keine kompletten Fahrzeuge mehr baute – für die Kirchhoff-Gruppe, Iserlohn, interessant, die den Kommunalfahrzeugbereich von O & K übernahm und daraus die »FAUN Umwelttechnik GmbH« machte. Die neuen Eigner investierten kräftig, 2002 erfolgte die Einweihung des neuen und weltweit modernsten Produktionswerkes für Abfallsammelfahrzeuge in Osterholz-Scharmbeck, in dem 350 Mitarbeiter produzieren.

Dagegen kam das Stammwerk in Lauf an der Pegnitz mit der eigentlichen Faun GmbH 1990 zum japanischen Mobilkranhersteller Tadano. Unter dem Namen »Tadano-Faun GmbH« stellt das Unternehmen All-Terrain-Krane, Lkw-Aufbaukrane sowie Geländekrane her.

Faun Kehrmaschine Viajet 7 für den Einsatz im Straßenbau und anderen spezialisierten Kehranwendungen.
(Foto: © Faun Umwelttechnik)

FORD

Den Ausgangspunkt der Ford-Nutzfahrzeugfertigung in Deutschland stellt das berühmte T-Modell dar, das ab 1926 als Lieferwagen mit Fremdaufbauten angeboten wurde. Mit stabilem Unterbau folgte 1928 der erste Lkw-Typ »AA«, der den Motor aus der Pkw-Baureihe A besaß. Die Montage erfolgte zunächst in Berlin, und ihm folgte dann der nach 1931 in Köln gebaute »BB-Typ«.

VOM B-MODELL ZUM FK

Angesiedelt war dieser mit langem und kurzem (»BB Spezial«) Radstand lieferbare Lastwagen in der Klasse bis 2,5 Tonnen; der Motor – ein 3,2-Liter-Vierzylinder mit 50 PS – stammte vom Pkw-Modell Typ B. In Details weiterentwickelt – so kamen 1939 die längst überfällige Hydraulik-Bremsanlage statt den unbefriedigenden Gestängebremsen sowie Halbelliptikfedern statt Querblattfederung vorn –, gehörte der BB zu den Standard-Lastwagen der Wehrmacht. Kennzeichen dieses Typs (und auch des Achtzylinders, Ford baute praktisch nur eine Lastwagentype) war die schon seit 1938 in den USA verwendete ovale Kühlerpartie mit gewölbten Kotflügeln. Anders als die US-Modelle hatten die deutschen Lastwagen aber eine einteilige Frontscheibe. Die BB-Baureihe wurde nach 1942 als B 3000 weiter gebaut, die Holzvergasermodelle G 388 TG waren mit 5-Ganggetriebe bis 1946 zu haben; die Einheits-Holzfahrerhäuser mit Pressspanplatten anstelle der Ganzstahlkabine gab es sogar bis 1947. Vorne hatten diese Einfachst-Lastwagen einfach geformte Kotflügel angeschraubt, hinten verzichtete man darauf ganz. 1948 erschien der bewährte Vierzylinder-Lkw wieder in solider »Frieden«-Ausstattung. Der nunmehrige Ford »Ruhr« trug sogar Chrom auf der Haube. Nur schade, dass es beim braven, aber veralteten 3,2-Liter-Motor blieb, dessen 57 PS selbst im Stadtverkehr kaum noch ausreichten. Die letzte Ausführung des Dreitonners erschien 1951, der »FK 3000 BB« hatte eine aufgehübschte Karosserie (die der V8 Rhein ebenso wie der neue Diesel-Lkw übernahmen) mit integrierten Scheinwerfern, reichlich Chrom und einteiliger Frontscheibe.
Ende 1949 gab es ein Wiedersehen mit dem Schnelllaster »BB Spezial«. Mit zwei verschiedenen Radständen konnte das Fahrzeug als 1,5- oder 2-Tonner geliefert werden, steuerliche Vorteile sprachen für die kleinere Version, doch als 1952 der weiter entwickelte G 38 T erschien, war der nunmehrige »FK 2000« ausschließlich auf zwei Tonnen Nutzlast ausgelegt. Sein Karosseriestyling entsprach aktuellen Designströmungen. Die Geschichte der BB-Vierzylinder endete zum Modelljahr 1955, zur IAA stellte Ford seine weiter entwickelte Lkw-Serie vor, die normalerweise mit Zweitakt-Dieselmotor betrieben wurde und nur noch auf ausdrücklichen Wunsch mit Benzin-Triebwerk erhältlich war.

FORDS ACHTZYLINDER-LASTWAGEN

Neben den Vierzylinder-Lastwagen gab es auch leistungsstärkere Achtzylinder-Varianten. Der V8-Laster anno 1935, mit gleicher Haube und gleichem Fahrerhaus wie der »BB«-Typ ausgestattet, besaß also Henry Fords berühmten, wenn auch modifizierten 3,6-Liter-V8, der maximal 90 PS erzeugte. Die meisten dieser Lastwagen gingen an die Wehrmacht, und die ersten Fahrzeuge überhaupt, die dann im ehemaligen Deutschen Reich nach der Kapitulation wieder vom Band liefen, waren Ford-V8-Lastwagen, gebaut zunächst ausschließlich für die Alliierten nach britischem Vorbild. 1951 fegte dann ein frischer Wind durch das angestaubte Modellprogramm der Kölner, was die Lastwagen-Baureihen durch eine neue Optik und neue Bezeichnungen deutlich machten. Sie hießen nun FK (»Ford Köln«) mit einer entsprechenden Nutzlast-Bezeichnung in Kilogramm, die Modellreihe wurde bis zum FK 4500 ausgebaut. Die optischen Ford-Schritte bescherten dem Einheits-Lastwagen (noch immer waren Vier- und Achtzylinder, abgesehen vom Motor, weit gehend baugleich und von außen höchstens an der Nutzlast-Angabe zu unterscheiden) eine neue Haube im Stil des US-Typs »F«, ohne dass sich am Fahrerhaus selbst etwas geändert hätte. In seiner letzten Ausbaustufe brachte es der durstige V8, dank modifizierter Zylinderköpfe, auf stramme 100 PS. Bester V8-Kunde war, wieder einmal, die US-Army, die dann eine

Der Lastwagen mochte vielleicht neu sein, die Motoren waren es nicht.
(Foto: © Ford-Werke Deutschland AG)

Der Ford B 3000 diente während des Zweiten Weltkriegs der Wehrmacht als Nachschub-Lkw. Unter der Haube war der durstige Ford-V8.　(Foto: © Ford-Werke Deutschland AG)

Diese Zeichnung aus dem Jahre 1943 zeigt den B 3000 im zivilen Einsatz. Typisch für Ford war die H-Form der Motorhaube.　(Foto: © Ford-Werke Deutschland AG)

Fords Allrad-Dreitonner mit V8-Motor (»NATO-Ziege«) bewährte sich nicht im Bundeswehr-Alltag.
(Foto: © Ford-Werke Deutschland AG)

Die Ford-N-Serie konnte in Kontinentaleuropa nicht Fuß fassen.
(Foto: © Ford-Werke Deutschland AG)

Der Schwerlastwagen Ford Transcontinental bezog aus seinem Cummins-Diesel 273 bis 340 PS. Seine Produktionszeit begann 1975, schaffte es aber nicht über 1984 hinaus. Ford-Otosan in der Türkei unternimmt gegenwärtig den Versuch, mit schweren Lkw die europäischen Lkw-Märkte zu erobern.
(Foto: © Ralf Weinreich)

FORD

Ford A506 mit Transit-Fahrerhaus, größerer Haube und neuem Chassis von 1973.
(Foto: © Ford-Werke Deutschland AG)

größere Anzahl gebrauchter Fahrzeuge an die 1956 neu aufgestellte Bundeswehr abgab. Kleinstes V8-Modell war übrigens der »FK 3500«, den es zwischen 1952 und 1954 auch mit zuschaltbarem Allradantrieb gab. Seinen letzten großen Auftritt erlebte der preiswerte, aber durstige V8-Vergasermotor im NATO-Oliv: Die neu gegründete Bundeswehr fuhr Fords »NATO-Ziege«. Dieser mittlere Laster wurde in über 8000 Stück gebaut, ohne sich sonderlich zu bewähren.

DIE PLEITE MIT DEN DIESEL-MOTOREN

Es war klar, dass die einzige wirtschaftliche Alternative zu den durstigen Vier- und Achtzylinder-Motoren ein Diesel sein konnte. Eine Eigenentwicklung kam nicht in Frage, statt dessen entschieden sich die Konzernherren für den amerikanischen Hercules-Diesel (»Dix-6-D«) aus den schweren Ford-Lkw aus den USA. Die deutschen Ford verwendeten dann Lizenz-Diesel mit Bosch-Komponenten, die bei der Südbremse AG in München produziert wurden. Der kurzhubig ausgelegte Hercules-Wirbelkammer-Diesel war aber mit zahlreichen Kinderkrankheiten behaftet.

Die letzte deutsche Ford-Lkw-Generation erschien dann auf der Frankfurter IAA von 1955. Die neuen FK 2500-, FK 3500- und FK 4500-Modelle hatten eine Haube im US-Stil, ein neues Fahrerhaus sowie neue Vier- und Sechszylinder-Aggregate mit 80 bis 120 PS. Die sehr kompakt bauenden Diesel-V-Motoren ersetzten die wenig überzeugenden Hercules-Aggregate. Die neuen Leichtmetall-Diesel – Zweitakter mit Gebläse-Umkehrspülung – waren allerdings noch unzuverlässiger. Als der Absatz zurückging, verlegte Ford die Montage in das englische Werk in Dagenham; Fords Lkw-Fertigung in Deutschland endete 1961. Die dann wieder ab 1974 angebotenen Typen waren britische Entwicklungen. Gedacht für den innerstädtischen Verteilerverkehr, kombinierte die in England entwickelte und gebaute A-Serie das Transit-Fahrerhaus mit größerer Haube sowie einem soliden Leiterrahmen. Fords A-Klasse deckte die Nutzlastklassen von 1,75 bis 2,59 to (3,75 bis 5,2 t Gesamtgewicht) ab. Als Antrieb wurden ein schwächlicher Vierzylinder-Diesel mit 62 PS und ein viel harmonischerer Sechszylinder-Diesel mit 87 PS, kurzzeitig auch ein Benziner angeboten. Hinzu kam der Dreiliter-Essex-V6 mit 100 PS aus dem britischen Granada-Programm.

Neben der A-Serie stellte Ford zur IAA 1973 die englischen Leicht- und Mittelklasse-Lkw-Modelle der N-Serie dem deutschen Publikum vor. Für die Modelle N 0708 bis N 1814 nutzte Ford das gedrungen wirkende, kippbare und weit vorgesetzte Frontlenker-Einheitsfahrerhaus, das auf die Rahmen für 3,6 und 6,8 t Nutzlast (7 und 14,5 t Gesamtgewicht) gesetzt wurde. Für Vortrieb sorgten zunächst nur betagte Vier- und Sechszylinder-Dieseldirekteinspritzer von Perkins, die das Leistungsspektrum zwischen 76 und 144 PS abdeckten. Ford bot die N-Reihe bis 1981 als Pritschen- und als Kastenwagen sowie als Kipper und als Sattelzugmaschine an. Ihre Nachfolge trat der Cargo an, der »Lkw des Jahres 1982«. Die Cargo-Familie begann zunächst bei 5,6 und endete bei 22 Tonnen Gesamtgewicht, 1985 erschien schließlich auch eine Sattelzugmaschine in der 38-Tonnen-Klasse. Das Motorenangebot reichte von 86 bis 283 PS, dabei kamen Aggregate von Ford, Perkins, Deutz und Cummins zum Einsatz. Nachdem 1988 Iveco das Ford-Werk in Langley übernommen hatte, trug das Fahrzeug die Zeichen von Iveco und Ford am Grill. Mit dem Erscheinen des Iveco »Eurocargo« endete 1992 auch die Fertigung dieses einstigen Ford-Cargo-Modells. Die Schwerlastklasse bediente Ford zwischen 1975 und 1983 mit der Baureihe »H«, Zusatzbezeichnung »Transcontinental«. Die rechteckige und auffällig hohe Kabine stammte von Berliet in Lyon. Der zunächst im Amsterdamer Ford-Werk gebaute Transcontinental konnte als 4x2- und als 6x4-Sattelzugmaschine sowie in gleicher Konfiguration als Fernlaster für anfänglich 32 bis 38 Tonnen Gesamtgewicht geliefert werden. Nach US-Manier verwendete Ford Aggregate verschiedener Hersteller: Der 14-Liter-Sechszylinder-Diesel stammte von Cummins und leistete 273 PS, mit Turbolader 308 oder 340 PS. Doch trotz günstiger Preise war ein Ford-Schwerlastwagen letztlich nicht wirtschaftlich genug für den Schwerlastbereich. Nach Auslaufen der Produktion verwendete übrigens Renault das H-Fahrerhaus bis 1994 weiter.

FRAMO / BARKAS

Der dänische Ingenieur und Unternehmer Jørgen S. Rasmussen war bereits Inhaber der Zschopauer Motorenwerke (DKW), als er 1923 mit den »Metallwerke Frankenburg Sachsen GmbH« einen Zulieferbetrieb für Motorräder gründete. Aus diesem Zulieferer wurde rasch unter dem Namen »Framo« ein Produzent von gutgehenden drei- und vierrädrigen Lieferwagen.

Den Anfang machte 1926 der mit einem 1-Zylinder-7-PS-DKW-Motor ausgerüstete »DKE-Eillieferwagen TV 300«, ein Dreiradgefährt, dem eine ganze Serie nachfolgte. Rasmussen umschiffte mit diesen einfachen und preiswerten Fahrzeugen geschickt die beginnende Weltwirtschaftskrise; 1932 ergänzte Rasmussen seine Modellpalette um einen vierrädrigen Pritschenwagen mit 12 PS Leistung und 600 kg Nutzlast. 1934 nannte der Däne seine Metallwerke um in »Framo Werke GmbH« (das stand für »FRAnkenburger MOtorenwerke«). Zu diesem Zeitpunkt hatte er den Betrieb schrittweise ins weiter nordöstlich gelegene Hainichen verlegt.

Von 1936 bis 1937 gebaut wurde der Framo HT 600 »Sachsen«, ein Vierrad-Laster mit 1 Tonne Nutzlast und einem wassergekühlten 18-PS-Motor. Ihm folgte der HT 1200 »München«, wiederum mit 1 Tonne Nutzlast, aber einer höheren Motorleistung von 34 PS. Ende der 30er Jahre stellten die Framo-Werke die Vierrad-Modelle LTV 500 und V 500 vor, deren luftgekühlte 2-Zylinder-Motoren mit 15 PS ihnen eine Höchstgeschwindigkeit von 60 km/h ermöglichten. Ihre Nutzlast betrug 750 kg.

1939 sah der Schell-Plan für Framo die Produktion eines Lieferwagen-Einheitstyps vor mit einer Nutzlast von 650 Kilo: der 15 PS starke V 500 / V501. Diesen fertigten die Sachsen bis ins Jahr 1943, dann mussten sie ihr Werk mit Rüstungsgütern für die Wehrmacht auslasten und durften keine Fahrzeuge mehr herstellen.

AUS FRAMO WIRD BARKAS

Die Besetzung Hainichens durch die Rote Armee im Jahr 1945 hatte für den sächsischen Fahrzeughersteller zur Folge, dass fast die gesamten Maschinen in die Sowjetunion abtransportiert wurden. Rasmussen selbst war vor den Sowjets nach Flensburg geflohen und anschließend nach Dänemark zurückgekehrt, wo der umtriebige Unternehmer sich bald wieder im Fahrzeugbau (diesmal Motorräder) betätigte. Framo war trotz dieser Widrigkeiten in der Lage, 1946 wieder bescheiden neu beginnen zu können. Man reparierte alte Framo-Transporter, stellte Haushaltswaren und Transportkarren her und hielt sich damit so lange über Wasser, bis die neuen Machthaber im Land Zukunftspläne für die Firma entwickelten. 1948 wurde Framo verstaatlicht und in einen Volkseigenen Betrieb (VEB) umgewandelt. Außerdem fand die Eingliederung in den neu gegründeten »Industrieverband Fahrzeugbau« IFA statt, in dem die Fahrzeughersteller in Ostdeutschland zusammengeschlossen wurden.

Mit Gründung der DDR im Jahr 1949 begann Framo den Bau neuer Fahrzeuge. Dabei griff man zuerst auf das Kriegsmodell V 501/2 zurück, denn neue Typen mussten schließlich erst entwickelt werden. Angetrieben wurde der Wagen von einem wassergekühlten Zweizylinder-Zweitakt-Motor mit 15 PS Leistung. Als V 501 erfuhr das Gefährt ein Jahr später leichte Modifikationen und konnte ab 1951 zudem ins Ausland exportiert werden.

1952 stellten die Sachsen dann mit dem V 901 ihr erstes neues Nachkriegsmodell vor. Dieses verfügte über einen 28 PS starken Dreizylinder-DKW-Motor und kam in verschiedenen Ausführungen auf den Markt. Mit zunächst gleichem Motor versehen, aber ansonsten in vielen Details verbessert, ersetzte ab 1954 der V 901/2 seinen Vorgänger. Mit der Umbenennung von Framo 1957 in »Barkas« wurde aus dem V 901/2 wieder ein V 901.

Die Umbenennung in Barkas war nur der Anfang einer Reihe größerer Veränderungen, die im kommenden Jahr dem Unternehmen bevorstanden. Denn 1958 schlossen sich die VEB Barkas Werke Hainichen mit den VEB Motorenwerke und dem VEB Fahrzeugwerk in Karl-Marx-Stadt zusammen. Dahin wurde in der Folge auch der Firmensitz verlagert.

Als drei Jahre später mit dem Barkas 1000 der erste neue Fahrzeugtyp auf den Markt

Üblicherweise kam der V 501 mit Pritsche oder Kofferaufbau. Länger als 4,35 m war der Framo aber nicht.

(Foto: © Archiv Rönicke)

Nach 1954 erhielt der Framo in die Kotflügel integrierte Scheinwerfer, ab 1957 firmierte er als Barkas. Der Prospekt stammt von Ende 1956. (Foto: © Archiv Rönicke)

Zeitschriften-Werbung für den Barkas-Kombi vom Juli 1957. Die Nutzlast lag bei 0,6 Tonnen, die Motorleistung bei 28 PS. (Foto: © Archiv Rönicke))

Scheunenfund: Dieser Framo V 500 Typ »Danzig« hat die Zeitläufe erstaunlich gut überstanden. Die Aufnahme stammt von 2006. (Foto: © Ralf Weinreich)

Barkas B1000 Sattelauflieger von 1966, umgebaut im Jahr 1985.

Ab 1954 ersetzte der verbesserte Framo V 901/2 seinen Vorgänger. Sein Dreizylinder-Zweitaktmotor leistete 28 PS.

FRAMO / BARKAS

kam, war diesem eine lange Entwicklungszeit vorausgegangen. Schon seit 1954 hatten die Sachsen an einem Nachfolger zum V 901/2 getüftelt. Als er dann endlich erschien, war die Nachfrage nach dem Barkas 1000 im In- und Ausland höher als von dem Werk unter planwirtschaftlichen Rahmenbedingungen bedient werden konnte. Dass er so nachgefragt wurde, lag auch an seinen Leistungsdaten, die zur damaligen Zeit der Konkurrenz aus dem Westen noch ebenbürtig war.

Zu den Stärken dieses Schnelltransporters zählte, dass er flexibel einsetzbar war, denn es gab ihn zunächst als Kastenwagen, später jedoch zusätzlich als Pritschenwagen, Kleinbus und Kombi. Zum Einsatz kam er außerdem als Krankenwagen, Sattelschlepper und beim Militär. Ein 43 PS starker Dreizylinder-Wartburg-Zweitakter sorgte für den Antrieb des B 1000.

DIE MITBEWERBER ZIEHEN DAVON

Obwohl im Lauf der Zeit verschiedene Pläne für eine Modernisierung des Barkas 1000 entworfen wurden, waren sie in der DDR nicht durchsetzbar. In den Jahren 1969 bis 1972 entstand der Prototyp eines angedachten Nachfolgers mit der Bezeichnung Barkas 1100, der über ein deutlich moderneres Äußeres verfügte. Als Antrieb war ein 75-PS-Viertaktmotor von Moskwitsch vorgesehen. Doch von politischer Seite wurde dieser Prototyp abgelehnt. Außer kleineren Modernisierungen in Details blieb den Barkas Werken nichts anderes übrig, als den Transporter im Wesentlichen so weiter zu bauen wie bisher. Das aber hatte zur Folge, dass das einst so nachgefragte Modell in technischer Hinsicht gegenüber den Kleintransportern aus dem Westen deutlich ins Hintertreffen geriet. Dennoch gab es 1987 einen Grund zu feiern: der 150.000ste B 1000 verließ die Werkshallen!

Kurz vor der Wende, 1989, kamen die Verhältnisse doch noch einmal in Bewegung. Die Barkas Werke durften in Lizenz einen Viertakt-VW-Motor mit 58 PS nachbauen und ihren B 1000 damit ausrüsten. Optisch änderte sich nicht allzuviel, größere Veränderungen im Design des neuen B 1000-1 waren zwar erwünscht, aber nicht durchsetzbar. Lediglich die beiden Vorführtypen fielen durch einen neuen Kühlergrill auf, die Serienmodelle behielten den alten.

Dennoch hätte der B 1000-1 sicherlich noch einmal das Zeug zu einem Verkaufshit haben können –, da öffnete sich die Mauer und mit dem Wechsel der politischen Verhältnisse sank – zum Nachteil von Barkas – die Nachfrage nach Produkten aus Ostdeutschland. Lediglich etwa 1900 Fahrzeuge fanden bis 1991 noch ihre Abnehmer, dann wurde die Produktion des B 1000-1 eingestellt.

Barkas B 1000 in der Ausführung KLF-TS 8. (Foto: © Ralf Weinreich)

Deutsche Post

Zu spät: Prototyp mit Viertakt-Motor Ende der 80er Jahre. (Foto: © Ralf Weinreich)

GOLIATH

Als die »Bremer Kühlerfabrik« von Carl F. W. Borgward im Jahr 1924 den dreirädrigen Lieferwagen »Blitzkarren« auf den Markt brachte, war der Erfolg der Firma im Automobilbau noch nicht zu erahnen. Zumal dieser Blitzkarren mangels Anlasser oder Getriebe mit seinem 2-PS-ILO-Motor und seinen 250 kg Nutzlast noch angeschoben werden musste.

Ein Jahr später – Borgward hatte seine Firma nach sich selbst umbenannt und mit Tecklenborg für kurze Zeit einen Teilhaber mit ins Boot geholt – erschien unter der Bezeichnung »Goliath« eine weiterentwickelte Version des Blitzkarrens. Differenzierende Merkmale waren nun eine Vorderachse mit zwei Rädern, eine mit 500 kg doppelt so hohe Nutzlast sowie ein stärkerer Motor mit zunächst 4 PS, später 6,5 PS Leistung. Ein Anschieben war nicht mehr nötig.

Beide Nutzfahrzeuge verkauften sich hervorragend (zu den Abnehmern gehörte beispielsweise die Reichspost) und spülten Borgward kräftig Geld in die Kasse. 1926 versuchte es der Bremer Betrieb deshalb mit einer Vierradversion namens »Blitz«, die jedoch von der Kundschaft nicht angenommen wurde. Borgward gab seine Bemühungen um eine vierrädrige Variante seines Erfolgmodells aber nicht auf und stellte zwei Jahre später unter der Bezeichnung K1 ein Vierradfahrzeug mit 600 kg Nutzlast vor – wieder ohne nennenswerten Erfolg. 1929 – Borgward und Tecklenborg hatten unterdessen die »Goliath Werke Borgward« gegründet, um den Dreiradlieferwagen im großen Stil serienmäßig produzieren zu können – begann sich der vierrädrige Goliath Express mit 14 PS und 500 kg Nutzlast in die richtige Richtung zu bewegen. Bis zum Ende der 30er Jahre hinein erschienen weitere Goliath-Dreiräder, die mithalfen, ein Viertel des deutschen Marktes an Kleinlieferwagen zu erobern. Unter diesen befanden sich etwa der Goliath Standard mit 600 kg und 7–14 PS Leistung, der Goliath Rapid von 1939 mit 5,5 PS sowie die zu Standard-Modellen in den 30er Jahren avancierenden Goliath F 200 (5,5 PS), F 400 und 600 (12/18 PS), denen noch wassergekühlte Varianten (FW 200, FW 400) nachfolgten. Mit Goliath L 500 (14 PS) und Goliath Atlas (14/18 PS) stellte Borgward zudem weitere Vierradfahrzeuge in diesen Jahren vor.

Nachdem Borgward zu Beginn des Jahrzehnts die Hansa Lloyd Werke übernommen und mit seiner Firma verschmolzen hatte – ein Unterfangen, das Borgward nicht zuletzt dem Erfolg der Goliath-Lieferwagen zu verdanken hatte –, ging die Bedeutung der Goliath-Drei- und -Vierräder zurück. Eingestellt wurden sie aber erst 1938/39, als der Schell-Plan der Reichsregierung für Borgwards kleine Lieferwagen keine Verwendung mehr hatte.

NEUE DREI- UND VIERRÄDER VON GOLIATH NACH DEM KRIEG

Carl F. W. Borgward gründete 1948 die Goliath Werke innerhalb seiner Firmengruppe neu. Mit den neuen Goliath-Modellen knüpfte er an sein Vorkriegserfolgskonzept an. Von 1949 bis 1955 erschien als Erstes der Goliath GD 750. Dieser Dreiradlieferwagen – eine direkte Weiterentwicklung des FW 400 aus den 30er Jahren – verfügte über 14 PS Leistung und eine Nutzlast von 750 kg. Was ihn jedoch von der Konkurrenz abhob und ihm deswegen sofort hohe Absätze bescherte, war sein Hinterradantrieb.

1951 versuchte Borgward es erneut mit einer Vierradvariante des Goliath und brachte den Goliath GV 800 mit 16–21 PS Leistung auf den Markt. Ihm folgte 1953 der ebenfalls vierrädrige Goliath Express nach, der mit seinen 29 PS z. B. als Tieflader oder Kleinbus eingesetzt wurde, allerdings unter einem technisch noch nicht ausgereiften und deshalb rufschädigenden Motor litt. Vier Jahre später bekam er einen neuen Antrieb spendiert, der ihn technisch deutlich verbesserte – doch zu dieser Zeit war das Interesse der Kunden an den bislang so gut verkäuflichen Goliath-Fahrzeugen bereits spürbar abgeflaut.

Nachfolger des GD 750 wurde 1955 das Dreirad-Modell »Goli«. Dieses verfügte über einen 2-Zylinder-2-Takt-Motor mit 17 PS Leistung und wurde bis 1961 in zahllosen Ausführungen hergestellt. Mit der unvorhergesehenen Pleite der Borgward-Firmengruppe (siehe Kapitel Borgward) zu Beginn der 60er Jahre fand letztlich auch die Produktion der Goliath-Fahrzeuge ihr Ende.

Der vierrädrige Goliath Atlas 14/18 PS von 1934.

Goliath Goli als Biertransporter vor einer Malzfabrik.

Vierrädriger Goliath Express 1100 mit 40 PS Leistung, gebaut von 1957 bis 1961.

(Foto: © Sammlung Schrader)

Goliath GF 200 Pritschenwagen von 1937.

(Foto: © Sammlung Schrader)

Der Goliath GD 750 Dreirad-Kleintransporter mit 14-PS-Zweizylinder -Zweitaktmotor wurde von 1949 bis 1955 gebaut.

(Foto: © Lothar Spurzem, CC-BY-SA-2.0-DE)

Hanomag-Lastwagen im Ungarn der 1940er Jahre.   (Foto: Fortepan, © CC-BY-SA-3.0)

Hanomag Kleinlaster von 1925.   (Foto: © Sammlung Schrader)

Gigant: Schwere Straßenzugmaschine Hanomag ST 100. Die 100-PS-Maschine brachte 24 Tonnen Zugkraft an den Haken.   (Foto: © Ralf Weinreich)

Hanomag Viertonner mit 65 PS, 1933.　　　(Foto: © Sammlung Schrader)

Im Zeitalter der Industrialisierung nach 1850 war der Eisenbahnbau die Zugmaschine der wirtschaftlichen Entwicklung Deutschlands. Zuerst stammten die Lokomotiven aus England, bald bauten die Deutschen ihr rollendes Material im eigenen Lande. Zu den größten Anbietern gehörte die »Eisengießerei und Maschinenfabrik Georg Egestorff« aus Hannover, aus der dann in den 1870er Jahren die »Hannoversche Maschinenbau Actien-Gesellschaft« entstand. Die Hannoveraner bauten nicht nur Lokomotiven, sondern auch stationäre Dampfmaschinen, Pumpen und Heizanlagen, sogar mit Verbrennungsmotoren wurde experimentiert.

Ab 1912 begann man – inzwischen war der Name auf das handlichere »Hanomag« verkürzt worden – mit der Herstellung von Landmaschinen, und mit dieser Vergangenheit lag der Schritt zum Personenwagenbau nahe.

UNTER DAMPF: LASTWAGEN AUS DER LOKOMOTIVFABRIK

Für eine Lokomotivfabrik lag es nahe, sich an Dampfkraftwagen zu versuchen. Die Konstruktion stammte vom Berliner Ingenieur Peter Stolz; seine Arbeiten galten als bahnbrechend für den Einsatz der Dampfmaschine im Lastwagenbau. Seine Entwicklung stellte eine Kombination aus Zwerg- und Blitzkessel dar, wie es damals hieß, es war ihm also gelungen, eine kompakte Dampfmaschine zu bauen, die keine lange Anheizzeiten benötigte. Es gab zwei Fahrstufen, die eine für den Normalbetrieb, die andere für Strecken, die eine Steigung von mehr als acht Prozent aufwiesen. Bremsen gab es auch, die aus dem Kutschenbau bekannte Kombination von Kurbel und Schraubenspindel für die Hinterräder sowie eine Getriebebremse, die mittels eines Fußhebels zu betätigen war. Und wenn es gar zu brenzlig werden sollte, vermittels Gegendampf. Mit einem solchen Lastzug waren, je nach Motorleistung, Nutzlasten von bis zu sechs Tonnen zu bewältigen, außerdem konnte noch ein Anhänger mit zwei bis vier Tonnen geschleppt werden. Dampflastwagen dieses Typs bauten neben den Hannoveranern auch Krupp und die Eisenwerke Gaggenau. Glücklich damit wurden sie alle nicht, Dampfmobile mit 25 und 35 PS entstanden in Hannover lediglich in den Jahren 1905 und 1908.

1912 begann das Unternehmen mit dem Bau des WD-Großpfluges mit Vielstoffmotor, 1919 kam dann ein Kettenschlepper ins Programm – Nutzfahrzeuge ja, Lastwagen nein. Stattdessen versuchte Hanomag sein Glück im Pkw-Bau. Der Ingenieur (und spätere Hanomag-Chefkonstrukteur) Carl Pollich entwickelte in den Zwanzigern für seine Arbeitgeber einen Kleinstwagen, der als »Kommisbrot« bekannt werden sollte. Der Zweisitzer baute auf einem Leiterrahmenchassis auf und hatte im Heck einen kopfgesteuerten Einzylinder-Viertaktmotor mit 499 Kubik, der quer vorne eingebaut war. Stoßdämpfer gab es keine, hinten fanden sich lediglich Schraubenfedern, vorne Querblattfedern. Das Gewicht des offenen Zweisitzers (der nur eine Tür hatte) lag bei 320 Kilogramm, die Spitze lag bei 60 km/h. Der Hanomag 2/10, wegen seiner Pontonform im Volksmund auch »Kommissbrot« genannt, war einfach, robust und mit 2175 Mark (1927) auch vergleichsweise günstig; knapp 16.000 Stück entstanden. Daneben entwickelte Pollich einen nicht viel größeren Lieferwagen. Die Frontlenker-Konstruktion mit Chassis und Motor des Kommissbrot verkaufte sich allerdings nicht sonderlich gut.

ENTTÄUSCHENDE NACHFOLGER

1931 stellte Hanomag den Bau von Lokomotiven ein und widmete sich dem Bau von

HANOMAG

Schleppern. Noch im Jahr 1931 erschien der Ackerschlepper RD 36 mit Dieselmotor, der dem Unternehmen einen Spitzenplatz unter den deutschen Schlepperproduzenten einräumte. Vom Ackerschlepper abgeleitet wurde eine Straßenzugmaschine, die dem Unternehmen einen neuen Markt eröffnete, wobei sich die Zugmaschinen in erster Linie durch die Straßenbereifung und die vorderen Kotflügel vom Ackerschlepper unterschieden.

Weniger gut lief es im Lastwagenbau, mit der HL-Reihe hatten die Hannoveraner 1933 einen neuen Anlauf unternommen. Dieser Frontlenker mit Unterflur-Dieselmotor war außerordentlich modern, und der 5,2-Liter-Vorkammerdiesel hatte mit 60 PS auch genügend Leistung. Auf dem Markt aber spielte der Hanomag trotz dieser modernen Features praktisch keine Rolle und wurde nach einem Jahr wieder aus dem Programm genommen, wobei es 1936 noch einmal zu einer kurzzeitigen Lastenwagen-Renaissance gekommen zu sein scheint. Cheftechniker Carl Pollich entwickelte zu der Zeit, nicht zuletzt auch für die Wehrmacht, eine ganze Familie von Straßenzugmaschinen in den Leistungsklassen von 20 bis 100 PS, wobei stets Dieselmotoren zum Einsatz kamen. Die leistungsstärkste Zugmaschine trug die Bezeichnung »SS 100 Gigant«, 1938 wurde die Baureihe erheblich überarbeitet und erhielt einen Sechszylinder-Diesel mit einem Hubraum von 8,5 Liter und einer Leistung von 100 PS. Dieser Typ mit optionaler Doppelkabine – Zusatzbezeichnung »W« für Wehrmacht – war häufig auf Fliegerhorsten und bei den Pionieren anzutreffen.

KEIN GLÜCK MEHR MIT PKWS

Nach dem Krieg waren wieder Schlepper angesagt; auf der Autoschau Berlin 1949 stellte Hanomag neben der kleinen Zugmaschine ST 20 die Neuauflage des Wehrmachtschleppers als Straßen-Zugmaschine ST 100 vor, wie gehabt mit Sechszylinder-Viertaktmotor, einer Leistung von 100 PS und einer Höchstgeschwindigkeit von 45 km/h. Diese 6,30 m langen und 2,5 m breiten Zugmaschinen mit ihrem zulässigen Gesamtgewicht von bis zu elf und einer Zuglast von 20 Tonnen entstanden insgesamt in einer Auflage von 5000 Fahrzeugen. Darüber hinaus waren weitere Industrie- und Gewerbeschlepper im Programm, zumeist ein Vorkammer-Viertakt-Diesel eigener Konstruktion.

Die Fertigung der Straßenschlepper endete 1951, Hanomag konzentrierte sich nun ganz auf die Produktion des neuen Lastwagens in der 1,5-Tonnen-Klasse. Das Unternehmen stellte den Haubenlastwagen mit Ganzstahl-Fahrerhaus und Platz für drei Personen auf der Internationalen Automobilausstellung in Brüssel und kurz darauf, Ende Februar 1949, auch auf der Kopenhagener Industriemesse vor. Zeitgenössische Tester bescheinigten ihm ein »fast amerikanisch anmutendes Gesicht«, was durchaus als Kompliment gemeint war. Von Anfang an setzte Hanomag auf Diesel-Motoren, in diesem Falle auf einen 45 PS starken 2,8-Liter-Vorkammer-Diesel in Gummilagern. Der wassergekühlte Vierzylinder mit Stößelstangen verhalf dem Anderthalbtonner zu einer Höchstgeschwindigkeit von 75 km/h.

Dieser Schnelllastwagen – Radstand 3400 mm, spätere Bezeichnung L 28 – war der größte Wurf von Chefkonstrukteur Pollich. In den Folgejahren konzentrierten sich die Hannoveraner ganz auf den Bau von Nutzfahrzeugen, wobei der L 28 stets das Hauptprodukt blieb. In den Jahren bis 1955 erschienen weitere Varianten mit bis zu drei Tonnen Nutzlast, stets mit 2,8-Liter-Diesel, der dann 1956 in einer Variante mit Roots-Gebläse 70 PS leistete. Diese Ausführung trieb die Allradvariante AL 28 an. Dieser Wagen war ursprünglich für die Ausrüstung der im Aufbau befindlichen Bundeswehr konzipiert gewesen, hatte sich bei Vergleichstests aber dem Unimog geschlagen geben müssen und ging daraufhin in größerer Stückzahl an Polizei, Grenzschutz und THW. Während der L 28 mit all seinen Spielarten 1960 auslief, wurde der AL 28 noch bis 1971 weitergebaut.

VOM KURIER ZUR F-SERIE

Die Ablösung des L 28-Haubers vollzog sich auf Raten, den Anfang machte der

Hanomag Garant S mit gut 2,5 t Nutzlast. (Foto: © Ralf Weinreich)

Hanomag AL 28, konzipiert vor allem für Bundeswehr, Katastrophenschutz und THW.

(Foto: © Ralf Weinreich)

Der Hanomag L 28 war sehr erfolgreich und wurde in vielen Varianten von 1950 bis 1960 produziert. Seine Nutzlasten lagen zwischen 3800 und 5875 kg, seine Motorleistungen zwischen 45 und 70 PS.

(Foto: © Ralf Weinreich)

Die Hanomags aus der E-Reihe gab es mit den unterschiedlichsten Aufbauten.
(Foto: © Ralf Weinreich)

Die Front dieses Hanomags ziert schon das Rheinstahl-Logo. (Foto: © Ralf Weinreich)

Parade der Hanomag F-Baureihe. 1967 mit brandneu designten Fahrerhäusern auf den Markt gekommen, wurde ihre Fertigung 1973 bereits wieder eingestellt. Ab 1969 firmierten sie unter Hanomag-Henschel.
(Foto: © Ralf Weinreich)

Hanomag E-25 in der Ausführung als Feuerwehrfahrzeug. (Foto: © Ralf Weinreich)

noch von Pollich entworfene Zweitonner »Kurier« vom November 1958, gefolgt vom 2,6-Tonner »Garant«, gezeigt auf der IAA 1959, sowie, im Herbst 1960, vom Dreitonner »Markant«. Bei der neuen Einheits-Baureihe der Rheinstahl Hanomag AG handelte es sich um klassischen Lastwagenbau mit einer nach vorne gekröpften Leiterrahmenkonstruktion, einer hinteren Starrachse an Blattfedern sowie – und das war durchaus modern – einzeln, an Dreiecklenkern, Schraubenfedern und Teleskopstoßdämpfern geführten Vorderrädern. Die modern gestaltete Frontlenker-Konstruktion wies eine vorbildliche Rundumsicht auf, für Vortrieb sorgte der im Prinzip aus dem Vorgänger bekannte Einheits-Diesel mit 2,8 Litern Hubraum und, je nach Ausführung, Rootsgebläse. Die Motorleistung beim Kurier lag bei 50 (später 60) PS, bei den darüber angesiedelten Typen mit Kompressor dann 65 beziehungsweise 70 PS. Das Spitzenmodell Markant mit bis zu 3,5 Tonnen Nutzlast kam anfangs auf 70, ab Ende 1962 dann auf 80 PS, wobei jetzt der 3,3-Liter-Diesel aus der Borgward-Konkursmasse zum Einbau kam, der Konzern hatte nach dem Zusammenbruch das Borgward-Werk Sebaldsbrück gekauft. Alle drei Varianten – insgesamt waren 120 verschiedene Ausführungen lieferbar – blieben, mehr oder minder unverändert, bis 1967 im Programm, häufig mit Pritsche, aber auch mit Kasten. Ihre Nachfolge trat die F-Reihe an, welche die Typen F45, F55, F65, F75 und F76 umfasste, später kam noch der F86 hinzu, wobei die Zahlen für das zulässige Gesamtgewicht standen. In jedem Fall wurden die rauen Vorkammer-Diesel des Hauses mit bis zu 115 PS verbaut.

1969 wurde das Rheinstahl-Hanomag-Logo auf der Front durch den Schriftzug »HANOMAG-HENSCHEL« ersetzt. Das Unternehmen nämlich war 1952 in der neu gegründeten Rheinstahl-Union aufgegangen, nach einer Reihe von Namensänderungen und Umfirmierungen war die Rheinstahl-Hanomag AG noch bis 1971 im Schlepperbau tätig, während das Transporter-Programm mit Mercedes-Benz-Derivaten bestückt wurde. Nach diversen Transaktionen, Kooperationen und Gemeinschaftsentwicklungen hatte nämlich der Mutterkonzern Rheinstahl 1970 seine Nutzfahrzeugsparte (zu der auch Henschel gehörte) an Daimler-Benz abgetreten. Hanomag selbst konzentrierte sich nach dem Verkauf seiner Lkw-Sparte und der Einstellung des Schlepperbaus auf die Herstellung von Baumaschinen. Da das aber nicht genug Rendite abwarf, stieß Rheinstahl schließlich auch diese Sparte ab, die dann, auf verschiedenen Umwegen, im März 1984 in Konkurs ging. Aus den Resten entstand die Hanomag neu, um dann Ende 1989 vom zweitgrößten Baumaschinen-Hersteller der Welt übernommen zu werden, der Komatsu Ltd. aus Tokio. In Hannover entstehen heute Radlader, aber eben nicht mehr unter dem Namen Hanomag.

Hanomag-Henschel F 20 Kastenwagen, 1967–1974.
(Foto: © Threecharlie, CC-BY-SA-3.0)

NAMAG / HANSA LLOYD

Die »Norddeutsche Automobil- und Motoren Actien Gesellschaft« (NAMAG) war eine Tochterfirma der Reederei »Norddeutscher Lloyd« in Bremen. Ab 1906 versuchte die Reederei, mit Hilfe von NAMAG auch bei allem, was Räder hatte, mitzumischen. In Bremen entstanden Pkw wie Lkw mit Elektro- und auch Benzinantrieb – allerdings ohne viel Erfolg; schon 1909 war eine erste Sanierung des Unternehmens nötig, ohne dass sich die Situation merklich besserte. Die Norddeutschen machten sich alsbald auf die Suche nach einem Käufer und fanden diesen 1914 in Gestalt des Automobilherstellers Hansa im niedersächsischen Varel. Hansa hatte bislang Personenwagen hergestellt und diese wahlweise auch mit Lieferwagenaufbauten versehen. Das ging einfach, weil Hansa als einer der wenigen Autobauer zu jener Zeit eigene Karosserien herstellte.

Die neuen Eigner ließen den Namen NAMAG fallen und verwendeten stattdessen den prestigeträchtigeren Namen »Lloyd«; man firmierte fortan als »Hansa Lloyd«. Produziert wurde in Bremen, Bielefeld (war von Hansa 1913 dazugekauft worden) und Varel. Während der folgenden Kriegsjahre produzierte Hansa Lloyd Fahrzeuge für das Militär, einen Regel-Dreitonner sowie einen 1,5-Tonner für Ambulanzen und Nachschub.

Hansa Lloyd Elektrowagen CL 5 oder DL5 von 1923. Er war in Stuttgart noch in den Fünfzigern. (Foto: Sammlung Ralf Weinreich)

BORGWARD PROFITIERT VON DER WELTWIRTSCHAFTSKRISE

Nach dem Krieg wurde das Gemeinschaftsunternehmen zerschlagen. Das Werk in Varel (das Bielefelder Werk war 1916 verkauft worden) firmierte unter dem Namen »Hansa Automobil- und Fahrzeugwerke AG«, in Bremen hingegen entstanden weiterhin Nutzfahrzeuge mit der Bezeichnung »Hansa Lloyd«. Zu den produzierten Typen gehörten das Elektrofahrzeug EW mit vier Tonnen Nutzlast und der schwere 5-Tonner CL5. Doch die Nachkriegsjahre, geprägt von Inflation und Instabilität, waren schlecht für's Geschäft. Um 1925/26 beteiligte sich der Börsenspekulant Jakob Schapiro an Hansa Lloyd, wie an vielen anderen deutschen Herstellern auch, und als er zahlungsunfähig wurde, gerieten die Bremer, wie die meisten anderen auch, in gewaltige Schwierigkeiten. Das erneute Zusammengehen mit Hansa 1929, im Jahr des Börsencrashs, konnte daran nichts mehr ändern. Von den Banken gab es keine Kredite mehr.

Just in diesem Moment erschien Carl F. W. Borgward auf der Bildfläche, dessen Firma die Hansa Lloyd Werke seit einigen Jahren mit Autozubehörteilen beliefert hatte. Der Zulieferbetrieb erwarb die Aktienmehrheit und formte daraus die »Hansa Lloyd und Goliath Werke Borgward und Tecklenborg«. Damit endet im Grunde genommen die Geschichte von Hansa Lloyd, die Marke aber lebte weiter: Borgward verwendete für seine neue Lkw-Reihe den Namen bis zum Jahr 1937, dann verschwand er sowohl bei den Fahrzeugen als auch aus der Firmenbezeichnung (siehe Kapitel Borgward).

KLEINTRANSPORTER VON LLOYD

Nach dem Zweiten Weltkrieg feierte der Markenname Lloyd allerdings noch einmal seine Wiederauferstehung. Als Carl Borgward 1948 von den Alliierten aus der Haft entlassen wurde, in die ihn seine Parteizugehörigkeit zur NSDAP gebracht hatte, gliederte er sein Unternehmen neu. Neben Borgward und Goliath entstand als dritter Firmenteil die »Lloyd Maschinenfabrik«, 1951 umbenannt in »Lloyd Motoren Werke«. Während Borgward die schweren Lastwagen unter seinem Namen laufen ließ, war Lloyd zuständig für die leichteren Transporter und die Elektrofahrzeuge. Von 1951 bis 1954 stattete Lloyd die Deutsche Bundespost mit dem elektrisch angetriebenen EL 2500 Einheits-Paketwagen aus. Danach stellte Lloyd die Produktion von Elektrowagen ein. 1952 erschien der Kastenwagen LTK 500 mit 500 kg Nutzlast, der von einem Zweitaktmotor mit 13 PS Leistung angetrieben wurde. Im gleichen Jahr stellte Lloyd den Kleintransporter LT 500 vor, der bis zur Insolvenz der Borgward-Gruppe gebaut wurde. Seine Karosserie bestand aus Sperrholz, die 1954 mit Stahlblech verkleidet wurde. Ein Jahr darauf stellte Lloyd auf einen 19 PS starken Viertaktmotor um und, 1957, auf eine Ganzstahlkarosserie. Das überraschend schnelle Ende von Borgward 1961 bedeutete dann auch für die Lloyd-Kleintransporter das Aus.

Von britischen Truppen 1945 requirierter Hansa Lloyd Lkw der Wehrmacht.

(Foto: © Imperial War Museum, PD)

Der Lloyd LT 600 Kleinbus erschien 1955 als Ersatz für den LT 500.

(Foto: © Ralf Weinreich)

Dieselzugmaschine von Hansa Lloyd aus dem Jahr 1938.

(Foto: © Sammlung Schrader)

Museumsstück: Henschel »Rex« aus dem Baujahr 1926.   (Foto: © Ralf Weinreich))

Mit dem Schweizer Fünftonner FBW stieg Henschel 1925 in den Lkw-Bau ein.
(Foto: © Henschel / Samml. Gebhardt)

Ein schwerer Henschel-Laster, hergestellt zwischen 1934 und 1937, der in den 40er Jahren vom spanischen Militär verwendet wurde.   (Foto: © Carlos T. Cadenas, CC-BY-SA-3.0)

HENSCHEL

Henschel-Laster von 1929 mit Kippmechanik.　　(Foto: © Sammlung Schrader)

Georg C. Henschel und sein Sohn betrieben zu Beginn des 19. Jahrhunderts eine Gießerei in Kassel. Als im Jahr 1835 mit der Inbetriebnahme der Eisenbahnlinie Nürnberg–Fürth auch in Deutschland das Eisenbahnzeitalter eingeläutet wurde, konzentrierte sich Henschel Junior – der Vater verstarb in diesem Jahr – verstärkt auf diesen neuen Wachstumsmarkt. Ehrgeizig arbeitete er an der Entwicklung seiner eigenen Lokomotive. Im Jahr 1848 war es dann so weit: Henschel stellte seine Dampflok »Drache« vor.

Von nun an kannte das Kasseler Unternehmen nur noch einen Weg, und der wies steil nach oben. Das Eisenbahngeschäft florierte und die Mitarbeiterzahlen bei Henschel nahmen in der Folge immer weiter zu. Im Todesjahr von Henschel Junior 1894 konnte der Betrieb bereits auf 4000 produzierte Lokomotiven zurückblicken. Mit der Übernahme der Geschäftsleitung durch den Gründerenkel Karl Anton Henschel erklomm das Unternehmen zu Beginn des 20. Jahrhunderts den Spitzenplatz unter den europäischen Eisenbahnherstellern.

LASTWAGEN ALS ZWEITES STANDBEIN

Nach dem Ersten Weltkrieg, in dem Henschel erstmals Rüstungsgüter hergestellt hatte, gab es einen ersten Einbruch in der bisherigen Erfolgsbilanz. Grund war der Rückgang von Aufträgen des wichtigsten Kunden, der Deutschen Reichsbahn. Weil die Siegermächte zusätzlich die Exportmöglichkeiten eingeschränkt hatten, musste sich Henschel nach neuen Einnahmemöglichkeiten umschauen. So kam es, dass die Kasseler in den Zwanzigern in den Bau von Straßenbaumaschinen und Lastkraftwagen einstiegen. Zuständig für die zukünftigen Lkw-Produktionen war die 1918 gegründete Tochterfirma »Henschel Antriebstechnik«, in der auch eigene Getriebe entwickelt und gebaut wurden.

Der erste selbstproduzierte Lastwagen war jedoch keine Eigenentwicklung. Henschel wollte auf Nummer sicher gehen und erst einmal mit einer bewährten Konstruktion in den neuen Markt einsteigen. Dafür wählte er 1925 einen Schweizer 5-Tonner der Firma Brozincevic (FBW) mit 50-PS-Vergaser-Motor, halboffenem Fahrerhaus und Kardanantrieb. Bald versah Henschel seine Lastwagen aber mit eigenen Motoren und Triebwerken. Die ersten Typen verfügten über Vierzylinder-Vergasermotoren, später ging Henschel zu Sechszylinder-Motoren über.

Mit dem 1928 auf den Markt gebrachten Lastwagen 5 D 1 erklommen die Henschel-Motoren erstmals die 100-PS-Marke. Der 5 D 1 war in unterschiedlichen Ausführungen erhältlich und wurde von Henschel bis 1939 gebaut. Der Betrieb war mittlerweile zur Aktiengesellschaft umgewandelt worden, um für den Ausbau der erfolgreichen eigenen Lkw-Linie genügend Kapital zur Verfügung zu haben.

1931 erschien der Henschel 36 H 3. Dieser Dreiachser brillierte im selben Jahr auf der Berliner IAA und auf der Londoner Olympia Show mit seinen 8,5 Tonnen Nutzlast, seinen freischwingenden Achsen, besonders aber mit seinem 250 PS starken Doppeltriebwerk, das ihn zum damals stärksten Lastwagen aus europäischer Fertigung machte. Die Variante 36 J 3 war mit einem Diesel- anstelle des Vergasermotors ausgerüstet. Drei Jahre später produzierte Henschel einen ähnlichen, mit 10–12 Tonnen Nutzlast noch schwereren Dreiachser auf Basis zweier Dampfmotoren. Der Typ 36 W 3 von 1935 besaß einen 175 PS starken Achtzylinder-Motor, eine Nutzlast von 18,5 Tonnen und war erstmals mit einer Lenkhydraulik ausgestattet.

Neben diese schweren Lkw traten bis zum Ende der 30er Jahre aber zusätzlich kleinere Fahrzeuge, die die Modellpalette nach unten hin erweiterten. Beispiele hierfür sind die Modelle 25 O 1 von 1934 mit 2,5 Tonnen Nutzlast und 60 PS Leistung, der 3,5-Tonner 38 S 1 von 1936 und der 4,5-Tonner 40 S 1 von 1937, beide jeweils mit 95-PS-Motoren.

HENSCHEL ALS RÜSTUNGSFIRMA

Früh begann das Kasseler Unternehmen damit, Fahrzeuge auch für das Militär zu bauen. Noch zu Zeiten der Weimarer Republik Ende der Zwanziger erschien der Typ

HENSCHEL

33 B 1 »Querfeldeinwagen«, ein geländegängiger Dreiachser in 6x4-Konfiguration (6x4 = sechs Räder, vier davon angetrieben) und drei Tonnen Nutzlast. Dieser Geländelastwagen besaß ursprünglich einen 60-PS-Vierzylinder-Vergasermotor, der sich aber als zu schwach erwies und deshalb bald von einem 100-PS-Aggregat ersetzt wurde. Weitere, jeweils verbesserte Bauserien folgten, 1934 die Sechszylinder-Modelle 33 D 1 und 1937 der 33 G 1, jeweils versehen mit 100-PS-Motoren, zunächst mit Vergaser-, dann mit 9,1-Liter-Dieselmotor. Henschel baute den Typ 33, der für schweres Gelände mit Hilfsketten an den Hinterrädern versehen werden konnte, in fünf Serien bis 1942.

1935 erfolgte als weiterer Schritt des zunehmenden Engagements Henschels in der militärischen Rüstung die Einrichtung eines Entwicklungsbüros zur Fertigung eines 2,5-Tonnen-Einheitsdiesels für die Wehrmacht. Dieser Lastwagen wurde gemeinsam mit den Firmen Klöckner-Humboldt-Deutz, MAN, Büssing-NAG und weiteren Lkw-Herstellern entwickelt. 1938 konnten diese Unternehmen den »le.gl. Einheits-Lkw 2,5 to 6x6« vorstellen; dieser Einheitsdiesel mit 6,2-Liter-Sechszylinder (80 PS) galt als einer der besten deutschen Lkw-Konstruktionen jener Jahre.

Das Typenvereinheitlichungsprogramm der Nationalsozialisten gestattete ab 1940 Henschel – in Nachfolge des bis 1940 gebauten »Einheitsdiesel« – nur noch die Produktion des 4,5-Tonners »Merkur« 4500 S. Dieser war eine Gemeinschaftsentwicklung mit Magirus und der Österreichischen Saurerwerke. Henschel produzierte ihn, auch mit Allrad, 1940 bis 1941 nur noch in kleiner Serie. Danach wurden die Henschel-Werkstätten auf die Produktion von Panzer- und Flugzeugen umgestellt. Bis zum Kriegsende liefen hier neben Flugmotoren, Sturzkampf-, Aufklärungs- und Schlachtflugzeugen wie der HS 129 u. a. die schweren Kampfpanzer »Panther« sowie »Tiger« I und II vom Band. Im Zuge der ständig ausgeweiteten Rüstungsaktivitäten wurden bei Henschel auch Zwangsarbeiter und KZ-Gefangene zur Arbeit gezwungen. Wegen der großen Bedeutung von Henschel für die Auf- und Ausrüstung der Wehrmacht war das Unternehmen bevorzugtes Ziel alliierter Bomberangriffe, was dazu führte dass bei Kriegsende 80 % der Werksanlagen in Schutt und Asche lagen.

HENSCHEL NACH DEM KRIEG: NEUETABLIERUNG AM MARKT

Nach 1945 war Henschel weitgehend lahm gelegt. Den Lastwagenbau verboten die Siegermächte in den ersten Nachkriegsjahren völlig, an Panzer und ähnliche Rüstungsgüter war sowieso nicht zu denken. Reparaturen hingegen durfte Henschel durchführen. Bei der Zerschlagung des Rüstungskonzerns gliederten die Alliierten die Lkw-Sparte komplett aus. Den Motorenbau dagegen durfte Henschel fortsetzen und produzierte für die amerikanischen GMC-Trucks einen 95 PS starken Diesel-Sechszylinder. Diese Motoren trugen die Bezeichnung »512 DG«, aber keinen Hinweis auf den Hersteller.

Ab 1949 fielen diese Beschränkungen weg. Henschel entwickelte unter eigenem Namen und mit Oskar Henschel als Vorsitzenden der Geschäftsführung – dieser war seit Kriegsende interniert gewesen – ein neues Lkw-Programm. Erster Vertreter wurde im selben Jahr der HS 6. Dieser 6-Tonner besaß einen Sechszylinder-Luftspeicherdiesel mit 140 PS Leistung sowie ein Doppel-4-Gang-Getriebe. 1950 wurde der HS 6 zum HS 140 weiterentwickelt und außerdem als Frontlenker angeboten.

Ein Jahr darauf sorgte das Modell HS 190 S »Bimot« für Aufsehen. Diese dreiachsige Sattelzugmaschine mit angetriebener hinterer Doppelachse besaß ähnlich dem Vorkriegsmodell 36 H 3 zwei aneinander gekuppelte Motoren. Jeder leistete dabei 95 PS. Beim HS 190 S waren diese Motoren quer eingebaut und sollten eine von Henschel vermutete Neuregelung der Straßenverkehrs- und Zulassungsbestimmungen auf 100-PS-Motoren aushebeln. Henschel konnte mit diesem Konstruktionsprinzip allerdings keine Erfolge erzielen, da die Synchronisierung der Motoren einen gewaltigen Aufwand erforderte und kaum zufriedenstellend zu bewerkstelligen war. Gut kam hingegen der auf der Autoschau im Frühjahr 1951 vorgestellte HS 100

Der 4,5-Tonner »Merkur« 4500 war eine Gemeinschaftsentwicklung mehrerer Hersteller, 1940–1942.
(Foto: © Henschel / Samml. Gebhardt)

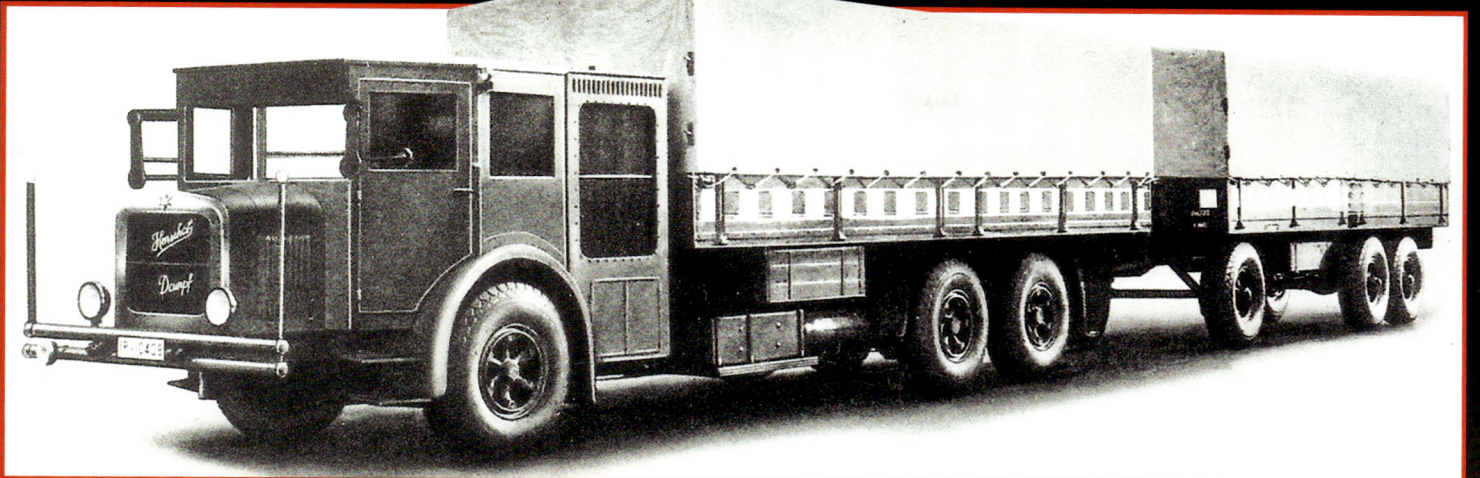

Der dampfgetriebene Lastwagen Henschel »Dampf« 10 t mit zwei 240-PS-Zweizylinder-Combound-Dampfmaschinen. (Foto: © Henschel / Samml. Gebhardt)

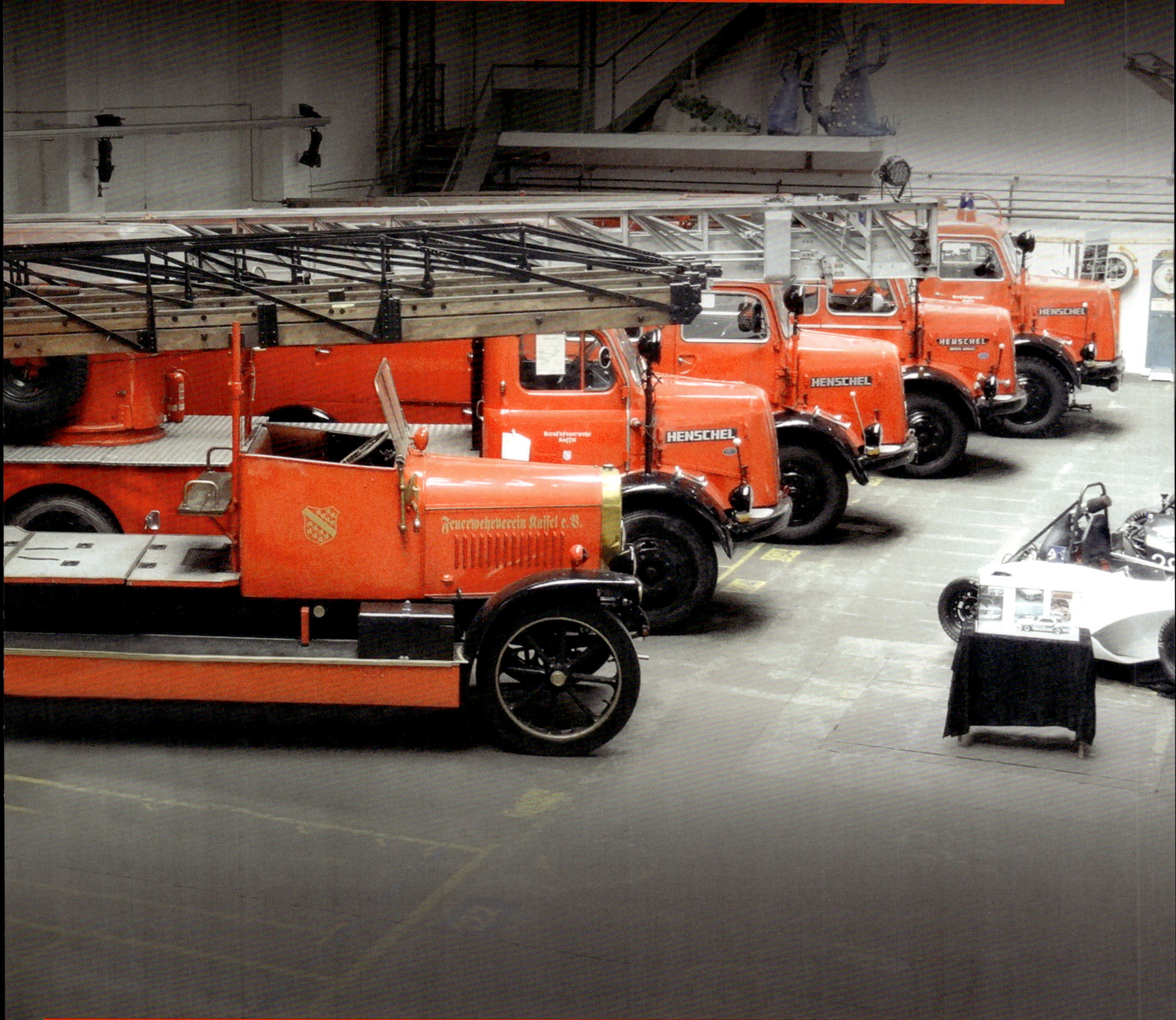

Sammlung von Henschel-Löschfahrzeugen im Technik-Museum Kassel. (Foto: © Cherubino, CC-BY-SA-4.0)

Der Henschel HS 165 T war mit seinen 9 Tonnen Nutzlast im Jahr 1958 zu schwer für deutsche Straßen und ging ins Ausland. (Foto: © Ralf Weinreich)

Der wenig erfolgreiche Henschel HS 90 Pritschen-Lkw von 1957 mit Unterflurmotor. (Foto: © Alf van Beem, PD)

HENSCHEL

Vom Erfolgsmodell HS 100 wurden von 1951 bis 1959 über 8000 Stück produziert.
(Foto: © Henschel / Samml. Schrader)

an, der den Nutzlastbereich von 4,8 bis 5,6 Tonnen abdeckte. Der 100 PS starke Sechszylinder-Diesellastwagen mit Fünfgang-Klauengetriebe entstand bis 1959 in hoher Stückzahl, denn das Leistungsgewicht von 4,2 kg/PS des Zweiachsers galt als außerordentlich günstig.

In den folgenden Jahren erweiterte Henschel seine Modellpalette um Typen, die die oberen Nutzlastbereiche abdeckten, wie etwa den HS 170 von 1953 mit 8,7 Tonnen und 170 PS oder den HS 165 T von 1956 mit 9,25 Tonnen. Dabei setzte die Firma sowohl auf Haubenlaster wie auf Frontlenker und schaffte es, Mitte der Fünfziger wieder zu einer festen Größe auf dem deutschen Nutzfahrzeugmarkt zu werden.

Just zu diesem Zeitpunkt brachte ein Gesetz des damaligen Verkehrsministers Seebohm, das für 1958 schwere Lastwagen von deutschen Straßen verbannen sollte, die großen deutschen Lastwagen-Hersteller in ernste Schwierigkeiten. Denn Henschel musste, wie die anderen Produzenten auch, nun doppelgleisig fahren: Für den Export durften die Lastwagen höhere Nutzlasten tragen als die für den heimischen Markt bestimmten, und diese Parallelentwicklungen waren teuer. Dazu kam, dass die bisherigen Luftspeicher-Diesel, wie etwa beim Bestseller HS 120 (120 PS) nicht in der Lage waren, die bald vorgeschriebene Motorleistung von 6 PS/t zu erfüllen. Weil unglücklicherweise zur selben Zeit der Lokomotivenabsatz des Konzerns ebenfalls in Schwierigkeiten steckte, geriet Henschel alsbald in Zahlungsprobleme. Obwohl ein Konkurs der Kasseler abgewendet werden konnte, schied die Familie Henschel 1957 – in jenem Jahr, in dem Henschel mit dem HS 90 den ersten Typ mit Unterflurmotor vorstellte – aus dem Unternehmen aus. Henschel, seit 1937 als GmbH geführt, galt als Sanierungsfall, unter dem letzten Firmenchef Oscar R. Henschel hatte das Unternehmen auch in der Nachkriegszeit noch viel zu lange an der Dampflokomotive festgehalten. Die Hausbanken hatten mit Wirtschaftsprüfer Dr. Johannes Semler, einem bekannten Sanierer, bereits einen neuen General-Bevollmächtigten installiert, der später bei der BMW- und Borgward-Sanierung eine Rolle spielen sollte. Nachdem man Goergen 1957 den Henschel-Posten angeboten hatte, setzte er Semler vor die Tür, wofür dieser sich wiederum später, als Goergen in den BMW-Aufsichtsrat berufen werden sollte, zu revanchieren wusste.

Dieser neue starke Mann bei Henschel nutzte einen Teil seiner millionenschweren Abfindung, die er zuvor bei Thyssen erhalten hatte, um einen beachtlichen Teil des Henschel-Aktienpakets zu erwerben. Außerdem leitete er eine Neuorientierung des Unternehmens ein, forcierte den Bau von Elektro- und Diesellokomotiven, außerdem engagierte sich Henschel wieder stärker in Rüstungsgeschäften, wobei schon damals umstritten war, ob das nun auf Betreiben der Bundesrepublik, des von Goergen geschassten Sanierers Semler oder auf »Prinz Aurel«, wie der Henschel-Chef genannt wurde, zurückging. Fakt ist, dass der Erfolg zu engen Verhandlungen mit Ford und zur Gründung eines Gemeinschaftsunternehmens mit Sitz in Düsseldorf führte und US-Investoren Kapital gaben. Die Kennedy-Regierung gab allerdings zu verstehen, dass dies nicht gewünscht sei, und der Ford-Aufsichtsrat mochte sich nicht mit einem Deutschen an der Spitze des Gemeinschaftsunternehmens abfinden. Doch wie auch immer: Anfang der Sechziger hatte Goergen die Henschel-Belegschaft auf nahezu 14.000 Mitarbeiter verdreifacht und setzte eine halbe Milliarde Mark um. Das Unternehmen wurde 1962 erneut in eine Aktiengesellschaft umgewandelt, an der Goergen 51 Prozent hielt.

DIE KRISEN DER SECHZIGER

Lastwagen wurden natürlich weiterhin gebaut. Mit Beginn des neuen Jahrzehnts brachte Henschel eine neue Lkw-Generation auf den Markt, die sich bereits äußerlich von den Vorgänger-Baureihen unterschied. Der französische Designer L. Lepoix hatte die kantige Linie, die Haubenlaster und Frontlenker nun gemeinsam hatten, entworfen. So erschienen 1961 die Modelle HS 14 HK und HS 16 HK mit 14 bzw. 16 Tonnen Nutzlast und 180 bzw. 192 PS Leistung. Mit 38-Tonnen-Zug zugelassen waren die Dreiachser HS 22 und HS 26 von 1963, ihre Motorleistungen betrugen bis 235 und

HENSCHEL

210 PS, wobei Henschel längst schon auf Diesel-Direkteinspritzung umgestellt hatte, was die Wirtschaftlichkeit erheblich verbesserte: Der 16-Tonner war mit einem Verbrauch von 21 Litern auf 100 Kilometer angegeben, während der 32-Tonnen-Lastzug mit 32 bis 35 Liter auskommen sollte. Für die beiden großen Typen legte Henschel ein umfangreiches Rationalisierungskonzept vor, um zu größtmöglichen Einsparungen zu gelangen. Kühler, Motor, Zwischenlagerung, Federungssystem, Längsantrieb, Querträger, Armaturen, Lenkung, Federung Träger und Profile waren praktisch gleich, und unterschieden sich meist lediglich in der Materialstärke.

Die neue Henschel-Generation wurde auf der IAA 1961 präsentiert. Zu dem Zeitpunkt hieß es auch, die neuen Henschel-Lkw würden unter der Bezeichnung »Henschel-Saviem« angeboten werden, denn das Unternehmen hatte eine auf 25 Jahre angelegte Zusammenarbeit mit der französischen Renault-Tochter Saviem begonnen, die zur gemeinsamen Entwicklung und Herstellung von leichten Lastwagen hätte führen sollen. Doch nach nur zwei Jahren trennten sich beide Firmen schon wieder von einander; zwei Jahre später, ebenfalls zur Messe, gab Henschel bekannt, künftig mit Commer, der Nutzfahrzeugsparte der englischen Rootes-Gruppe zu kooperieren. Dieser ebenfalls nur kurz andauernden Kooperation entstammten die Modelle Henschel-Commer HC 5 und HC 7, die aus dem britischen Produktionsprogramm übernommen wurden und die Nutzlastklassen zwischen zwei bis fünf Tonnen abdeckten.

Henschel Haubenlaster HS 120 AK mit Bagger von Terex Fuchs.

AUS HENSCHEL WIRD HANOMAG-HENSCHEL

1964 wurde zu einem Wendepunkt in der Geschichte der Henschel-Werke AG. Denn der bisherige Großaktionär und Vorsitzende der Geschäftsführung Fritz-Aurel Goergen geriet – wie sich später herausstellte in ungerechtfertigter Weise – unter Korruptionsverdacht und verkaufte daraufhin seine gesamten Henschel-Aktien für 60 Millionen Mark. Kein schlechtes Geschäft, bezahlt hatte der Sohn eines Bergmanns dafür, knapp acht Jahre zuvor, rund drei Millionen. Neuer Eigener war die Rheinstahl AG, die bereits im Besitz von Hanomag war. Diese Übernahme sollte noch Folgen haben, denn Rheinstahl geriet selber einige Jahre später unter erheblichen finanziellen Druck und fusionierte unter dem späteren VW-Chef Toni Schmücker 1973 mit Thyssen zum größten deutschen Stahlkonzern.

Doch lange bevor es zu dieser Fusion kam, und auch noch lange vor der Zusammenlegung von Henschel mit Hanomag unter dem Dach der Rheinstahl AG, hatten die Kasseler neue Lkw-Modelle präsentiert, die auch im Bezeichnungsschema eine neue Richtung einschlugen. Das bisherige »HS« wurde in der Zukunft ersetzt von einem dem Modellnamen vorangestellten »F« für Frontlenker und einem »H« für Haubenlaster. 1967 wurden in dieser Weise die beiden 160-PS-Modelle F 122 mit 6,7 Tonnen sowie F 140 mit 8,8 Tonnen Nutzlast bezeichnet. Dazu gesellte sich der Haubenlaster H 221 AK mit 230 PS und 12,5 Tonnen Nutzlast. Diese neue Modellbezeichnungslinie behielt Henschel auch bei, als der Lastwagenbauer zwei Jahre später mit Hanomag verschmolzen wurde.

Bei der Fusion von Henschel mit Hanomag spielte noch ein Dritter mit: Daimler-Benz. Denn die Rheinstahl AG schaffte es nicht, ihre Fahrzeugproduktion aus den roten Zahlen zu hieven. So übernahm bereits 1969 Daimler-Benz 49 % der Hanomag-Henschel-Aktien.

Hanomag-Henschel war nun der erste deutsche Lkw-Bauer, der ein volles Programm von leichten bis schweren Fahrzeugen anbieten konnte. Zu den neuen Modellen, die bis Mitte der 70er Jahre erschienen, gehörten der F 223 LN mit neun Tonnen Nutzlast, der F 203 S-2 mit 12,25 Tonnen Nutzlast sowie der F 163 L mit 8,3 Tonnen Nutzlast, alle jeweils mit 320-PS-Motoren. Der Henschel-Stern an der Kühlerhaube war bei ihnen mittlerweile Geschichte.

Weil die Rheinstahl AG jedoch weiterhin in finanziellen Schwierigkeiten steckte, verkaufte sie ihren restlichen Bestand an Hanomag-Henschel-Aktien ebenfalls an Daimler, 1971 war die Übernahme vollzogen. Rheinstahl-Chef Schmücker trennte sich bei dieser Gelegenheit nicht nur vom defizitären Lkw-Bau, sondern auch von

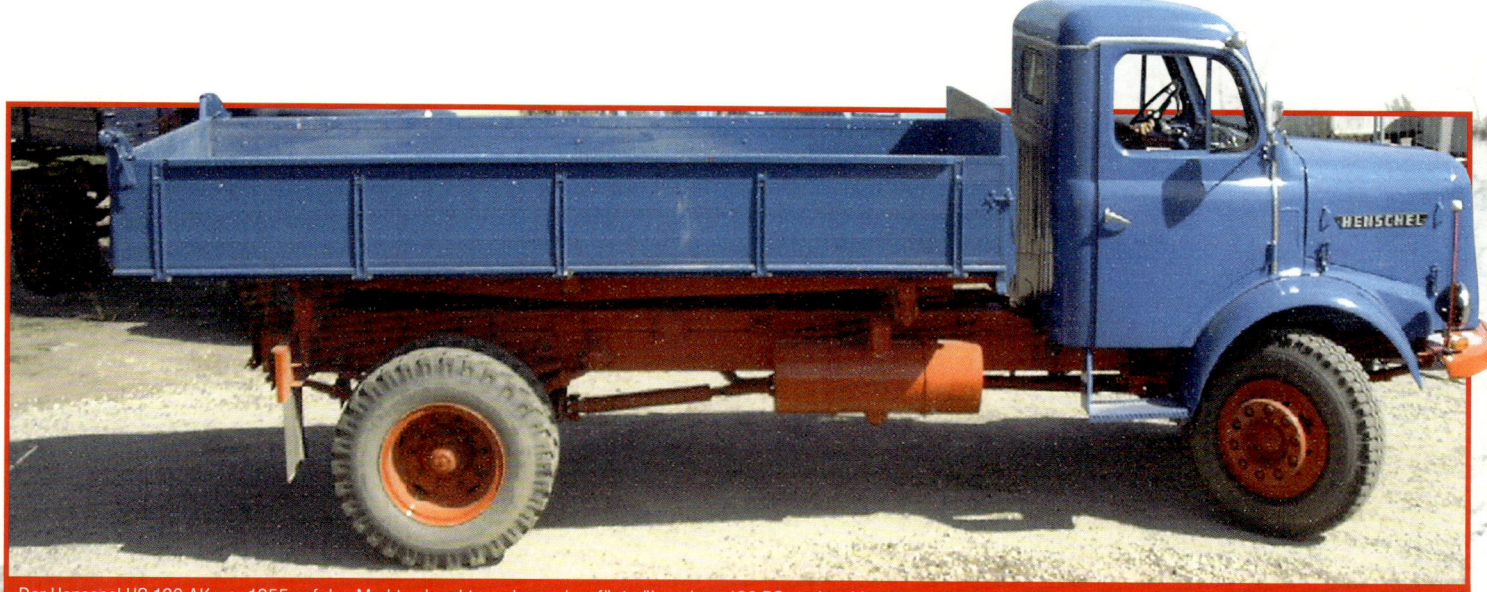

Der Henschel HS 120 AK war 1955 auf den Markt gebracht worden und verfügte über einen 120 PS starken Motor. (Foto: © Bernhard Strominski, CC-BY-SA-3.0)

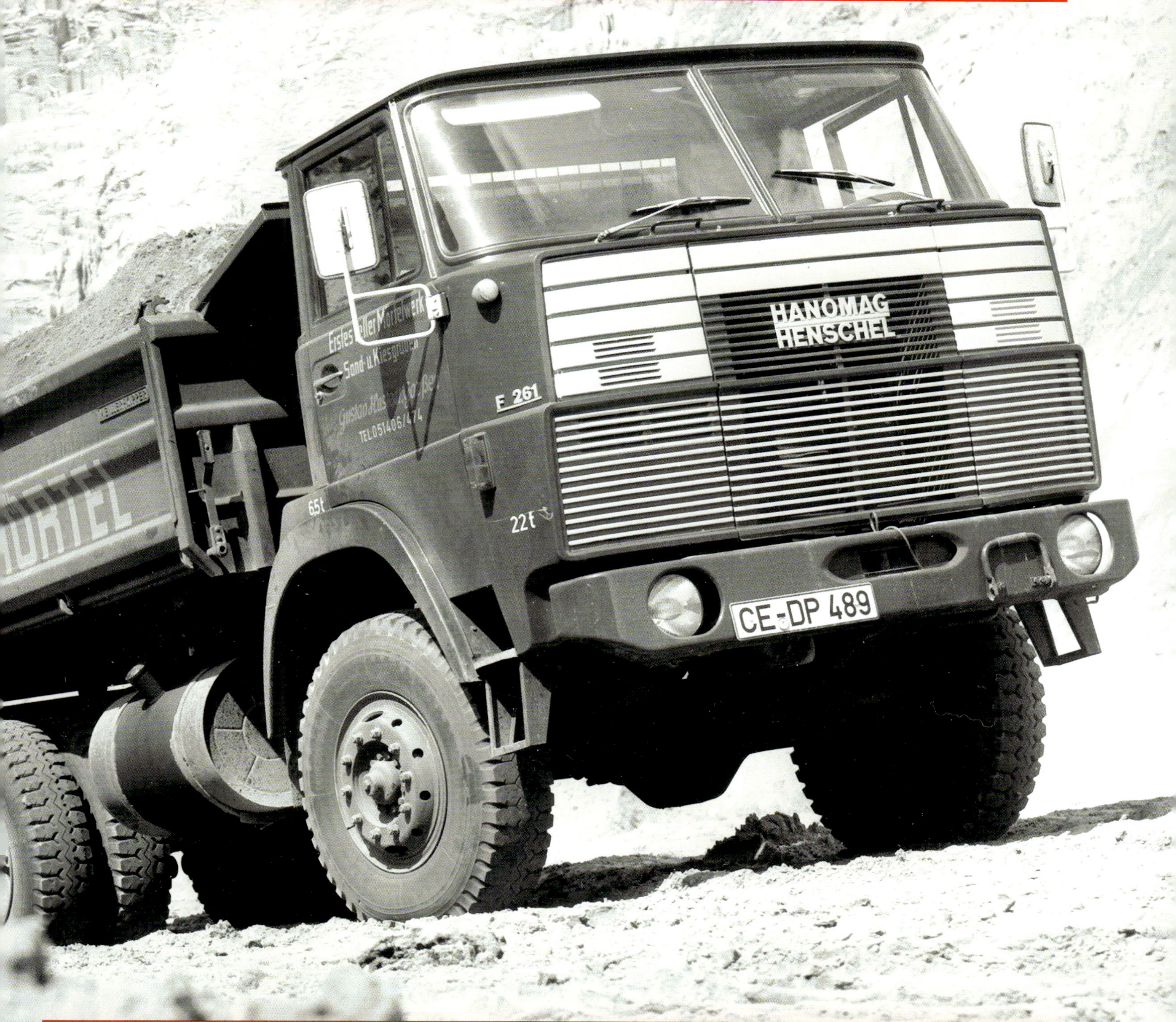

Henschel F 261 AK in der Ausführung als Kipper von 1967. Sein Direkteinspritzer-Dieselmotor leistete bis zu 240 PS. (Foto: © Sammlung Gebhardt)

Über 11 Tonnen Nutzlast und drei Achsen kennzeichnen den Hauben-Kipper HS 26 HAK von 1964.

(Foto: © Ralf Weinreich)

Frontlenker-Variante des 221 (F 221 K) von Hanomag-Henschel aus dem Jahr 1973.

(Foto: © Henschel / Samml. Gebhardt)

Henschel F 161 in Wörth am Rhein beim Oldtimer-Treffen bei Daimler-Chrysler.

(Foto: © Norbert Schnitzler, CC-BY-SA-3.0)

HENSCHEL

der Rheinstahl-Landmaschinenfabrik in Essen, wo die Hanomag-Traktoren entstanden; die Rechte daran gingen für 120 Millionen Mark an Massey-Ferguson. Trotz der Zusage, eine eigene Hanomag-Henschel-Baureihe bestehen zu lassen, stellte Daimler sukzessive die schweren Laster auf Mercedes-Technik um, behielt einige Hanomag-Henschel-Modelle als Lückenfüller für einige Jahre noch im Programm und ließ dann 1974 die Marke auslaufen. Vier Jahre später erging es der Firmenbezeichnung »Hanomag-Henschel Fahrzeugwerk« ebenso.

Der Name Henschel ist allerdings keineswegs als Firmenbezeichnung verschwunden. Bis heute existiert die Henschel GmbH mit Sitz Kassel und bietet Antriebs- und Fertigungstechnik an.

Henschel F 221 S-2A Containersattelzug von 1967.   (Foto: © Sammlung Gebhardt)

Der schwere Allrad-Kipper F 261 AK firmiert zwar unter Hanomag-Henschel; Start seiner Produktion war jedoch bereits 1967.   (Foto: © Ralf Weinreich)

133

HORCH

August Horch war seit 1896 Betriebsleiter in der Mannheimer »Gasmotorenfabrik« von Carl Benz. Doch der ideenreiche junge Ingenieur wurde von Benz ausgebremst, weil dieser letztlich nur seine eigenen Vorstellungen gelten ließ. Horch gründete deshalb drei Jahre später in Köln seine eigene Firma, die »August Horch & Cie«, um dort große, leistungsstarke Automobile zu produzieren. 1901 konnte er mit dem 4/5 PS dann tatsächlich seinen ersten Pkw vorstellen.

Um weiter wachsen zu können, zog Horch ein Jahr darauf nach Reichenbach in Sachsen, wo sich allerdings Widerstand gegen ihn formierte, worauf er erneut seine Koffer packte und nach Zwickau weiterzog. Hier wandelte er seinen Betrieb in eine Aktiengesellschaft um. Aus dieser Aktiengesellschaft sollte ihm jedoch noch Ärger erwachsen, denn jetzt hatte er einen kaufmännischen Vorstand sowie einen Aufsichtsrat als Gegenspieler, was bedeutete, dass er nicht mehr allein die Richtung des Unternehmens bestimmen konnte.

Der Horch Typ KL 25/42 PS wurde von 1916 bis wenige Jahre nach Ende des Ersten Weltkrieges hergestellt. (Foto: © Ralf Weinreich)

DIE LAST- UND LIEFERWAGEN VON HORCH

1906 erweiterte Horch sein Angebot um einen Lastwagen mit 2,5 Tonnen Nutzlast, den Typ ZD. Doch erst vier Jahre später konnte er sein erstes richtiges Lkw-Programm auflegen, das mit den Modellen Typ S, K und H sowie selbst entwickelten Motoren die Nutzlasten von 1,5-, 2- und 3,5-Tonnen abdeckte. Mittlerweile hatte sich der Firmengründer August Horch von seinem Unternehmen trennen müssen. Ursache waren Zerwürfnisse mit Vorstand und Aufsichtsrat gewesen, denn Horchs neu entwickeltes Sechsliter-Auto hatte beim Kaiserpreisrennen 1907 nicht gut abgeschnitten und sich zusätzlich schlecht verkauft. August Horch hatte darauf, ebenfalls in Zwickau, die »Audi-Werke« gegründet; seinen eigenen Namen durfte er nicht verwenden. Die neue Führung bei Horch indes verfolgte eine konservative Produktpolitik und profitierte dabei aber immer noch von den Konstruktionen des Firmengründers.

Kurz vor Beginn des Ersten Weltkrieges begann die Firma Horch damit, eine zweite Lkw-Reihe auf den Markt zu bringen. Unter diesen befand sich der Leichtlastwagen Typ O, der im Krieg als Krankentransporter eingesetzt wurde, der Heereslastwagen Typ P (Nutzlast zwei bis drei Tonnen) sowie der Fünftonner Typ S, der anfangs mit 55, später mit 80 PS ausgestattet wurde und damit der leistungsstärkste deutsche Heeres-Lkw war. 1916 schließlich erschien noch der Regeldreitonner KL (25/24 PS), zuerst mit Ketten- und anschließend mit Kardanantrieb.

Diesen Dreitonner konnte Horch auch noch nach dem Krieg in größeren Stückzahlen verkaufen, weil ein staatlicher Auftrag vorlag, der bis zum Jahr 1920 reichte. Ebenfalls weiter produziert wurde der Fünftonner, wenn auch in deutlich kleineren Stückzahlen. Obwohl es Horch, was die Nutzfahrzeug-Herstellung anbetraf, also in den ersten Nachkriegsjahren etwas leichter hatte als die Mitbewerber, die in dieser Zeit nur mit großen Schwierigkeiten Lastwagen an den Mann bringen konnten, wurde die Lkw-Produktion 1923 eingestellt. Horch konzentrierte sich stattdessen auf seinen Pkw-Bau. Lediglich vereinzelt entstanden noch Nutzfahrzeuge in den kommenden Jahren, meist auf Basis von Pkw-Fahrgestellen. Eine weitere Ausnahme bildete der Horch-DAAG 2-Tonner-Omnibus, der für eine kurze Zeit in Zusammenarbeit mit dem Ratinger Lastwagen- und Omnibushersteller entstand.

In den 30er Jahren kam Horch zusehends in finanzielle Schwierigkeiten, worauf die Horchwerke AG in die Obhut eines 1932 gegründeten Automobilkonzerns namens »Auto Union« gegeben wurde, unter dessen Signet – vier ineinander verschlungene Ringe – weitere sächsische Autofirmen in der Krise zusammenkommen sollten: DKW, Wanderer und – August Horchs Nachfolgefirma »Audi«. Hier hatte sich der Kreis also wieder geschlossen.

Nach dem Zweiten Weltkrieg wurde das Zwickauer Horch-Werk fast völlig demontiert und – nach einer Zwischenphase als Großwerkstatt für die Rote Armee 1946 verstaatlicht. Der erste Lastwagen der Nachkriegszeit, noch bevor das Werk in den »Industrieverband Fahrzeugbau« (IFA) der DDR eingegliedert wurde, war dann der H3.

Mittlerer Einheits-Pkw Horch 901 der Wehrmacht. (Foto: © Ude, CC-BY-SA-3.0)

Mit dem 100 PS starken H 3 wagte man in Zwickau den Neubeginn.
(Foto: © Ralf Weinreich)

Nachfolger der IFA H3-Reihe ab 1958: der S 4000-1, hier als Löschfahrzeug. (Foto: © Ralf Weinreich)

300 PS stark war der Kaelble KDV 22 Z8 T aus dem Jahr 1962.

(Foto: © Ralf Weinreich)

Straßenroller: Schon von Beginn der Zugmaschinenproduktion war ihr Haupteinsatzgebiet das Schleppen von Tiefladern zum Transport von Güterwagen für den Haus-zu-Haus-Verkehr der DRG, später DB bzw. DR. Im Bild ein Kaelble K 632 ZB/15.

(Foto: © Ralf Weinreich)

KAELBLE

Kaelble Zugmaschine mit Tieflader von 1935.   (Foto: © Sammlung Schrader)

Angefangen hatte alles mit einer Reparaturwerkstatt für Gerberei- und Dampfmaschinen in der ehemaligen Oberamtsstadt Cannstatt – heute ein Stadtbezirk von Stuttgart –, die Gottfried Kaelble 1884 gegründet hatte. Die gute Auftragslage ermöglichte es der jungen Firma einige Jahre später, im nordöstlich von Stuttgart gelegenen Backnang größere Betriebsräume zu beziehen. Reparaturarbeiten alleine genügten den Kaelbles aber bald nicht mehr. Deshalb begann Carl Kaelble, der Sohn des Firmengründers, 1895 mit der Produktion eigener Maschinen. Zu den Produkten, die Kaelble in den folgenden Jahren herstellte, gehörten z. B. erste selbstfahrende Sägemaschinen, Steinbrecher und Zugmaschinen, Benzin- und Dieselmotoren sowie erste Motorstraßenwalzen.

1907 baute Kaelble seinen ersten Lastwagen – gedacht allerdings nur für Transportaufgaben auf dem firmeneigenen Werksgelände. Bis das schwäbische Unternehmen selbstkonstruierte Lkw zum Verkauf anbot, sollten noch 20 Jahre vergehen. In der Zwischenzeit übernahm Sohn Carl nach dem Tod des Vaters 1911 die Leitung des Betriebs, der sich bereits ein Jahr später um den Löschfahrzeughersteller »Carl Metz« erweiterte.

Während des Ersten Weltkrieges fertigte Kaelble für das deutsche Heer motorisierte Zugmaschinen, die dort gebraucht wurden, um schwere Artillerie zu bewegen. Zugmaschinen sollten auch in der Zukunft eine besondere Rolle in der Produktpalette der Schwaben bilden.

KAELBLE SETZT AUF SCHWERGEWICHTE

Im Jahr 1927 stieg Kaelble serienmäßig in die Fertigung von (schweren) Lastkraftwagen ein. Unter diesen befand sich z. B. der 6,5-Tonner Kaelble Typ 6,5 L aus dem Jahr 1936, der von einem 130 PS starken Dieselmotor angetrieben wurde. Ein Jahr zuvor hatte Kaelble bereits Sattelzugfahrzeuge der Öffentlichkeit präsentiert. Gleichzeitig entstanden in diesen Zwischenkriegsjahren schwere Zugmaschinen mit Motorleistungen zwischen 100 und 200 PS, die selbst entwickelte Dieselmotoren erzeugten. Abnehmer für diese Schwergewichte war neben der Privatindustrie vor allem die Deutsche Reichsbahn, die diese Schlepper für den Straßentransport ihrer Eisenbahnwagen benötigte.

Mit Ausbruch des Zweiten Weltkrieges beschränkte der Schell-Plan der braunen Machthaber, der eine Vereinheitlichung der vielen Automobil-, Motorrad- und Lkw-Typen vorsah, den Hersteller aus Backnang auf die Produktion seiner schweren Zugmaschinen, die anschließend an die Wehrmacht geliefert wurden. Mit Übernahme des Lokomotivenherstellers »Gmeinder & Co« aus dem badischen Mosbach expandierte Kaelble zu Beginn der Vierziger ein weiteres Mal. Wie schon zuvor Metz blieb Gmeinder dabei als selbstständiges Unternehmen bestehen.

Nach dem Ende des Zweiten Weltkrieges nahm Kaelble die Herstellung seiner schweren Zugmaschinen und Raupenschlepper wieder auf. Zu Beginn der 50er Jahre gesellten sich vor allem schwere Lastwagen dazu, wie z. B. der 150 PS starke Achttonner K 631 L oder der K 832 L mit 19,1-Liter-8-Zylinder-Diesel und 200 PS Leistung, beide ausgelegt für acht Tonnen Nutzlast, oder der Fernlastzug K 612 LL mit 120 bis 125 PS und 6,5 Tonnen Nutzlast. Zwei- bis dreiachsige Muldenkipper und große Radlader erweiterten zu dieser Zeit das Fahrzeugangebot von Kaelble.

Bereits 1949 hatte das Unternehmen mit dem Modell K 630 LF einen 150 PS starken Frontlenker im Programm, der in den folgenden Jahren um die Typen K 631 LF, K 645 LF (145 PS, 8,2-Tonnen) und K 650 LF (150 PS, 6,4 Tonnen) erweitert wurde. Nachteilig für Kaelble war jedoch, dass von all diesen Lastern nur kleine Stückzahlen produziert werden konnten. Auf Dauer war es dem Betrieb nicht möglich, seine Typenvielfalt gegenüber den größeren Mitbewerbern aufrecht zu erhalten.

Dazu kam ein weiteres Problem. Kaelble hatte bei all seinen Fahrzeugen auf Schwergewichte gesetzt. Das wurde nun den Lastwagen zum Verhängnis, nachdem das Seebohmsche Gesetz von 1953 den Längen und den Gewichten von Lastkraftwagen in Deutschland Beschränkungen auferlegte und Kaelble, der keine leichten Lkw

KAELBLE

anbieten konnte, so seine Marktnische verlor. Dennoch versuchte Kaelble zu Beginn der Sechziger noch einmal, mit einem Frontlenker Fuß auf dem Lkw-Markt zu fassen. Der Pritschenwagen K 652 LF wartete mit einem 192 PS starken Dieselmotor auf und war für eine Nutzlast von 8,7 bis 9,2 Tonnen ausgelegt. Das große Problem von Kaelble waren stets die geringen Stückzahlen und, im Umkehrschluss, die hohen Kosten: Der kleine Bruder des 652, der 650 mit einer Nutzlast von 6,4 Tonnen, kostete 1961 laut Liste über 38.000 Mark und war damit um annähernd 10.000 Mark teurer als ein Mercedes-Hauber mit 7,3 Tonnen Nutzlast (und über 15.000 Mark teurer als ein Mercedes-Kurzhauber), der ein wesentlich engmaschigeres Vertriebs- und Werkstattnetz aufzuweisen hatte: Es gab wenig, was für die Anschaffung eines Kaelble sprach, erfolgreich waren diese Pritschen- und Fernverkehrslastwagen also nicht, weshalb Kaelble 1963 den aussichtslos gewordenen Versuch, ein rentables Lastwagen-Programm auf die Räder zu stellen, letztlich einstellte: Die Backnanger suchten ihr Glück in der Nische und konzentrierten sich nahezu vollständig auf die Produktion von Schwerlast-Zugmaschinen wie Panzertransporter für die Bundeswehr und Muldenkipper. Weiterhin gesellten sich in den Siebzigern und Achtzigern Flugfeld-löschfahrzeuge, Coil-Transporter – Transporter für schwere Stahlblech-Rollen – sowie überschwere Sonderfahrzeuge für die Bauwirtschaft hinzu.

VERLUST DER SELBSTÄNDIGKEIT

Seit dem Abflauen der Baukonjunktur Ende der 60er Jahre hatten sich bei Kaelble finanzielle Probleme angehäuft, so hatte bereits im September und Oktober 1966 die Belegschaft kurzarbeiten müssen: Die Backnanger waren alleine kaum mehr überlebensfähig, wurstelten sich aber weiter durch, was eine nicht geringe Leistung darstellte. 1985 schließlich stieg der libysche Investor LAFICO ein, der nordafrikani-sche Investor brachte genügend Geld mit, um dem Unternehmen eine mehrjährige Atempause zu verschaffen. Kaelble konzentrierte sich auf die Produktion von Bau-maschinen und Spezialfahrzeugen. Dabei avancierte LAFICO zum größten Abnehmer der Schwaben. So wurde beispielsweise die libysche Armee mit Zug- und Sattelzug-maschinen ausgerüstet.

Als dann in den 90er Jahren Libyen wegen seiner mutmaßlichen terroristischen Aktivitäten international auf die schwarze Liste kam und ein UN-Embargo gegen das nordafrikanische Land verhängt wurde, brach für Kaelble der Hauptabsatzmarkt für seine Fahrzeuge weg. 1995 ließ sich ein Konkursantrag nicht mehr umgehen.

Zwei Jahre später fand zwar eine Neugründung der Firma als »Kaelble Service- und Reparatur-Gesellschaft« statt, doch wurde diese wenige Jahre später von dem Deutschland-Ableger des großen US-amerikanischen Baumaschinenherstellers Terex aufgekauft; sie firmierte anschließend als »Terex Kaelble«. 2010 fiel Kaelble an Terex bisheriges deutsches Tochterunternehmen »Atlas Maschinenbau GmbH«, von dem sich Terex aber just zu diesem Zeitpunkt trennte. Unter diesem neuen Dach produziert Kaelble seither seine Bau- und Spezialmaschinen. Derweilen fungiert die ehemalige Fabrikhalle Kaelbles in Backnang als Technikmuseum, dessen Ausstellungsstücke die lokale Industriegeschichte dokumentieren.

Der Kaelble K 631 L von 1953 war ein Fernverkehrslaster mit 180 PS.
(Foto: © Ralf Weinreich)

Parade verschiedener Kaelble Lastwagen. Typisch für den schwäbischen Spezialisten waren Schwerlast-Zugmaschinen und nicht etwa Fernverkehrs-Lastwagen.   (Foto: © Ralf Weinreich)

Eine Spezialität aus Backnang waren schwere Muldenkipper wie dieser Kaelble KD 689 E. (Foto: © Ralf Weinreich)

Der letzte Frontlenker-Lastzug von Kaelble: der K 652 LF mit 195 PS von 1963. (Foto: © Ralf Weinreich)

Die Kaelble Zugmaschinen wurden auch nach Einstellung der Laster weiter produziert. (Foto: © Ralf Weinreich)

Die Premiere Krupps im Lkw-Bau war der L 5 von 1919. Ihn gab es mit verschiedenen Aufbauten. (Foto: © Krupp / Samml. Gebhardt)

Krupp Fünftonner von 1922 als Brauereiwagen. (Foto: © Severus Tremonia, CC-BY-SA-3.0)

Der Krupp LD 2 H 42, gebaut von 1933–1935, hatte einen 50 PS starken Diesel-Boxermotor mit Gebläsekühlung eingebaut. Seine Höchstgeschwindigkeit lag bei 60 km/h. (Foto: © Ralf Weinreich)

Die Krupp L 3H (63) und 163 wurden von 1928 bis 1938 für die Reichswehr / Wehrmacht gebaut. (Foto: © Krupp / Samml. Gebhardt)

Der geländegängige Krupp L 2 H (1)43 Protze ging von 1934 bis 1942 ans Militär. (Foto: © Krupp / Samml. Gebhardt)

Der Zweitonner Krupp LD 2,5 H 142 mit 55 PS fuhr sogar auf Chinas Straßen.
(Foto: © Krupp / Samml. Gebhardt)

Vor dem Ersten Weltkrieg produzierte die in Essen ansässige Friedrich Krupp AG Stahlprodukte wie Maschinen, Eisenbahnreifen und Geschütze. Doch schon im Jahr 1905 fand ein erster Einstieg in den Bau von Lastwagen statt, als Krupp in Lizenz einen Dampf-Lkw fertigte, der letztlich als Schlepper auf der betriebseigenen Germania-Werft in Kiel eingesetzt wurde. Gegen die im Entstehen begriffene motorisierte Konkurrenz konnte sich das dampfgetriebene Gefährt allerdings nicht weiter durchsetzen.

Das nächste selbstfahrende Gerät war bereits motorisiert und entstand zu Beginn des Krieges in Zusammenarbeit mit der Daimler Motoren Gesellschaft DMG. Hierbei handelte es sich um einen 80 PS starken Plattformwagen für das Militär, auf dem ein Geschütz montiert werden konnte. 1917/18 stellten Krupp und Daimler ein weiteres Fahrzeug in Kooperation her, und zwar eine allradgetriebene Artillerie-Zugmaschine, deren 100-PS-Motor von Daimler stammte. Dieses Fahrzeug erwies sich als die beste Zugmaschine des Krieges auf deutscher Seite.

»KRAWA« STEIGT IN DEN LASTWAGENBAU EIN

Nach dem Ersten Weltkrieg fiel zwangsläufig die bislang gute Auslastung der Krupp-Werke durch Rüstungsaufträge der Militärs fort, ein Umstand, der das Unternehmen eilig nach Ersatz Umschau halten ließ. Bereits im Krieg hatte man die Beobachtung gemacht, dass es zwei Märkte im Bereich der Fortbewegungsmittel gab, die für die Zukunft gute Entwicklungschancen versprachen. Das eine waren Lokomotiven, das andere motorgetriebene Lastwagen. Folglich beschloss Krupp, die brachliegenden Werkshallen, in denen bislang Geschütze produziert wurden, mit dem Bau genau dieser Fahrzeugtypen auszufüllen. Dafür wurde eigens eine eigene Abteilung gegründet mit Namen »Friedrich Krupp Motor- und Kraftwagen«, kurz »Krawa«.

Für den ersten eigenen Lastwagen, den Krupp 1920 vorstellte, griff das Unternehmen auf eine bereits während des Krieges begonnene und nun vollendete Konstruktion zurück, den Fünftonner-Typ Krupp L 5. Dieser besaß einen 45–60 PS starken Vierzylinder-Vergasermotor und war mit verschiedenen Aufbauten erhältlich.

Danach ging es Schlag auf Schlag. Krupp entwickelte in wenigen Jahren ein vollständiges Lkw-Programm. 1924 erschien das Modell L 1,5, ein 40–50 PS starker Lkw mit zwei Tonnen Nutzlast. Wegen seiner relativ hohen Geschwindigkeit von 50 km/h, die er auch seiner Luftbereifung zu verdanken hatte, wurde er damals als Schnell-Lastwagen geführt.

1926 brachten die Essener den Krupp L 3 heraus. Dieser hatte eine Nutzlast von drei Tonnen und erfüllte damit exakt die Vorgaben für den neuen Regeldreitonner der Reichswehr, die in diesem Jahr ihr erstes Motorisierungsprogramm vorstellte. Die Reichswehr setzte diesen mittleren Typ vor allem in seinen geländegängigen Versionen ab 1929 bzw. 1935 in unterschiedlicher Weise ein, z. B. als Nachrichtenwagen (L 3 H 163) oder Zugmittel für Flak-Scheinwerfer (L 3 H 63). Beiden Versionen gemein war ihre 6x4-Technik, der Krupp-Motor war ein Sechszylinder-Benziner mit 6,1- beziehungsweise 7,8 Litern Hubraum und 90 bzw. 110 PS. Ebenfalls für die Reichswehr gedacht war der Sechsradwagen L 4 H von 1928, den eine Kardanwelle antrieb. Allerdings wurde diese Ausführung nur für ein paar Feuerwehrmannschaftswagen verwendet.

In der Fünf-Tonnen-Nutzlastklasse ersetzten ab den späten 20er Jahren die Modelle L 5 N, L 5 N 62, L 5 N 162 sowie L 8 N ihre Vorgänger. Das letztere Fahrzeug erschien 1931 in einer zweiten Ausführung als Siebentonner und Dreiachser mit einer Motorleistung von 150–165 PS und in Frontlenkerausführung unter der Bezeichnung L 8N 63. Ein Verkaufserfolg wurde dieses Modell indes nicht.

In den 30er Jahren deckte Krupp mit den Modellen L 2 H und seinen Abwandlungen die Zwei-Tonnen-Nutzlastklasse ab. Vertreter dieser Modelle kamen ebenfalls bei der Reichswehr und der Wehrmacht zum Einsatz, und zwar die geländegängigen, dreiachsigen L 2 H 43 und L 2 H 143 »Protze« in 6x4-Technik von 1932 bzw. 1934. Die Reichswehr (beziehungsweise Wehrmacht) schätzte diesen Typ mit seiner abfal-

Der schwere Krupp L 8 N 21-63 war als Dreiachser ausgeführt für den Einsatz im Kommunalbereich.
(Foto: © Krupp / Samml. Gebhardt)

lenden Motorhaube und den einfach bereiften Hinterachsen ganz besonders, er lief in zahlreichen Varianten.

Von besonderer Bedeutung war der 1934 vorgestellte LD 6,5 N. Dieser 6,5-Tonner (4x2) mit Schnellganggetriebe und 110 PS starkem Sechszylinder-Vergasermotor wurde nicht nur im zivilen Fernverkehr verwendet, sondern fand zudem Eingang in das Schell-Typenvereinheitlichungsprogramm der Nationalsozialisten. Zusammen mit Büssing, Faun und MAN wurde dieser Laster, versehen mit Allrad- oder Hinterradantrieb, auf jeden Fall aber mit 5,5-Liter-Diesel-Vierzylinder bis 1941 für die Wehrmacht produziert.

Mit dem dreiachsigen Achttonner L 8 N rundete Krupp in den Vorkriegsjahren sein Modellprogramm nach oben ab und konnte so vor Kriegsbeginn ein richtiges Vollprogramm an Lastwagen vorweisen, das alle Nutzklassen abdeckte. Ab 1940 durfte Krupp aber keine zivilen Laster mehr herstellen und war jenseits der Militär-Lkw-Produktion bis 1945 ohnehin mit Rüstungsaufgaben ausgelastet.

Mit dem L 45 setzte Krupp unter dem Namen »Südwerke« den Bau seiner Lkw ab 1946 fort.
(Foto: © Ralf Weinreich)

SCHWERLASTER VON DEN »SÜDWERKEN«

Nach der Kapitulation begann die Zerschlagung des Konzerns, der noch immer inhabergeführt war. Alfried Krupp behielt nur seine Lokomotivfabrik, den Fahrzeugbau, diverse Maschinen- und Stahlbauunternehmen und einige andere Firmen, die nichts mit der Gussstahlerzeugung zu tun hatten: Krupp wurde, als einziger deutscher Montankonzern, zerschlagen, das Hüttenwerk Borbeck komplett demontiert und als Reparationsleistung an die Sowjetunion übergeben.

Krupp hatte seine Produktionsstätten während der Kriegsjahre mehrfach verlagert, um den alliierten Bombardierungen zu entgehen, und war so 1944 auch nach Kulmbach in Bayern gekommen. Weil die Alliierten dem Unternehmen das Benutzen des Firmennamens Krupp untersagten, begann es 1946 mit der Herstellung seines ersten Nachkriegslasters unter der Bezeichnung »Südwerke«. Die Alliierten hatten es den Südwerken erlaubt, einen 4,5-Tonner zu bauen und diesen mit einem Holzgasmotor auszustatten. Dieser wurde von Krupp aber bald durch einen Sechszylinder-Vergasermotor aus den frühen 30er Jahren ersetzt, der 110 PS leistete.

Bis zum ersten großen Meilenstein der Südwerke 1950 folgten dem L 45 noch die Modelle L 50 / LD 50 sowie L 60 / LD 60 nach, die die zur Verfügung stehenden Nutzlasten auf 5 bzw. 6 Tonnen erhöhten. Dann erschien der »Titan«. Das war nicht nur irgend ein weiterer Lastwagen. Der Titan symbolisierte den Wiederaufstieg von Krupp. Dieser 8-Tonner mit seinen zehn Metern Länge war nicht nur in der Wahrnehmung der Zeitgenossen ein Koloss, sondern gleichzeitig der bis dahin leistungsstärkste deutsche Lastwagen. Dazu machte ihn der von den Südwerken selbst entwickelte Zweitakt-Diesel, der auf Experimente aus den Vorkriegsjahren zurückging. Um das erwartete Verbot von Motoren über 100 PS zu umgehen (das dann doch nicht kam), koppelte das Kulmbacher Werk zwei Dreizylinder-Zweitakt-Motoren und erhielt dadurch eine Leistung von 210 PS.

Im Jahr 1951 zog die »Südwerke Motoren- und Kraftwagenfabrik« zurück nach Essen. Die folgenden Lkw zierten ab jetzt wieder die drei Krupp-Ringe am Kühler. Im selben Jahr erschien mit dem SW L 60 »Mustang« ein weiteres Schwergewicht, war aber unterhalb des Titan angesiedelt. Der Mustang hatte eine Nutzlast von 6,5 bis 7 Tonnen, sein Vierzylinder-Zweitakt-Diesel war als Baukastenmotor konzipiert und leistete 145 PS. Spätere Versionen des Mustang schlossen auf acht Tonnen auf und übertrafen sie sogar letztlich.

Mit einer verkürzten Rundhaube präsentierte sich der SW L 50 »Büffel«. Sein Dreizylinder-Zweitakt-Diesel bescherte ihm 110 PS, seine Nutzlast lag bei 5 Tonnen. Damit hatten die Südwerke in kurzer Zeit die für sie wichtige obere Nutzlastklasse mit drei wichtigen und gut verkäuflichen Modellen abgedeckt.

Weniger gut hingegen lief der »Titan Super« von 1953. Ihm wurde zum Verhängnis, dass sein 2x3-Zylindermotor unausgereift war. Als Ersatz für den bald in eine höhere Nutzklasse aufgestiegenen Büffel brachte der Lkw-Hersteller 1954 den 5-Tonner

Der Sechszylinder-Zweitakt-Diesel des L 80 FK(L) »Titan Super« kam bei den Kunden nicht gut an. Mehr als 30 Exemplare wurden nicht gebaut. (Foto: © Krupp / Samml. Gebhardt)

Der Achttonner SW L 80 »Titan«, hergestellt von 1950 bis 1954, wurde zur Ikone von Krupp. (Foto: © Krupp / Samml. Gebhardt)

Der Dreizylinder-Zweitakt-Diesel Krupp »Widder« mit einer Nutzlast von fünf Tonnen, eingeführt 1955. (Foto: © Daimler AG)

Krupp L 70 E 3 mit 5,5 Tonnen Nutzlast von 1960 aus der ab 1956 gebauten »Elch«-Reihe. (Foto: © Alf van Beem, PD)

Der Krupp »Tiger« mit 8,4 Tonnen Nutzlast ersetzte Mitte der 50er Jahre den »Titan«. Das Modell L 100 Tg 5 war die zweite Version und erschien 1959. Für die deutschen Straßen zu schwer, wurde er ins Ausland verkauft. (Foto: © Ralf Weinreich)

Gehörte ab Ende der 50er Jahre zur überarbeiteten Lastwagenreihe: der 7-Tonner Krupp K 701.
(Foto: © Ralf Weinreich)

»Widder« auf den Markt. Für die Bundeswehr gedacht war der allradgetriebene »Drache«, ein 7,7-Tonner, der mit einem 145 PS starken Vierzylinder-Zweitakt-Motor ausgestattet war. Noch im Jahr 1954 trennte sich Krupp von der Bezeichnung »Südwerke« und firmierte ab jetzt unter »Krupp Motoren- und Lastwagenfabriken«.

DIE WENDE BEI DEN SCHWEREN LASTERN

Im Schwerlastbereich war Krupp gut aufgestellt, die Fahrzeuge wurden nicht nur stark im Inland nachgefragt, sondern verkauften sich zudem gut ins Ausland. 1953/54 stellten die Essener mit dem »Tiger« den Nachfolger für den Titan fertig. Sein Fünfzylinder-Zweitakt-Diesel bescherte dem 8,5-Tonner eine Leistung von 185 PS. Bald schon sollte er – wie auch alle anderen Krupp-Lastwagen – Probleme auf dem heimischen Markt bekommen. Denn Verkehrsminister Seebohm reduzierte Mitte des Jahrzehnts das erlaubte Gesamtgewicht für Lkw in Deutschland auf zwölf Tonnen. Krupp hatte 1956 den Höhepunkt seines Erfolges bei Lastwagen erreicht und wurde von diesem Gesetz kalt erwischt. Denn der Betrieb hatte ausschließlich auf schwere Laster gesetzt und verfügte über kein Programm von leichtgewichtigeren Fahrzeugen. Im Jahr darauf geschah dann das bislang nie Vermutete: die Absatzzahlen für Lkw bei Krupp brachen drastisch ein und sollten sich nicht mehr wirklich erholen. Krupp war gezwungen, die Laster für den heimischen Markt, soweit möglich, umzukonstruieren und auf die geänderten gesetzlichen Bestimmungen auszulegen, während sie für den Export weiter unverändert vom Band liefen. Dieses unwirtschaftliche Vorgehen verbesserte die Situation nicht wirklich, auch wenn Krupp mit seinen Haubern Widder, Büffel, Elch, Mustang und Tiger versuchte, sich gegen das drohende Ungemach zu stemmen. Und obwohl die Krupp-Motoren zum Ende des Jahrzehnts noch voll auf der Höhe der Zeit waren: Letztlich wurde den Essenern das Festhalten am ventilgesteuerten Zweitakt-Diesel zum Verhängnis. Die Baukasten-Baureihe war zwar wesentlich leistungsstärker als die Viertakt-Diesel der Konkurrenz, doch der Weg zu mehr Leistung führte damals in erster Linie über mehr Hubraum, und das hieß bei Krupp: mehr Zylinder und damit größere Motoren. Deren Einbau verursachte angesichts der neuen gesetzlichen Längenbestimmungen viel Aufwand und hohe Kosten, um nur einige der Nachteile zu nennen. Der zur IAA 1957 erschienene Siebenzylinder-Motor mit knapp zehn Litern Hubraum und 280 PS war daher im Allrad-Muldenkipper AMK 22 C7 verbaut, und der hatte keine Straßenzulassung.

Dennoch versuchte Krupp gegen Ende der Fünfziger noch einmal, mit einem neuen Lastwagenprogramm die Wende zu schaffen. Die neue Generation, zu erkennen an den neuen Hauben, bekamen einen neuen Zweitakt-Motor – Krupp mochte sich von seinen Zweitaktern bislang nicht trennen –, doch die Vierzylinder-Motoren, wie sie etwa mit 125 PS im Frontlenker-Typ Elch zum Einsatz kamen, waren nur auf dem Papier richtig gut: Sie litten unter zahlreichen Kinderkrankheiten und schädigten den Ruf, zumal auch im Pkw-Bau der Zweitakt-Motor ein Auslaufmodell war. All diese Umstände führten zu einem weiteren Einbruch in den Verkaufszahlen.

In höchster Not erwarben die Kruppwerke dann eine Lizenz zum Nachbau amerikanischer Cummins-Viertakt-Diesel. Weil deren Herstellung aber nicht von heute auf morgen möglich war, versuchte das Unternehmen die Zeitlücke mit Motorimporten aus den USA zu schließen, die anfangs jedoch ebenfalls nicht überzeugen konnten. Erst Anfang der Sechziger lief der Motorenbau bei Krupp so richtig rund, der 8,7-Tonner Krupp K 960 mit Krupp-Cummins-V6 und 200 beziehungsweise 210 PS galt als richtig guter schwerer Lastwagen. Dank des neuen Diesels auch im Export einigermaßen erfolgreich agierte der L 1060 von 1963. Der ab 1965 gefertigte Nachfolger-Frontlenker LF 1080 hatte einen Cummins-V8 (12,8 Liter), eine Nutzlast von 9,4 Tonnen und eine Motorleistung von 250 PS. Mit 19 Tonnen Gesamtgewicht war er ebenfalls für den Export bestimmt. Die deutschen Ausführungen hatten eine geringere Nutzlast, so stand der 1080 hierzulande als LF 980 in den Verkaufsprospekten, wobei die Ausstattung jeweils identisch war. Das galt auch für die Antriebsachse, die für den Export mit 13 Tonnen belastet werden konnte, im Inland aber nur mit zehn Tonnen.

Der Krupp S8 M4 »Mustang« wurde von 1954 bis 1960 hergestellt.
(Foto: © Ralf Weinreich)

KRUPP

Erstmals waren die Krupp-Fahrerhäuser in zwei Stufen kippbar. Gemäß der neuen gesetzlichen Bestimmungen durfte der Solowagen ein zulässiges Gesamtgewicht von 16 Tonnen aufweisen, im Betrieb mit Anhänger waren 38 Tonnen statthaft.

ZU KLEIN, UM IM KONZERT DER GROSSEN MITZUSPIELEN

In den frühen Sechzigern verschärfte sich der Konkurrenzdruck auf dem deutschen Markt, denn in der Lkw-Branche herrschte Goldgräberstimmung. 1964 spuckten die Lkw-Fabriken fast 260.000 Fahrzeuge aus. Und allenthalben wurden Werke auf- und ausgebaut. Daimler errichtete in Wörth ein neues Lkw-Werk, der Büssing-Mutterkonzern Salzgitter baute ein neues Werk in Niedersachsen, und MAN entlastete seine Bänder durch die Eröffnung eines neuen Omnibus-Werks. Allerdings kühlte sich die Konjunktur stark ab, bereits drei Jahre später konnten keine 190.000 Einheiten mehr verkauft werden, und unter den noch verbliebenen zwölf deutschen Herstellern entbrannte ein heftiger Kampf um Marktanteile. Die Überkapazitäten drückten auf die Preise, schwere Lastwagen waren nur noch mit happigen Preisnachlässen zu verkaufen. Eines der ersten Opfer dieser Rabattschlacht war, neben Büssing (das auf einer Halde von 700 unverkauften Lastwagen im Wert von 17,5 Millionen Mark saß), auch Krupp. Die schweren Fernlastwagen waren nur noch mit Mühe loszuschlagen, üppige Rabatte waren an der Tagesordnung. Der LF 980 zum Beispiel, mit dem 250 PS starken V8-Diesel-Direkteinspritzer ausgestattet, wurde deutlich heruntergesetzt, der Achtzylinder schlug nun nicht mehr mit 7500 Mark, sondern lediglich noch 4050 Mark zu Buche. Und das Nachrichtenmagazin *Der Spiegel* berichtete von dramatischen Rabatten bei Komplettfahrzeugen. Danach sanken die Schwerlastwagen aus Essen (Listenpreise von 35.000 bis 65.000 Mark) im Preis von bis zu 40 Prozent, von einer wirtschaftlichen Produktion konnte keine Rede mehr sein.

An den Lastwagen selbst kann es kaum gelegen haben, denn die waren gut: Im ersten großen Lastwagen-Vergleichstest, den das Fachblatt Lastauto Omnibus durchführte und neben dem LF 960 (210 PS, Cummins-V6) die gleichstarken Mitbewerber von MAN (13.212), Henschel (HS 16 TL), Mercedes (LP 1620), Büssing (Commodore) und Magirus (D 16 FL) examinierte, gehörte der Krupp zu den besten Angeboten im Feld: In Sachen Testverbrauch auf Platz zwei – 46,5 l/100 km, und »rein mechanisch und fahrtechnisch ist der Krupp ein sehr sympathischer Lkw, und hinter seinem Lenkrad fühlten wir uns ganz besonders wohl«. Allerdings hatten die Krupp-Frontlenker einen großen Nachteil: die Platzverhältnisse in der Hütte. Denn die Essener montierten den Motor weder unter- noch hinter das Fahrerhaus, sodass der Krupp seinen Fahrern tüchtig etwas auf die Ohren gab. Das konnten die anderen besser. Doch bescheinigte man einem Krupp viele andere positive Eigenschaften wie etwa die vorzügliche Wirtschaftlichkeit. Von diesen »speziellen Qualitäten«, welche die Tester dem LF attestierten, waren indes nicht allzu viele Käufer zu überzeugen.

Da der Lastwagenbau im Gesamtunternehmen Krupp keinen überlebenswichtigen Stellenwert hatte, wurde im Jahr 1968, als die Verkaufszahlen unter die Stückzahlmarke von 1000 gefallen waren, die Reißleine gezogen. Ford legte zwar ein Übernahme-Angebot vor, allerdings vermasselte Daimler-Benz den Amerikanern den Handel und erwarb für 40 Millionen Mark Krupps Lkw-Produktion. Da die Schwaben aber lediglich am Vertriebsnetz interessiert waren und nicht am eigentlichen Werk in Essen – die eigene neue Anlage in Wörth war ja nicht ausgelastet, warum also noch weitere Kapazitäten aufbauen? –, ließ Daimler-Benz die Produktion auslaufen. Dennoch unterhielt das Unternehmen auf Jahre hinaus ein vorzüglich ausgestattetes Depot an Ersatzteilen für die bis dahin hergestellten Krupp-Laster.

Der Krupp L 70 BF(L) 4 »Büffel« mit 160-PS-Motor wurde von 1957 bis 1959 produziert.
(Foto: © Krupp / Samml. Gebhardt)

Krupp S 806 Koffersattelschlepper, 1967. (Foto: © Ralf Weinreich)

Mit 12 Tonnen Nutzlast war der 230 PS starke Krupp LF 1060 von 1963 für den Export bestimmt. (Foto: © Krupp / Samml. Gebhardt)

Sein Cummins-Diesel versorgte den Krupp FL 380 (1966–1968) mit 250 PS. Krupp hatte 1963 mit Cummins eine Lizenzvereinbarung geschlossen. (Foto: © Ralf Weinreich)

Eines der letzten Lkw-Modelle von Krupp war der schwere Haubenlaster AK 1080 von 1968. Sein Cummins-Diesel bescherte dem Achttonner 265 PS. (Foto: © Ralf Weinreich)

DEUTSCHLANDFAHRT

Im Alltag führen sie in ihren Transportunternehmen Regie über moderne Lkw, in ihrer Freizeit fahren sie selbst: Spediteure und Transportunternehmen finden sich alle zwei Jahre zur »Deutschlandfahrt für historische Nutzfahrzeuge« ein, um zehn Tage lang selbst hinter dem Steuer zu sitzen.

Die Lkw, Transporter und Omnibusse, die an der Historischen Deutschlandfahrt teilnehmen sind mindestens 30 Jahre alt, teilweise sogar noch viel älter und bestenfalls im Museum zu erleben. Ein Krupp, Henschel oder Büssing ist heutzutage seltener als jeder Porsche oder Ferrari. Denn anders als diese – die schon damals als Sammlerstücke gehegt und gepflegt wurden – hatte ein Lastwagen rund um die Uhr zu funktionieren. Schonung? Gab's nicht, stattdessen Kilometerfressen im Fernverkehr oder Ton, Steine Scherben wegkarren auf der Baustelle. Und wenn sie danach nicht komplett erledigt waren, wurden sie für kleines Geld in den Export verschifft. Die anderen wanderten, weil abgeschrieben, am Ende ihrer Nutzungsdauer gleich auf den Schrott. Ihr allmähliches Verschwinden hat man eigentlich gar nicht recht wahr genommen, man wird sich dessen erst bewusst, wenn einer der wenigen Überlebenden unvermutet im Straßenverkehr wieder auftaucht.

Entsprechendes Aufsehen erregt dann die zweijährige Oldtimer-Karawane durch Deutschland. Für die Fahrer bedeutet das Schwerstarbeit, Bremskraftverstärker, Klimaanlage oder Servolenkung wurden damals für entbehrlich gehalten – so wird verständlich, warum früher ein »Kraftfahrer« als solcher bezeichnet wurde…

Die längst als Mille Miglia der Lkw-Oldtimerbranche geltende Tour läuft alle zwei Jahre unter der Schirmherrschaft des Verbandes der Automobilindustrie (VDA). Die Veteranen bewegen sich rund 1.200 Kilometer weit auf alten Verkehrsachsen von Stuttgart aus gen Norden. Sie befahren Handelswege, die das Rückgrat unserer Transportlogistik sind. Im Jahr 2016 fand die Veranstaltung zum 15. Mal statt, 125 Oldtimer waren bei bestem Spätsommerwetter am Mercedes-Benz-Museum in Bad Cannstatt am Start: Raritäten längst verblichener Marken wie VEB Horch oder Gräf & Stift teilten sich den Parkplatz mit chromverzierten Ikonen aus Übersee und den Veteranen namhafter europäischer Hersteller. Die Tour endete am 9. September in Hamburg, ausgewählte Teilnehmerfahrzeuge brachten dann einen Hauch von Große Freiheit zur Nutzfahrzeug-IAA 2016 nach Hannover.

Seit 1987 veranstaltet der ETM Verlag zusammen mit der Spedition Fehrenkötter diese Fahrt, um damit das Image der Nutzfahrzeugbranche aufzubessern und das Verständnis zwischen Autofahrern und Truckern zu fördern. Außerdem soll den Besuchern an der Strecke ein Stück Nutzfahrzeuggeschichte näher gebracht werden.

Das mag vielleicht nicht immer gelingen, doch ein sehenswertes Spektakel wird allemal geboten, und den Veteranen der Straße wird bei dieser Gelegenheit zuteil, was ihnen während ihrer aktiven Dienstzeit versagt blieb: Sympathie und Verständnis, nicht zuletzt auch für die hart arbeitenden »Kapitäne der Landstraße«.

Das Teilnehmerfeld ist bunt gemischt. Mitfahren dürfen Lkw, die mindestens 30 Jahre alt sind, teilweise stammen sie sogar aus der Vorkriegszeit. .   (Foto: © Thomas Kueppers)

Die Tour mit historischen Nutzfahrzeugen soll das Image der Lkw-Branche verbessern und den Besuchern entlang der Strecke ein Stück Nutzfahrzeuggeschichte näher bringen.

(Foto: © Thomas Kueppers)

Am Freitagmorgen um 10:00 Uhr machten sich über 100 Lkw von Stuttgart aus auf nach Speyer. Die zweite Etappe führt von dann von Speyer nach Trier.

(Foto: © Thomas Kueppers)

Der ETM Verlag veranstaltet die Deutschlandfahrt zusammen mit der Spedition Fehrenkötter, der dieser Büssing gehört, im Zweijahrestakt. Die 15. Auflage begann am 1. September 2016.

(Foto: © Thomas Kueppers)

MAGIRUS-DEUTZ

Im Jahr 1864 gründete der 40-jährige Ulmer Feuerwehrkommandant Conrad Dietrich Magirus eine Fabrik zur Herstellung von Feuerwehrbedarfsartikeln. Neben Feuerlöschgeräten konzentrierte sich Magirus vor allem auf den Bau von ausziehbaren Leitern. Um diese mobil zu halten, wurden anfangs Pferde, nach der Übernahme des Geschäfts durch seine Söhne dampfgetriebene Fahrzeuge eingesetzt. Die Leitersysteme kamen aber nicht nur zivil im Feuerwehrbereich zum Einsatz, auch die Militärs hatten Verwendung für diese. Weil die Geschäfte von Magirus gut liefen, war das Unternehmen in der Lage, 1914 in Solfingen ein zweites Werk zu errichten. Nachdem die Verbindung zu den Militärs erst einmal hergestellt war, folgte als nächster Schritt im Jahr 1916 deren Anfrage nach einem Dreitonner für den im Gange befindlichen Ersten Weltkrieg. So kam es, dass die Ulmer Firma 1917 in den Bau von Lastkraftwagen einstieg, die weltweit erstmals metrische Maße anstelle der bisherigen Zollgewinde aufwiesen. Als Nächstes wurden die Leder-Riemenantriebe von der Gelenkwelle ersetzt. Nach dem Ersten Weltkrieg ergänzte Magirus sein Programm um Omnibusse und – selbstverständlich – um Feuerwehrfahrzeuge.

1916 begann Magirus mit dem Bau seines ersten Lastwagenmodells, des Dreitonners 3C-V110.

(Foto: © Archiv Iveco-Magirus)

DIE ERSTEN LASTWAGEN-SERIEN VON MAGIRUS

Der Bedarf nach Lastkraftwagen war allerdings in den ersten Friedensjahren recht zurückhaltend, sodass Magirus gezwungen war, zur Auslastung seiner Werke eine Zeit lang weitere Produkte wie Anhänger und Güterwagen herzustellen. Um sich am Markt in diesen schwierigen Zeiten besser behaupten zu können, schloss sich Magirus zu Beginn der 20er Jahre mit den Firmen Dux, Presto und Vomag zur DAK (Deutscher Automobil Konzern) zusammen. Diese Organisation sollte die Typen der beteiligten Unternehmen aufeinander abstimmen und den Verkauf und den Vertrieb optimieren. Leider waren die Hoffnungen größer als das Ergebnis der gemeinsamen Bemühungen, sodass die Unstimmigkeiten untereinander 1926 zur Auflösung der DAK führten. Magirus weitete seine Lastwagenpalette in den kommenden Jahren auf verschiedene Nutzlastklassen aus und ergänzte sie zudem um Kommunalfahrzeuge. Ende der Zwanziger war es Zeit, das Magirus-Lastwagenprogramm zu überarbeiten. Das Unternehmen hatte die erste schwierige Nachkriegszeit gemeistert und vom bisherigen Import-Verbot ausländischer Fahrzeuge nach Deutschland profitiert. Doch dies änderte sich im Jahr 1924. Die Konkurrenz aus dem Ausland, die ab sofort für den deutschen Markt zugelassen war, erwies sich bald als technisch fortschrittlicher und übte gewaltigen Druck auf die deutschen Fahrzeughersteller aus.

Um dagegen bestehen zu können, schufen die Ulmer ab 1927 ihre zweite Lastwagen-Serie. Magirus mangelte es allerdings vor allem an modernen, schnellen Sechszylinder-Motoren. Diese Tatsache sowie Fehlentwicklungen, um diesen Mangel zu beheben, brachten die Firma in diesen Jahren in finanzielle Bedrängnis. Versuche mit einem in Lizenz gebauten Maybach-Motor fielen nicht zur vollen Zufriedenheit aus, dennoch kam er in einigen Modellen zum Einsatz. Einen Ausweg bot schließlich der US-amerikanische Continental-Sechszylinder-Benzinmotor 16C, der im Modell M1 eingesetzt wurde und sich dort sehr gut bewährte.

Diese zweite Lkw-Generation bestand aus den Modellen MM3/4, ML-V100 (1927), M2 und M1(1928/29), MLA und MLO (1929). Die Bereifung wurde auf Luftreifen umgestellt. Lediglich der ML-V100 sowie der M2-V100 hatten noch einen älteren Vierzylinder-Motor von Magirus eingebaut. Die Einführung von Dieselmotoren im Lastwagenbereich 1927 beantwortete Magirus erst fünf Jahre später mit einem Sechszylinder-Diesel aus eigener Konstruktion.

EIN FAHRZEUG- UND EIN MOTORENHERSTELLER GEHEN ZUSAMMEN

Doch Magirus war noch nicht heraus aus der Bredouille. Die beginnende Weltwirtschaftskrise verschärfte die Lage des Ulmer Unternehmens. Mittlerweile waren so viele Kredite an Magirus vergeben worden, dass die Banken zu keinen weiteren mehr bereit waren. Schlimmer noch – wäre es nach ihnen gegangen, dann hätte die Firma

Dieser Zweitonner 2C-V110 wurde bereits im Rahmen der DAK produziert.

(Foto: © Archiv Iveco-Magirus)

Das Modell 1C-V100 war ein Magirus-Eintonner aus dem Jahr 1926 in der Ausführung als Möbel-Kastenwagen.

(Foto: © Archiv Iveco-Magirus)

Der Magirus M10 Frontlenker mit aufgemaltem, stilisiertem Ulmer Münster aus den 1930er Jahren und daneben ein Magirus 2 CV Haubenlaster aus den 1920ern.

(Foto: © Auto-Medienportal.Net/Iveco)

Im M1-Schnelllastwagen von 1929 saß bereits der Continental-Motor 16C.
(Foto: © Archiv Iveco-Magirus)

Magirus MLO von 1932 mit 3,5 bis 4 Tonnen Nutzlast. Letztere Version kam mit einem selbstentwickelten Sechszylinder-Benzinmotor.
(Foto: © Archiv Iveco-Magirus)

Das Modell ML-V100 gehörte zur zweiten Lkw-Generation von Magirus. Es erschien 1927 und hatte eine Nutzlast von 3 bis 4 Tonnen.
(Foto: © Archiv Iveco-Magirus)

MAGIRUS-DEUTZ

Der Frontlenker M10 von 1933 markierte mit 1 Tonne Nutzlast das untere Ende der Magirus-Lkw.
(Foto: © Archiv Iveco-Magirus)

Magirus-Möbelwagen M45 von 1937 mit nagelneuem Kühleremblem.
(Foto: © Archiv Iveco-Magirus)

bereits zu Beginn der Dreißiger aufgehört zu bestehen.

Doch es kam anders. 1933 gab es in Berlin einen folgenreichen Regierungswechsel. Für die deutsche Wirtschaft setzte eine Aufschwungphase ein – ebenso für Magirus. Die Ulmer begannen, ihr drittes Lastwagenprogramm zu entwickeln. Es entstanden u. a. die Modelle M10 – so etwas wie der Ur-Vater aller Sprinter, Crafter oder Ducatos – , M20, M37, M40, M 45, M50 und M65, die endlich mit eigenen Dieselmotoren ausgestattet werden konnten. Diese neue Lkw-Serie deckte bis 1936 die Nutzlasten zwischen 1 und 8,2 Tonnen ab. Zusätzlich produzierte Magirus von 1934 bis 1937 für Reichswehr und Wehrmacht den leichten Dreiachser M 206.

Dann geschah das zweite folgenreiche Ereignis. Der Kölner Motorenbauer Deutz war schon eine Zeit lang auf der Suche nach einem geeigneten Fahrzeugbauer für seine Motoren gewesen und fand diesen nun in Magirus. Zwischen beiden Firmen kam es zu Verkaufsverhandlungen und in der Folge übernahm Deutz 1936 den Ulmer Fahrzeughersteller. Zwei Jahre darauf firmierte das fusionierte Unternehmen als »Klöckner-Humboldt-Deutz« (KHD). Von nun an wurden alle Magirus-Fahrzeuge mit Deutzmotoren ausgestattet. Gleichzeitig stellten die Ulmer ihren eigenen Motorenbau ein – mit Ausnahme einiger Motorenmodelle, die das Angebot der Kölner Mutterfirma ergänzten.

KHD investierte in neue Maschinen und in ein modernisiertes Lkw-Werk. Das Geschäft mit den Lastwagen lief sehr gut. Die Magirus-Lkw fanden nicht nur im Inland Absatz, sondern wurden weltweit exportiert. In der zweiten Hälfte des Jahrzehnts entwickelte sich dann die Wehrmacht zu einem Hauptabnehmer der Ulmer Lastwagen. Auch die Produktion der Feuerwehrfahrzeuge profitierte von den staatlichen Aufträgen. Magirus wurde zu Europas größtem Hersteller von Feuerwehrfahrzeugen.

Neue Modelle – allesamt ausgerüstet mit den Deutz-Dieselmotoren – ersetzten nun die alten, so kam der L240 für den M40, der L145 für den M45, der L150 für den M50 und der L165 ersetzte den M65. Ab 1937 entwickelte Magirus im Rahmen des Schellplans zusammen mit anderen Firmen einen 2,5-Tonnen-Einheitsdiesel, dazu gesellte sich der Magirus-eigene Dreitonner S330, ergänzt um einen 4,5-Tonner, für den ebenfalls Magirus zuständig war. Ab 1940 wurde bis Kriegsende die Bezeichnung »Magirus« nicht mehr verwendet. Die Fahrzeuge bekamen ein neues Kühleremblem mit der Aufschrift »Klöckner Deutz«. Nur die Feuerwehrfahrzeuge von Magirus blieben hiervon unberührt. Im Krieg wurde der S330 sowie seine allradgetriebene Variante A330 umbenannt in S3000 bzw. A3000. Um dem Treibstoffmangel zu begegnen, erschien von dem Fahrzeug zusätzlich eine Holzgasvariante. Das 4,5-Tonnen-Modell wurde ab 1941 produziert und trug die Bezeichnung S4500 sowie A4500. Ab 1943 durfte KHD nur noch Halb- und Vollkettenfahrzeuge für die Wehrmacht herstellen, außerdem weitere Rüstungsgüter (darunter Teile für den Düsenjäger ME 263) sowie einen Raupenschlepper. Zusätzlich entwickelte KHD in dieser Zeit einen luftgekühlten Motor, der 1944 Serienreife erlangte und vor allem für die Lastwagenproduktion nach dem Krieg bedeutsam wurde.

DURCHBRUCH DER LUFTGEKÜHLTEN DEUTZ-MOTOREN

Die Magirus-Werke kamen nicht ungeschoren durch den Krieg. Ein Werk wurde beinahe zur Hälfte, das andere fast völlig zerstört. Trotzdem konnte das Unternehmen vor der Zerschlagung gerettet und unter schwierigen Bedingungen nach 1945 Reparaturen für Fahrzeuge der US-Armee durchführen. Nach dem Bau von Lastwagen- und Omnibusaufbauten entstanden in Ulm bald wieder ganze Fahrzeuge vom Typ S3000 und A3000, anfangs jedoch wegen Treibstoffmangels mit Holzgasgeneratoren versehen, später mit wassergekühlten Motoren.

Ab 1948 erschien der S3000 erstmals mit dem noch in Kriegszeiten entwickelten luftgekühlten Deutz-Diesel. Dieser Motortyp erwies sich damals den wassergekühlten als weit überlegen, weshalb er in den kommenden Jahren im Programm von Magirus-Deutz – so die neue Markenbezeichnung für die Ulmer Fahrzeuge – die Oberhand gewann. Nach der Währungsreform 1948 begann auch für Magirus-Deutz der Aufschwung. Die Absatz- und Produktionszahlen sollten in den Wirtschaftswunderjahren kontinuierlich zulegen. Bis 1954 erschien mit den Modellen S3000, A3000, S3500

MAGIRUS-DEUTZ

und A3500 die erste Nachkriegs-Eckhauber-Generation. Erhältlich waren sie als Kipper, Sattelschlepper und Feuerwehrfahrzeuge mit Nutzlasten zwischen drei und 3,5 Tonnen.

Mit Beginn der 50er Jahre entschied sich Magirus-Deutz für ein neues Fahrerhaus-Design, das sich deutlich von allen Mitbewerbern absetzte: die Rundhaube. Den Anfang machte der S3500, ihm folgten bald die Modelle S4500, S5500, S6500 und S7500 nach. Sie deckten die Nutzlastklassen zwischen 3,5 und 6,5 Tonnen ab und hatten nach wie vor die luftgekühlten KHD-Motoren. Diese waren ursprünglich wassergekühlt gewesen, im Krieg hatte aber KHD auf Luftkühlung umgestellt: »Luft kocht nicht und gefriert nicht« – das Credo von Ferdinand Porsche, dem Käfer-Vater, mit dem dieser immer seinen luftgekühlten Boxermotor verteidigt hatte, galt auch für Diesel-Motoren. Im 3,5-Tonnen-Magirus leistete der 5,3-Liter-Diesel-Vierzylinder zunächst 85 PS und galt als ausgesprochen sparsam. Ein späterer Test lobte den Wirbelkammer-Diesel dann auch für sein Drehmoment und die hohe Elastizität: ».... macht das Schalten im Stadtverkehr zur Seltenheit«, selbst im Betrieb mit Anhänger. Er kostete mit Pritsche, aber ohne Spriegel und Plane, 14.700 Mark und war damit knapp 1000 Mark teurer als der 3,5-Tonner von Mercedes.

Nach 1954 versah Magirus-Deutz seine Fahrzeuge mit Planetengetrieben, bei denen sich die Zahnräder in ständigem Eingriff befanden anstelle der bisherigen einfachen Kraftübertragung mit einfacher Verzahnung, und das führte zu den für Magirus so charakteristischen Verkaufsbezeichnungen zusätzlich zu den bisherigen nüchternen Kombinationen aus Zahlen und Buchstaben. In der Folgezeit erschienen deshalb Magirus-Deutz-Laster mit Planetennamen wie »Mercur« – der 4,5-Tonner –, »Saturn«, »Jupiter«, »Uranus« oder »Pluto«. Kleinster Motor war ein Reihen-Vierzylinder mit 5,3 Litern Hubraum, gefolgt vom 7,96-Liter-V6 über den 10,6-Liter-V8 bis hin zum 16-Liter-V12. Ihre Leistung lag zwischen 85 und 250 PS.

Leider bewährte sich das auffallende und formschöne Rundhauben-Design im Gelände nicht besonders, die Haube war groß und im Geländeeinsatz nicht sonderlich verwindungssteif, wiewohl die Geräuschdämmung, je weiter das Jahrzehnt fortschritt, immer besser wurde, zum Schluss gar als vorbildlich galt: »Man kann sich jetzt auch bei hohen Motordrehzahlen ruhig unterhalten«, wusste die Presse schon Ende 1956 zu berichten. Das half aber auch nicht recht weiter, die »Rundhauber« kamen beim Publikum nicht so gut an wie erwartet, sie wirkten anscheinend nicht bullig genug. Anfang der Sechziger wurden sie daher allmählich wieder kantiger, und zum Ende des Jahrzehnts war auch der letzte Rundhauber Vergangenheit.

Ziemlich stabil wirkten dagegen die für Bau und Bundeswehr bestimmten Allradtypen, die 1953 vorgestellt wurden. Diese kamen von Anfang an als Eckhauber. Die Baureihe umfasste die Allradtypen A4500, A6500 und A7500, wobei die Technik der der Rundhauber entsprach. Der Saturn-Allradkipper war nach Meinung der Tester 1958 der beste Lastwagen des Ulmer Werkes; der stärkste deutsche Laster der damaligen Zeit war mit 250 PS der A12000 Uranus mit seinem V12-Motor. Allerdings wurde er von 1954 bis 1957 nur in kleinen Stückzahlen hergestellt und ging meist ins Ausland, da er für Deutschland zu schwer war.

Ende der Fünfziger brachte Magirus-Deutz die erste Frontlenker-Serie auf den Markt, nachdem zur IAA 1955 mit dem Saturn 200 der erste Lkw mit kippbarer Kabine gezeigt worden war. Die Reaktionen darauf waren verhalten, Fernfahrer galten als sehr konservativ. Die neuen Frontlenker erhielten wieder die bekannten Planetennamen wie Saturn, Jupiter und Pluto, deckten die Nutzlastklassen zwischen 4,8 und 11,45 Tonnen ab und leisteten zwischen 85 und 200 PS.

Als besonders gelungen galt das neue dreisitzige Frontlenker-Fahrerhaus, bei dem der 9,5-Liter-V6-Motor unter dem Mittelsitz versteckt war. Das sorgte, anders als bei den Frontlenkern der Konkurrenz, für ausreichend Beinfreiheit. Das Fahrerhaus bot eine gute Rundumsicht, und weil es verhältnismäßig weit über die Vorderachse hinaus ragte, hatte es anständige Türen, durch die man bequem einsteigen konnte. Und außerdem war eine Heizung serienmäßig, kurzum: »Alles in allem ein Fahrer-

Der 125 PS starke Magirus M145 ersetzte 1938 seinen Vorgänger M45.
(Foto: © Archiv Iveco-Magirus)

Der Sirius 90L wurde ab 1958 gebaut. Er war baugleich mit dem Modell S3500.
(Foto: © Ralf Weinreich)

Den S3500 gab es auch als Feuerwehrfahrzeug.   (Foto: © Vitalizer, CC-BY-SA-2.0))

Das Modell S330 von 1940 trug auf dem Kühler die Aufschrift »Klöckner Deutz«.
(Foto: © Archiv Iveco-Magirus)

Halbkettenfahrzeug M3000 »Maultier« von 1943.
(Foto: © Archiv Iveco-Magirus)

S7500 Jupiter von 1957 mit Fernfahrerhaus. Alle Magirus-Lkw der Nachkriegszeit hatten Luftkühlung.
(Foto: © Archiv Iveco-Magirus)

Der 170 PS starke Magirus Mercur A6500 gehörte zur zweiten Eckhauber-Serie.

(Foto: © Ralf Weinreich)

Erste Version der neuen Frontlenker-Reihe von Magirus-Deutz: Mercur FL von 1958.

(Foto: © Archiv Iveco-Magirus)

Der Saturn 145 FS leistete bis zu 145 PS und wurde von 1959 bis 1961 gebaut.

(Foto: © Archiv Iveco-Magirus)

Der Saturn TE gehörte ab 1963 zu den neuen, modernen Frontlenker-Lkw von Magirus.
(Foto: © Archiv Iveco-Magirus)

haus, das kaum noch Wünsche offenläßt«, mit »gewissenhafter Schalldämmung« trotz dem von Natur aus lauten Diesel mit Luftkühlung. Dieser leistete übrigens nun 145 PS und entsprach damit den nach 1958 gültigen Anforderungen (6 PS/t). Weil der neue Motor aber erst 1959 zur Verfügung stand, hatte es einer befristeten Ausnahmegenehmigung des Ministeriums bedurft, um den bisherigen 7,96-Liter-V6 (125 PS) weiter verwenden zu dürfen. Andernfalls hätte Magirus 1958 keinen neuen Lastwagen verkaufen dürfen. Nachdem zu Beginn der 60er Jahre im Zuge der EWG-Vereinheitlichungen die Gewichts- und Längenvorschriften standardisiert wurden und damit der deutsche Sonderweg endete, erweiterte Magirus-Deutz sein Angebot um weitere schwere Lkw, da nun auch im Inland höhere Nutzlasten gefahren werden durften: Das neue Jahrzehnt begann so mit einem erfreulichen wirtschaftlichen Aufwärtstrend – und einem neuen Design.

DAS JAHRZEHNT 1963 BIS 1973

1963 kam eine komplett neue, sehr sachliche Frontlenkerkabine, die der französische Designer Louis Lepoix gestaltet hatte. Kleiner Nachteil der neuen Linie: Der vordere Überhang war nicht mehr so groß, was den Einstieg für den Fahrer etwas erschwerte. Die Fahrerhäuser waren zwar anfangs feststehend, wurden aber 1965 dann in zwei Stufen kippbar gemacht, was die Wartung erleichterte. Einhergehend damit ging auch die Ablösung der in die Jahre gekommenen Planetennamen. Ersetzt wurden diese durch eine neue Bezeichnungsweise, aus der sich wichtige Fahrzeugeigenschaften ablesen ließen. Daraus entwickelte sich umgangssprachlich die D-Serie, mit der vor allem die neuen Frontlenker gemeint waren, obwohl noch einige Jahre lang zudem Rundhauber in dieser Serie erschienen. Die Laster hatten Motorleistungen von 90 bis 340 PS und Nutzlasten zwischen 3,5 und 26 Tonnen; die ab 1.1.1972 geltenden neuen Mindestanforderungen von 8 PS/t vermochten die Ulmer nicht in Verlegenheit zu bringen: Laut Gesetz musste ein 15-Tonner-Solowagen mindesten 120 PS und ein 38-Tonnen-Zug mindestens 304 PS unter der Haube haben, und das schaffte Magirus allemal, um so mehr mit dem neu eingeführten 17-Liter-V12, der 340 PS aufwies. Mitte der Sechziger indes war die Lage nicht so rosig, für keinen deutschen Nutzfahrzeughersteller: Die Konjunktur legte ein Päuschen ein, und die Kreditzinsen verteuerten sich spürbar. Und Magirus hatte, anders als die Konkurrenz, nur mittlere und schwere Klassen im Angebot. Außerdem war der typische Magirus ein Allrad-Kipper für die Baustelle, doch aufgrund der Krise in der Baubranche verkauften sich auch die »Kiesbomber« nicht mehr so gut: Binnen Jahresfrist verlor Magirus fast 1,5 % Marktanteil und fiel zurück auf 8,3 %.

Um diese Rückgänge aufzufangen, wurde das Programm nach unten ausgeweitet. Vermutlich um Zeit zu sparen, verzichteten die Ulmer auf eine Neuentwicklung und übernahmen stattdessen den Leichtlastwagen des Traktorherstellers Eicher. Der Eicher-Lkw wurde modifiziert und bediente die untere Nutzlastklasse bis acht Tonnen.

Zu Beginn der Siebziger erneuerten die Ulmer ihre in die Jahre gekommenen eckigen Hauber, von denen rund 300.000 Einheiten gebaut worden waren. Anders aber als die meisten anderen Lkw-Hersteller, die sich von dieser mittlerweile archaisch anmutenden Bauform verabschiedet hatten, griff Magirus-Deutz tief in die Tasche, um ein neues Baukastensystem für seine Baustellen-Klassiker zu entwickeln. Die »Neuen Bau-Bullen« kamen in neun Varianten – mit- und ohne Allrad – und Nutzlasten von 6,1 bis 14,8 Tonnen. Die wichtigsten optischen Unterschiede bestanden in den nun in den Stoßfänger gewanderten Scheinwerfern, den größeren Fensterflächen samt einteiliger Frontscheibe und dem geräumigeren Fahrerhaus mit breiteren Türen. Technisch indes war die neue Generation eng mit den Frontlenkern verwandt, angefangen vom neuen Leiterrahmen bis hin zu den Achsböcken: »Sie setzen einen neuen Maßstab auf dem Markt der Baustellen-Lkw«, resümierte das Stuttgarter Fachblatt nach einem ausführlichen Test im April 1971. Ab 1978 gab es die eckigen Langhauber nur noch als Allradversion.

1964 bekamen die Magirus-Deutz-Laster neue Bezeichnungen. Im Bild der Typ 230 D.
(Foto: © Ralf Weinreich)

MAGIRUS-DEUTZ

DER ZUSAMMENSCHLUSS ZU IVECO

Während sich bei vielen Nutzfahrzeugherstellern bereits im vorangegangenen Jahrzehnt die wirtschaftlichen Aussichten verdüstert hatten, war Magirus-Deutz bislang sehr gut durch die konjunkturellen Klippen geschippert und hatte 1970 sogar MAN vom zweiten Platz in der Klasse über acht Tonnen verdrängt, verkaufte mit 15.026 Lastwagen in dieser Klasse 4000 Einheiten mehr als im Vorjahr und 2500 mehr als MAN. An Daimler-Benz kam man aber nicht heran, die setzten im gleichen Zeitraum 50.707 Stück ab.

Doch danach begann sich die Lage auch für die Ulmer zu verschlechtern, trotz eines gigantisches Auftrags aus der Sowjetunion über die Belieferung von 10.000 Allrad-Haubern für die gut 3000 Kilometer lange Baikal-Amur-Eisenbahn in Sibirien. Hier waren, ein letztes Mal, die luftgekühlten Diesel-Motoren ein echtes Pfund und sicherten diesen fetten Exportauftrag. Dann kam die Ölkrise von 1973 und dämpfte die Nachfrage, und der Russland-Auftrag erforderte den Bau eines neuen, hochmodernen Werkes. All dies belastete den Ulmer Lkw-Hersteller schwer. Auch das Geschäft mit den Bau- und Militärfahrzeugen mit Allradantrieb lief nicht mehr so gut, hier machte sich die zunehmende Konkurrenz durch Mercedes-Benz bemerkbar. Und auch bei den leichten Lkw gab man sich Blößen, denn die Eicher-Lkw waren mittlerweile veraltet und hatten schon damals, zum Zeitpunkt der Übernahme, nicht als Maß aller Dinge gegolten. Keine Frage, KHD-Magirus hatte verschiedene Großbaustellen.

Um die Eicher-Laster zu ersetzen, ging Magirus-Deutz eine Kooperation mit den Firmen Volvo, DAF und Saviem ein – der sogenannte »Vierer-Club« entstand. Gemeinsam entwickelten die Partner ein neues Frontlenkerfahrerhaus. Obwohl mittlerweile luftgekühlte Motoren gegenüber den modernen, wassergekühlten Aggregaten ins Hintertreffen geraten waren, blieb Magirus-Deutz bei seinen luftgekühlten Motoren. Die Muttergesellschaft KHD separierte schließlich ihren Fahrzeugbereich und gründete 1975 die Magirus-Deutz AG. Weil auch andere internationale Fahrzeughersteller in Krisenzeiten auf Zusammenarbeit setzen wollten, schlossen sich Fiat/Lancia, der italienische Lkw-Hersteller OM, der französische Lastwagenbauer Unic sowie mit einem Anteil von 20 Prozent KHD mit ihrer Tochter Magirus-Deutz zum neuen Nutzfahrzeughersteller IVECO zusammen. Innerhalb der IVECO war Magirus-Deutz für die schweren Lastwagen zuständig. Weiter gebaut wurden zudem die Fahrzeuge der »Vierer-Club«-Reihe. In der Folge kam es zur kuriosen Situation, dass in Italien leichte Magirus-Deutz-Fahrzeuge entstanden, während im Ulmer Werk schwere Lkw fürs Ausland unter zum Teil anderem Namen produziert wurden.

Zu Beginn der Achtziger veränderte sich die Lage noch einmal, weil KHD sich ganz auf die Motorenherstellung konzentrieren wollte und kein Interesse mehr am Fahrzeugbau hatte. Deshalb ging 1983 die Magirus-Deutz AG vollständig in IVECO auf. Die neue Bezeichnung lautete IVECO Magirus AG. Doch es dauerte nicht mehr lange, da verschwand der Name Magirus vollständig von den Motorhauben der IVECO-Lastwagen, nachdem er zuvor bereits in der Schriftgröße immer kleiner ausgefallen war. Einzig auf den IVECO-Feuerwehrfahrzeugen war der Name Magirus noch präsent. 1989 beging Magirus, zusammen mit rund 50.000 Besuchern beim Tag der offenen Tür, sein 125-jähriges Firmenjubiläum, doch war da schon mehr IVECO als Magirus. 1993 schließlich erfolgte die Umstellung von luft- auf wassergekühlte Motoren, damit wurde die letzte Verbindung zur Vergangenheit gelöst. Der Ulmer Standort von IVECO hat die Lastwagenfertigung seit 2012 eingestellt (diese übernahm ein Madrider Schwesterwerk), wurde jedoch zum »Kompetenzzentrum für Brandschutz« inklusive Entwicklungsabteilung umgebaut und fertigte auf vier Montagestraßen Feuerwehrfahrzeuge. Im Werk Ulm befinden sich außerdem die Entwicklungs- und Versuchsabteilungen für die Schwerlastwagen des Konzerns. Inzwischen – seit 2013 – gehört IVECO zur CNH (Case New Holland), einem US-Konzern, der unter anderem auch Landmaschinenhersteller Case IHC, New Holland und Steyr besitzt. In Ulm arbeiten gegenwärtig rund 1500 Mitarbeiter, gerade erst – März 2017 – hat IVECO an diesem Standort ein neues Auslieferungszentrum für Lastwagen und Busse in Betrieb genommen.

Magirus-Deutz 170 D15 in Allradausführung. (Foto: © Ralf Weinreich)

Dieser IVECO-Turbo Allradkipper hat noch das alte Fiat-Fahrerhaus. (Foto: © Ralf Weinreich)

Mitte der 70er Jahre löste die MK-Reihe die betagten Eicher-Lkw bei Magirus-Deutz ab.
(Foto: © Ralf Weinreich)

In der Feuerwehrtechnik taucht der Name Magirus immer noch auf.
(Foto: © Jacopo Pristo, CC-BY-2.0)

In Zivil: Ein IVECO Stralis 420 als Tanksattelzug.

(Foto: © Ralf Weinreich)

SUPERTRUCKS

Henry Ford, so wird kolportiert, habe einmal gesagt, dass sein T-Modell in jeder beliebigen Farbe lieferbar sei, vorausgesetzt, diese sei schwarz. Nun mag diese mangelnde Vielfalt an den damals üblichen Klavierlacken begründet gewesen sein, die ewig brauchten, um zu trocknen. Nachdem Dupont neue, schnelltrocknende Lacke entwickelt hatte, wurde die Welt bunter, zumindest die der Personenwagen. In Sachen Lastwagen indes herrschte lange Einheits-Tristesse ab Werk, was daran lag, dass viele Kunden ihre Fahrzeuge sowieso in Hausfarben lackierten oder Werbung aufbrachten. Nutzfahrzeug-Hersteller stellten in erster Linie rollende Leinwände zur Verfügung, die der Kunde nach eigenem Geschmack bemalte. Im Prinzip hat sich daran nichts geändert, mit dem Unterschied, dass die im Werk aufgetragenen Lacke und Farben feiner, schöner, bunter geworden sind, und auch ein unbeschrifteter Lkw wirkt sehr ansehnlich. Doch ein Hingucker entsteht so nicht.

Wer genug hat von Stangenware und Einerlei, geht zum Lackierer seines Vertrauens, und unter diesen gibt es wahre Künstler. Diese Airbrush-Mozarts verwandeln mit viel Liebe und Leidenschaft einen Standard-Lkw zum viel bewunderten Supertruck. Tolle Motive außen, eine superb veredelte Kabine, Zubehör und Ausstattungsteile lassen das Herz jedes Truck-Fans höher schlagen.

Der Weg zum Supertruck ist langwierig, Planung, Artwork und Ausführung kann schon mal leicht ein Jahr und mehr in Anspruch nehmen. Auftraggeber, Designer und Lackierer müssen sich eng abstimmen, 1000 und mehr Arbeitsstunden sind bei einem solchen Projekt durchaus üblich, bevor so ein Kunstwerk über die Straßen rollen kann. Die hohe Kunst besteht aber darin, die Farb- und Motivauswahl in ein Gesamtkonzept einzubetten, das nicht nur die Außenhaut, sondern auch den Innenraum umfasst.

Anders aber als viele andere Schmuckstücke, die bei Tuning-Treffen die »Best of Show«-Trophäen abgreifen, sollte aber nicht vergessen werden: Supertrucks sind mehr als Katalogschönheiten und können noch immer bei Bedarf kräftig ranklotzen. Der Alltag aber wird durch sie viel bunter, ganz so, wie das T-Modell es konnte, nachdem das Einheits-Schwarz endlich der Vergangenheit angehörte.

Mercedes-Benz Actros 2551 L Giga Space »Highway Hero«: Der finnische Showtruck von 2014 befasst sich mit dem amerikanischen Trucker-Kult. Die Fahrerhausseiten des Actros sind Fernfahrer-Legenden gewidmet, die Silos Musikern wie Johnny Cash. Ein überragendes Gesamtkunstwerk, das nicht nur nach Meinung seines Besitzers kaum mehr zu toppen sein dürfte.

(Foto: © Daimler AG)

MAN-Gliederzug von Franz Datler. Superedel kommt das Auto des Österreichers daher. Airbrush-Details, wohin das Auge blickt. Immer steht im Mittelpunkt der Löwe und das MAN-Logo – egal ob an der TGX 18.440-Zugmaschine oder am Schwarzmüller-Anhänger.
(Foto: © Thomas Kueppers)

Airbrush-Kunstwerk: Der Mercedes-Benz Actros 1845 Giga Space der Spedition Josef Schumacher, Würselen, gehört zu einer Flotte von Showtrucks mit Themen der Weltgeschichte. Die Gestaltung des »Weltwunder«-Kühlaufliegers (der deutlich älter ist als die Zugmaschine) kommt von Walter Rosner.
(Foto: © Karl-Heinz Augustin)

Man muss nicht verrückt sein, um sich einen Showtruck aufzubauen, aber es hilft schon: Der Schwede Erik Lundmans hat auf seinen 2015er Actros 2551 mit Absetz-Wechsler von Joab eine mobile Sauna installiert. Motivstiftend war die schwedische Fernsehserie »Pistvakt«, Pistenwache.
(Foto: C Felix Jacoby)

Reservisten während des Ersten Weltkrieges auf einem 45-PS-NAG-Lkw vom Typ S 8-5.
(Foto: © Bundesarchiv, Bild 183-R22572, CC-BY-SA)

NAG-Lkw aus den Kriegsjahren im Jahr 1924.
(Foto: © Sammlung Schrader)

NEUE AU

NAG-Bus O7 mit einer Leistung von 30/32 PS aus dem Jahr 1907.
(Foto: © PD)

Nur 175 Stück wurden von diesem NAG D2 Doppelstockbus 1927 gebaut.

(Foto: © Ralf Weinreich)

Im Jahr 1901 richtete sich der deutsche Elektrokonzern AEG mit der Tochterfirma NAG (»Neue Automobil Gesellschaft«) eine eigene Automobilabteilung ein. Bereits zwei Jahre später erschienen erste Pkw, Omnibusse und Lastwagen, für die als Konstrukteur der Ingenieur Josef Vollmer verantwortlich war. Die Laster besaßen Motoren mit zwei bis vier Zylindern und maximal 18 PS Leistung, gebaut wurden sie in den Gewichtsklassen von zwei bis sechs Tonnen. Im selben Jahr stellte NAG den weltweit ersten Lastzug her, konnte sich aber wegen der mangelnden Tragfähigkeit von Straßen und Brücken nicht durchsetzen.

In dieser Frühzeit des Automobils erschienen quasi im Monatstakt modifizierte Modelle, und, abgesehen vielleicht vom Kühler, sahen sich alle Fahrzeuge sehr ähnlich. Das betraf auch die Fahrzeuge der AEG-Tochter; die neue Lastwagen-Generation von 1907 war vor allem eine leistungsstärkere Neuauflage mit höheren Nutzlasten – von drei bis sechs Tonnen – und höheren Motorleistungen von bis zu 45 PS. Außerdem ergänzte NAG nach 1905 sein Programm um zusätzliche kleinere Lieferwagen auf Pkw-Basis, wie etwa das Modell 8/9 PS für die Reichspost, der Typ VM mit 20/24 PS und 1,5 Tonnen oder der 1,5-Tonner N2.

Natürlich profitierte auch die NAG vom gewachsenen Interesse des Militärs und passte seine Entwürfe an das Subventionsschema des kaiserlichen Heeres an. So entstanden vor Ausbruch des Ersten Weltkrieges vor allem Subventionslastwagen und Zugmaschinen. Das Modell B 07 17 war ein Regeldreitonner mit 32 PS, der Typ S 85 hatte eine Motorleistung von 45 PS und eine Nutzlast von fünf Tonnen.

Tatsächlich bedeutete der Kriegsausbruch für NAG die Einstellung seiner Pkw-Palette, von nun an sah sich das Unternehmen in der Rolle eines wichtigen Lieferanten für Heereslastwagen und Flugmotoren. Im Zuge des damaligen patriotischen Überschwangs wurde es zudem noch umbenannt in »Nationale Automobil Gesellschaft«, was praktischerweise keine Änderung an den Initialen NAG nach sich zog. Noch vor Kriegsende bezog NAG eine toppmoderne neue Fabrik in Berlin-Oberschöneweide. Die Niederlage des Deutschen Reichs beendete erst einmal den Höhenflug des Unternehmens.

DIE LASTWAGENSPARTE KOMMT ZU BÜSSING

NAG gründete nach dem Krieg zusammen mit den Firmen Brennabor, Hansa und Hansa Lloyd die »Gemeinschaft für Deutsche Automobilfabriken« – GDA. Diese sollte sich um den gemeinsamen Vertrieb und die Modellabstimmung der Fahrzeughersteller kümmern. Unter diesen neuen Voraussetzungen brachte NAG noch einmal die Drei- und Fünftonner aus Kriegstagen als NAG L8 und KL8 auf den Markt, bevor es neue Lastwagenmodelle entwickelte. Von 1925 bis 1930 fertigte NAG den Viertonner NAG 5/1, im gleichen Zeitraum zusätzlich eine Sattelzugmaschine mit einem Sattelauflieger von acht bis zehn Tonnen Nutzlast und 70 PS. NAG musste jedoch wegen der verwendeten Sattelkupplungstechnik aus patentrechtlichen Gründen einen langwierigen juristischen Prozess führen.

Als die finanziellen Schwierigkeiten der Mitglieder anwuchsen, wurde die Organisation 1929 wieder aufgelöst. Trotz dieser Probleme übernahm NAG im Jahr 1927 die kleine Automobilfirma Protos (die zu Siemens gehört hatte) und ein Jahr später Presto. Diese Aufkäufe belasteten NAG allerdings zusätzlich, denn damit band man sich auch die Pkw-Produktion der übernommenen Firmen mit ans Bein. Allerdings ermöglichten die Presto-Werke mit ihren kurz zuvor aufgekauften Dux-Werken es NAG, seine Lkw-Palette um die leichten Schnelllaster NAG Z und 3 AZ mit 1,5 bis 2,5 Tonnen Nutzlast zu erweitern.

Trotz hoher Lkw-Stückzahlen konnte die AEG-Tochter keine Gewinne mehr erwirtschaften. Schuld daran war vor allem eine verfehlte Modellpolitik im Pkw-Bereich. Um den Nutzfahrzeugbereich zu retten, kam es 1930 zur Gründung der Büssing-NAG AG. Bereits zwei Jahre später übernahm Büssing die gesamte Nutzfahrzeugabteilung von NAG und betrieb sie unter eigenem Dach bis 1949 weiter. NAG führte seinen Pkw-Bereich noch bis 1934, dann legte AEG auch diesen still und verwendete die Werksanlagen anderweitig.

OPEL

1899 hatten die fünf Opel-Brüder, allesamt Söhne des erfolgreichen Nähmaschinen- und Veloziped-Produzenten Adam, in ihrer Rüsselsheimer Fabrik das erste Auto produziert, den Opel Patent-Motorwagen System Lutzmann. Dafür hatten die finanzstarken Rüsselsheimer die Motorwagen-Produktion von Friedrich Lutzmann in Dessau aufgekauft und die Produktion nach Rüsselsheim verlegt. Die Lutzmann-Wagen mit dem 3,5 PS starken Einzylinder-Viertaktmotor im Heck und Zweigang-Getriebe waren allerdings sehr anfällig und schon damals nicht mehr zeitgemäß, 1901 wurde die Lutzmann-Produktion eingestellt und stattdessen die Lizenzproduktion französischer Darracq-Wagen aufgenommen. Die Lernkurve der Rüsselsheimer wies nun steil nach oben, bereits 1906 hatte Opel ein breit gefächertes Modellprogramm aufzuweisen, richtete 1908 eine eigene Motorenfertigung ein und entwickelte 1909 einen Wagen mit 3,5 Tonnen Nutzlast. Der Typ 16/35 PS entsprach letztlich dem Subventions-Lastwagen für das kaiserliche Heer und verfügte über einen Kettenantrieb zur Hinterachse, damit entsprach die Konstruktion dem Regeldreitonner und wurde in großer Stückzahl vom kaiserlichen Heer beschafft. Im Ersten Weltkrieg avancierte Opel zum größten Lastwagenlieferanten der Armee, rund 4500 Stück entstanden. Die Nutzlast war nach Meinung des Militärs übrigens völlig ausreichend (ebenso der Kettenantrieb) daher beschränkten sich die Rüsselsheimer auch auf diese Tonnageklasse und bauten keine schweren Lastkraftwagen mit über fünf Tonnen Nutzlast.

Nach dem Krieg entdeckte Opel die unteren Tonnageklassen bis zwei Tonnen, auch der Regeldreitonner entstand, jetzt mit Kardanwelle, bis in die frühen Zwanziger hinein.

MIT DEM BLITZ IN DEN KRIEG

1929 übernahm General Motors den bisherigen Familienbetrieb, eine Folge der sich abzeichnenden wirtschaftlichen Lage und drohender horrender Erbschaftssteuern. Opel wiederum war für GM von Interesse, weil die Hessen ein attraktives Kleinwagenangebot und hochmoderne Fertigungsanlagen vorzuweisen hatten.

Erstes Modell nach der Übernahme war die neue Lastwagen-Baureihe, die dann unter der Bezeichnung »Blitz« in den Handel gelangen sollte. Angeboten mit einer (Vierzylinder) und zwei Tonnen (Sechszylinder) Nutzlast, hatte dabei der Chevrolet-Lkw von 1929 Pate gestanden. Der Sechszylinder-Blitz hatte einen 3,5-Liter-Motor von Buick unter der Haube; GM hatte die Fertigungseinrichtungen für dieses in den USA wenig beliebten Aggregats an die neue Auslandstochter abgegeben. Die neue Baureihe – der Name war im Rahmen eines Preisausschreibens gefunden worden – galt als robust und zuverlässig, Mitte des Jahrzehnts strebte der Marktanteil der Rüsselsheimer auf dem Gebiet der Schnelllastwagen zügig der 40-Prozent-Marke zu, was nicht zuletzt auch eine Folge des ständig wachsenden Angebots an leichten Lastwagen war. 1931 – das Führerhaus war deutschen Geschmäckern angepasst worden – erschien der 2,5-Tonner Blitz 3 L mit verschiedenen Radständen und verlängertem Niederrahmenchassis hauptsächlich für Omnibus-Aufbauten. Die Sechszylinder-Opel schafften gut und gerne 90 km/h, gefolgt vom kurzlebigen, 75 km/h schnellen Eintonner mit dem Vierzylinder-Motor aus dem Opel Olympia.

Außerdem waren die Opel so robust gebaut, dass sie bedenkenlos überladen werden konnten, was mit dazu führte, dass die Nachfrage förmlich explodierte: Die Rüsselsheimer hatten keine Kapazitäten mehr und stampften in Brandenburg an der Havel das größte und modernste europäische Lastwagenwerk mit einer Jahreskapazität von 25.000 Fahrzeugen aus dem Boden. Die Produktion begann im November 1935, die Leitung hatte der spätere Volkswagen-Chef Heinrich Nordhoff.

Bald nach der Machtübernahme der Nationalsozialisten senkte der Staat die Steuern für geländefähige Lastwagen um ein Drittel. Das war der Startschuss für den großen Opel Blitz, das bisherige Spitzenmodell Blitz 3 to, der den 2,5-Tonner ablöste. Dieser Opel stellte eine eigenständige Neukonstruktion dar (auch wenn zunächst noch der alte Buick-Sechszylinder verwendet wurde) und kam in Genuss erheblicher Subventionen, da das Militär den Dreitonner – trotz fehlendem Allradantrieb –

Der Opel »Koloss« war 1899 Opels erstes Nutzfahrzeug, auf Basis des Patent-Motorwagens.

Neue Lkw-Reihe nach der Übernahme durch GM: Opel Blitz aus dem Jahr 1930.
(Foto: © Stefan Röper, CC-BY-SA-3.0)

Opel Blitz Dreitonner von 1937 mit 73,5 PS Leistung. (Foto: © Opel AG, CC-BY-3.0)

Dieser Opel 10/45 Eintonner von 1926 war ein Vorgänger des berühmteren Opel Blitz. (Foto: © Opel AG, CC-BY-3.0)

Kriegsbedingt auf Treibgas umgestellter Opel Blitz Kastenwagen.

(Foto: © Ralf Weinreich)

Opel Blitz 3,6 S aus dem Jahr 1942.

(Foto: © Ralf Weinreich)

Opel Blitz Eindreiviertel-Tonner aus dem Jahr 1953 mit modernerem Fahrerhaus nach US-amerikanischem Vorbild.

(Foto: © Ralf Weinreich)

als »geländegängig« einstufte. Im April 1937 erhielt Opels Schnelllaster dann den 3,6-Liter-Sechszylinder aus dem Opel Admiral, bei dieser Gelegenheit wurde auch die Kühlerfront geneigt. Der 75 PS starke Lastwagen musste aber für den Militäreinsatz auf 68 PS gedrosselt werden und wurde im Rahmen des Schell-Plans zur Typbegrenzung in der Automobilindustrie zum einzig noch zu bauenden Lastwagen in dieser Tonnageklasse bestimmt. Damit avancierte er, mit unzähligen Aufbauten, zum Standard-Schnelllastwagen der Wehrmacht, dieser »Opel Blitz S«, der nach 1937 der Truppe zulief, wurde in über 100.000 Exemplaren gebaut, ab 1941 auch mit Allrad-Antrieb mit zusätzlichem Vorderachsantrieb, mit Differenzial und Reduktionsgetriebe. Der Blitz A hatte einen leicht kürzeren Radstand, dadurch änderte sich auch etwas die Optik. 25.000 Allrad-Blitz wurden gebaut, diese gingen ausschließlich an die Wehrmacht, und die Waffen-SS war es, die bei Opel ein Halbkettenfahrzeug auf Basis des Dreitonners in Auftrag gab. Von diesem »Maultier«, das anstelle einer Hinterachse ein Gleisketten-Laufwerk nach britischem Vorbild besaß, wurden 4000 Exemplare gebaut, wobei es auch Ford-Maultiere gab.

Da die Fertigungskapazitäten nicht mehr ausreichten, wurde auch Mercedes-Benz dazu gezwungen, den Blitz zu bauen, die Fertigung im Werk Mannheim war gerade angelaufen, als im August 1944 alliierte Luftangriffe Europas größte Lastwagenschmiede zerstörten. Das Werk, das nach Kriegsende in der sowjetischen Zone lag, wurde nicht mehr aufgebaut, Opel konnte zum Nachkriegsstart nur den zwischen 1938 und 1942 gebauten 1,5-Tonner anbieten.

Die in Mannheim gefertigten Lizenz-Blitze von Mercedes hatten größtenteils ein hölzernes Einheits-Fahrerhaus, die Brandenburger Originale besaßen stets eine Stahlkarosserie. Der Opel von Mercedes trug kein Markenzeichen, intern hieß er Daimler-Benz L 701.

DIE VERSÄUMNISSE DER NACHKRIEGSZEIT

Da die Mannheimer Blitz-Fertigung nicht zerstört worden war, baute Daimler den Dreitonner bis zum Sommer 1949 weiter, bevor dieser dann durch eine Neukonstruktion ersetzt wurde. Insgesamt waren nach dem Krieg bis 1949 bei Daimler-Benz rund 10.500 Dreitonner gebaut worden (wobei die Hälfte über die Opel-Schiene vertrieben wurde), Opel montierte aus Restteilen bis 1954 weitere 500 Stück.

In Rüsselsheim indes rollte wieder der 1,5-Tonner vom Band. Dieser war 1938 vorgestellt worden, hier saß der 2,5-Liter-Sechszylinder des Opel Kapitän unter der Haube. Diese Produktion lief 1942 aus und wurde vier Jahre später wieder aufgenommen, nach wie vor mit dem 2,5-Liter-Sechszylinder aus dem Kapitän – und Andrehkurbel. Die Fachpresse war auch in den frühen Fünfzigern von diesem Veteranen noch begeistert, der Normverbrauch des 95 km/h schnellen Pritschenwagens lag bei 15 Litern Kraftstoff auf 100 Kilometer. Auch wenn das geschönt war, wie Tests zeigten (wo im Schnitt 16,6 Liter durch den Vergaser stäubten: Für 7750 Mark gab es auf den Markt keinen vergleichbaren Pritschenwagen).

Anfang 1952 erschien – nach rund 40.000 Nachkriegs-Anderthalbtonnern – ein neuer Blitz. Technisch nahezu unverändert – neu indes waren die in Gummi angelenkten Teleskopstoßdämpfer hinten –, aber auf 1,75 Tonnen aufgelastet und auf dem neuen, für zwei Millionen Mark erbauten Opel-Versuchsgelände gründlich erprobt. Opel behielt den bekannten Kapitän-Motor mit 58 PS bei, versah den Blitz aber im Rahmen dieser Modellpflege mit einem komplett neuen Fahrerhaus nach amerikanischem Muster mit Fünfpunkt-Lagerung. Damit gehörte der Blitz zu den komfortabelsten und fahrsichersten Lastwagen in der Klasse bis zwei Tonnen (die der Blitz ab Frühjahr 1955 offiziell auch schleppen durfte), Schwachstelle indes blieb der Benzinmotor: Da Opel die Entwicklung eines Dieselmotors vernachlässigte, gab es keine Alternative zum zwar bewährten und laufruhigen, aber letztlich unzeitgemäßen Vergaser-Sechszylinder mit 62 PS: Hanomag hatte bereits seit 1950 einen Anderthalbtonner-Diesel im Programm, ebenso wie Mercedes, und beide begannen mit ihren Selbstzündern, den Rüsselsheimern den Rang abzulaufen.

Auch nach dem Zweiten Weltkrieg baute Opel Lkw in der klassischen Form wie diesen 1,5-Tonner von 1948.
(Foto: © Ralf Weinreich)

OPEL

Daran änderte sich auch beim Modellwechsel zur IAA 1959 herzlich wenig: Der neue Kurzhauber war zwar außerordentlich modern, bot eine vorzügliche Raumökonomie und pfiffige Lösungen, die den Fahreralltag erleichterten – besonders hervorgehoben wurde zumindest beim Kastenwagen der bequeme Einstieg hinter den Vorderrädern –, hatte aber den aus dem Kapitän bekannten 2,6-Liter-Sechszylinder unter dem Haubenstummel, hier auf 70 PS gedrosselt. Auch wenn die Laufruhe in höchsten Tönen gelobt wurde: Der kurzhubige Benziner war letztlich mit einem DIN-Verbrauch von knapp 15 Litern bei 70 km/h auf 100 Kilometer zu unwirtschaftlich, um sich auf Dauer behaupten zu können. Vom Rüsselsheimer Fließband rollte lediglich das Chassis in den Radständen 3000, 3300 und 3600 mm mit Motorhaube, Spritzwand und Vorderkotflügeln, die Aufbauten erstellten Karosseriebaufirmen im Opelauftrag. Zur IAA 1965 fand dann eine letzte Überarbeitung statt, das Styling wurde gefälliger und lastwagentypischer. Der Kapitän-Sechszylinder wurde ausrangiert, stattdessen kam der gleich starke 1,9-Liter-Vierzylinder aus dem Rekord zum Einsatz. Ein Diesel-Aggregat war weiterhin noch nicht in Sicht, um nicht weiter an Boden zu verlieren, wurde 1968 dann eine Variante mit dem 2,1-Liter-Selbstzünder von Peugeot verwendet. Mit diesem Wirbelkammer-Diesel hielt der Blitz, zuletzt lieferbar als 1,7-, 1,9-, 2,1- und 2,4-Tonner, bis Januar 1975 durch, dann war Schluss: Der Blitz zündete nicht länger. Insgesamt hatte Opel in der Nachkriegszeit rund 220.000 Leichtlastwagen gebaut.

ENGLISCHE VETTERN: DIE BEDFORD-BLITZ

Bereits zwei Jahre vor Einstellung des Lastwagenbaus bei Opel begann der Import von Bedford-Lastwagen, die auf der IAA 1973 als Bedford-Blitz in Deutschland vorgestellt wurden. Die Lieferwagen stammten aus dem britischen GM-Werk und waren eigentlich Vauxhall-Konstruktionen.

Zu einer gewissen Popularität brachten es die in zwei Radständen lieferbaren Transporter als Kasten- oder Kombiwagen, wobei Vergaser-Motoren mit 1,8 und 2,3 Litern Hubraum zum Einsatz kamen. Die Bedfords verkauften sich zunächst nicht schlecht, waren aber laut, durstig und lausig verarbeitet, aber billig zu haben (was nicht zuletzt daran lag, dass der englische Fahrzeugbau einer Leichtbauphilosophie huldigte). Etwas besser wurde die Lage zum Modelljahr 1976, dann nämlich gab es den Bedford mit Opel-Rekord-Diesel; die ursprünglich angedachte Ausweitung des Angebots bis hoch zum Schwerlastwagen wurde nie realisiert. 1987 endete der Bedford-Blitz-Import nach rund 29.000 Exemplaren, und mit ihm auch die Geschichte von Opel als eigenständigem Nutzfahrzeughersteller.

KOOPERATION: OPEL IM NEUEN JAHRTAUSEND

Ganz vom Nutzfahrzeug verabschiedete sich Opel allerdings nicht, die Rüsselsheimer legten, sozusagen, eine Denkpause ein. Als sie diese beendet hatten, hievten sie 1997 den Arena ins Programm. Dieser war eigentlich ein geborener Renault, hatte schon 15 Jahre auf dem Buckel und war hierzulande kein sonderlicher Erfolg. Der Arena war erster Ausdruck der 1996 begonnenen Zusammenarbeit mit Renault im Transporter-Bereich, machte aber gegen die Volkswagen-Transporter keinen Stich. Im Sommer 2001 endet die Arena-Ära, die Nachfolge trat der Vivaro an. Weitere Gemeinschafts-Baureihen folgten: Neben den in verschiedenen Abständen erneuerten Transportern im Gewichtssegment von 2,7 bis 2,9 Tonnen Gesamtgewicht gibt es, ebenfalls aus der Entwicklung mit Renault, seit 1998 die Movano im Sprinter-Segment zwischen 2,8 und 3,5 Tonnen. Mit der Zeit nahm die Modellpalette einen beachtlichen Umfang an, die Vielfalt an Radständen reichte von 3182 bis 4332 Millimetern, es gab drei verschiedene Dachhöhen, Front- oder Heckantrieb, je nach Ausführung, aber nur einen Motor, den 2,3-Liter-Turbodiesel mit Direkteinspritzung, der das Leistungsspektrum von 100 bis 147 PS abdeckte. Die Übernahme von Opel durch die PSA-Gruppe im Frühjahr 2017 dürfte aber das Ende dieser Transporter-Baureihen eingeläutet haben, auch die neuen Eigner sind ja in Sachen Transporter nicht schlecht aufgestellt.

Opel Blitz Pritschenwagen 2,0 Tonnen aus den 60er Jahren.

Die Vivaro-Nutzfahrzeugreihe trat ab der zweiten Hälfte des Jahres 2001 das Erbe der Arena-Modelle an. (Foto: © Opel AG)

Opel-Nutzfahrzeug aus den britischen Bedford-Werken: Bedford Blitz CF von 1973.
(Foto: © Charles 01, GFDL)

Der Opel Movano entstand ab 1998 in Zusammenarbeit mit Renault und Nissan. Hier die aktuelle Ausführung.
(Foto: © Opel AG)

Opel Vivaro Surf Concept ist ein Lifestyle Van, der Platz für bis zu sechs Passagiere hat und hinter den Sitzreihen über einen abgeschlossenen Laderaum verfügt.
(Foto: © Opel AG)

Der Dreiradwagen Phänomobil V mit 12 PS. (Foto: © Schrader)

Phänomen Postwagen 4 RL von 1931, mit einer Nutzlast von 0,75 to. (Foto: © Schrader)

Phänomen Granit 30 mit Holzaufbau als Sanitätswagen der Luftwaffe vor der Dresdner Frauenkirche in einer Filmkulisse. (Foto: © Sangreal, GFDL)

VEB ROBUR-WERKE ZITTAU

Phänomen Lieferwagen 4 RL Pritschenwagen für die Reichspost, 1927.
(Foto: © Ralf Weinreich)

Im Jahr 1888 gründete Karl Gustav Hiller in Zittau eine Firma für Textilmaschinen und begann im Jahr darauf mit der Fahrradherstellung. Damit hatte er schließlich so viel Erfolg, dass er um die Jahrhundertwende mit der Produktion von Motorrädern begann, die den schon länger von ihm verwendeten Markennamen »Phänomen« trugen. 1903 verwendete er dann Einzylinder-Viertaktmotoren aus eigener Fertigung, nahm dann Zweizylinder ins Programm, anschließend einen dreirädrigen Cyclecar, das »Phänomobil«. Eins kam zum anderen – so ein Pkw –, und um 1920 herum war Phänomen mit seinen leichten und relativ preiswerten Fahrzeugen eine feste Größe in der deutschen Autoindustrie.

Inzwischen als Aktiengesellschaft agierend, reagierte Phänomen auf eine Anforderung der Reichspost und entwickelte einen preiswerten, sparsamen und zuverlässigen Lieferwagen in der Nutzlastklasse bis eine Tonne. Diesen Typ, den 4 RL, konstruierte Hiller praktisch um den bereits bestehenden – und sehr guten – Vierzylinder-Viertaktmotor herum, damit war der Schritt vom Motorrad- und Kleinstwagenproduzenten hin zum Nutzfahrzeughersteller vollzogen. In rascher Folge erschienen in den Dreißigern dann diverse leichte Lastwagentypen, wie der Granit 25 (Nutzlast 1,5 t) von 1931 oder der Granit 30 (Nutzlast 2,5 t), allesamt mit dem zuverlässigen (und charakteristisch heulenden) luftgekühlten Vierzylinder versehen. Gemäß dem Schell-Programm baute Hiller dann den Granit 1500 mit 1,5 t Nutzlast, der dann nach dem Krieg als »Granit 27« seine Wiederauferstehung feiern sollte.

SCHWIERIGER NEUSTART

Im Krieg hatten die Phänomen-Werke Gustav Hiller A.G. Zittau unter Direktor Rudolph Hiller, dem Sohn von Gustav Hiller, ziemlich gelitten. Was nicht kaputt war, wurde im Frühsommer 1945 weitgehend demontiert. Firmenchef Hiller floh in den Westen, sein Betrieb wurde enteignet. Dennoch ging die Arbeit weiter, die Sowjets verlangten die Lieferung von 1000 Stationärmotoren als Reparation, und obwohl der Maschinenpark der Zittauer demontiert worden war, schaffte es das Unternehmen irgendwie, schrottreife Maschinen aufzutreiben und ihnen wieder neues Leben einzuhauchen. 1948 jedenfalls war klar, dass es weitergehen würde, am 1. Juli wurde Phänomen in die IFA (»IFA Werk Phänomen Zittau«) integriert, auch ein Zeichen dafür, dass der traditionsreiche Standort erhalten bleiben sollte. Allerdings rollte erst im Januar 1950 wieder ein neuer Phänomen-Lastwagen durch das Werkstor. Dabei handelte es sich um den letzten Kriegstyp Granit 1500 S, der jetzt wieder »Granit 27« hieß.

Die Lage bei Phänomen war vielleicht noch kritischer als bei den anderen Automobilherstellern in der DDR: Das Unternehmen verfügte über keine Zulieferbetriebe oder ausgelagerte Betriebsteile mehr; was es gegeben hatte, hatte der Krieg zerstört. Immerhin gelang es bis Mitte des Jahrzehnts eine Serienfertigung aufzubauen, auch wenn die Zittauer vieles im eigenen Haus anfertigen mussten.

Wichtigstes und für lange Jahre auch einziges Produkt war der Granit 27 mit 2,7 Litern Hubraum, 50 PS und Luftkühlung. Der Benziner war schon zu Kriegszeiten als Säufer verschrieen, weshalb die Zittauer mit der Entwicklung eines Dieselmotors begonnen hatten, diesen aber dann 1944 eingestellt hatten beziehungsweise einstellen mussten. Der Diesel kam dann acht Jahre später, 1953, hatte einen Hubraum von drei Litern – und Luftkühlung. Aus Kostengründen verwendeten Otto- und Dieselmotor möglichst viel Gleichteile, auch der Benziner hatte den größeren Hubraum erhalten; entsprechend ihres Volumens lautete die Typenbezeichnung des 55 PS starken Benziners »Granit 30 k« und des 52 PS starken Diesels »Granit 32«, wobei das »k« in der Modellbezeichnung der Vergaservariante auf die neue Ventilsteuerung hinwies.

VON PHÄNOMEN ZU ROBUR

Speziell für den Aufbau der Armee, die zunächst »Kasernierte Volkspolizei (KVP)« hieß, gab es 1952 eine Ausschreibung für Kübelwagen, an der neben BMW in Eisenach und Horch auch Phänomen am Start war. Die Zittauer stellten einen verkürzten Granit 27 vor und erhielten den Zuschlag: Der offene Granit 27 D/Zg (»Dienst- und Zugfahr-

VEB ROBUR-WERKE ZITTAU

zeug«) hatte viele Ähnlichkeiten mit den Wehrmachts-Fahrzeugen und verfügte über Allradantrieb. Ebenfalls von gestern war die Optik, doch die änderte sich erst 1955. Mit seiner neuen Schnauze und integrierten Scheinwerfern wirkte der Zweitonner jetzt etwas zeitgemäßer.

Wenn sich auch technisch nicht viel tat, so wuchs doch die Anzahl an Aufbauten, der Kunde hatte – theoretisch – die Wahl zwischen zwei Motoren, zwei Radständen, Heck- oder Allradantrieb sowie zahlreichen Aufbauten, was letztlich über einhundert Varianten ergab.

Weitere zwei Jahre später war der Traditionsname »Phänomen« Vergangenheit, nachdem die ehemaligen Inhaber Hiller, die in Westdeutschland eine Firma für die Produktion von Anhängern und Aufbauten aufgebaut hatten, die Rechte am Namen geltend gemacht hatten und gewannen. Daraufhin änderte das IFA-Werk im Laufe des Jahres 1956 die Typenbezeichnung von »Granit« in »Garant« und zu Jahresbeginn 1957 auch gleich die Firmierung in »VEB Robur-Werke Zittau«.

Bis zum Ende des Jahrzehnts rollten die Robur-Lastwagen praktisch unverändert vom Band, erst 1960 durfte – endlich – der Wechsel zum Frontlenker eingeleitet werden. Mit dem in erster Line für NVA gebauten Robur LO 1800 A (»Lastwagen«, »Otto-Motor«, Nutzlast in kg, »Allradantrieb«) begann die Neuzeit. Den Zivilmarkt bedienten die Zittauer ab 1961 mit dem hinterachsgetriebenen LO 2500, 1963 gab es die Frontlenker auch mit Diesel, Typcode dann »LD«. Beide Triebwerke – Diesel wie auch Benziner – wurden ständig verbessert, behielten aber die Luftkühlung bei. Auch an der unglaublichen Vielfalt an Varianten hielten Autobauer im Osten Sachsens fest. 1967 löste die Reihe LO/LD 1801/2501 die Vorgänger ab. Sie erhielten standardisierte Fahrerhäuser, die wegen angestrebten Exports in Länder mit Linksverkehr problemlos den Einbau von Links- und Rechtslenkung erlaubten. Weiterhin gab es eine Zweikreis-Bremsanlage, eine verstärkte Vorderachse und eine vereinfachte Frontmaske, die das bisherige »Haifischmaul«-Gesicht ablöste. Nutzlasterhöhungen und weiter leistungsverstärkte Triebwerke führten 1973 zur Reihe LO/LD 2002/3000. Zusätzlich entstanden ab 1983 Exportvarianten wie der LD 3002 oder der LD 2202 A.

STERBEN AUF RATEN

Wirtschaftlich indes war die Produktion nicht, 5000 Mitarbeiter fertigten ebenso viele Fahrzeuge im Jahr, es gab lange Transportwege, verschlissene Maschinen und ab 1967 mit dem neuen Werk in Ludwigsfelde einen Betrieb, der nach Meinung der SED-Führung einen viel besser geeigneten Standort für die LKW-Produktion darstellte: Robur entwickelte sich zum Problemfall, zum

Robur Phänomen Granit 32/52 PS bei einer Militärparade der DDR, 1952.
(Foto: © Sammlung Schrader)

Robur Lo 2500-1 Bus und Garant K 30 Verkaufswagen.
(Foto: © Ralf Weinreich)

Robur Phänomen Granit 30 K aus dem Jahr 1956.   (Foto: © Ralf Weinreich)

Robur Phänomen Garant im Dienste der Gesellschaft für Sport und Technik.
(Foto: © LutzBruno, CC-BY-SA-3.0)

Robur Phänomen Garant 30 K als Allrad-Sanitätsfahrzeug. Sein Vierzylinder-Vergasermotor leistete 60 PS.   (Foto: © Ralf Weinreich)

Robur LO 2500, gebaut ab 1961.

(Foto: © Jwaller, CC-BY-SA-3.0)

Robur LO 2002 bei den Streitkräften der NVA.

(Foto: © Alf van Beem, © PD)

Robur LO 2500 Pritschenwagen. Gebaut wurde dieser 2,5-Tonner zwischen 1961 und 1964.

(Foto: © Ralf Weinreich)

VEB ROBUR-WERKE ZITTAU

Stiefkind der DDR-Fahrzeugindustrie. Die Entwicklung einer neuen Lastwagenreihe mit Kippfahrerhaus (O 611 und D 609) und wassergekühlten Motoren musste 1980 abgebrochen werden, und spätesten dann – und nach dem klaren Bekenntnis des SED-Politbüros zum W 50-Nachfolger in Ludwigsfelde – war auch dem größten Optimisten unter den Robur-Mitarbeitern klar, dass man im Abseits stand. Ohne jegliche Investitionen und Unterstützung kämpfte sich Robur durch die Planwirtschaft der Achtziger. Die Betriebsleitung sah nur eine Möglichkeit, den Standort zu sichern und verstärkte ihre Exportbemühungen. Hätte man dort Erfolg, so ihr Kalkül, könnten durch die dort erzielten Devisen die Entscheider in Berlin vielleicht doch noch vom Wert des Unternehmens überzeugt werden. So wurden das Modellprogramm gestrafft und im Rahmen des »Safari«-Programms spezielle Exportmodelle entwickelt. Auch diesen Versuchen aber war nur mäßiger Erfolg beschieden. Zum Ende des Jahrzehnts waren Werke (Bautzen war so baufällig, dass es schon aus diesem Grunde von der Schließung bedroht war) und Fahrzeuge so hoffnungslos veraltet, dass noch nicht einmal die osteuropäischen Partner, sonst wahrhaftig nicht wählerisch, sich für den Robur noch so richtig begeistern konnten.

Die Wende machte die Sache nicht besser, die Lage schien hoffnungslos. Die Ostsachsen indes gaben nicht auf, stellten den Motorenbau ein und bezogen stattdessen Einbaumotoren von Klöckner-Humboldt-Deutz (KHD) und implantierten ihn in ihren aktualisierten Dreitonner, der unter der Bezeichnung LD 3004 weitergebaut wurde. Die Absätze brachen dennoch ein, 1991 arbeiteten bei Robur nur noch 220 Menschen. Und die hofften auf einen Großauftrag aus der Sowjetunion, wo über 50.000 Wagen innerhalb von sechs Jahren aus Teilesätzen montiert werden sollten. Das klappte nicht, auch ein ähnlicher Deal mit Litauen scheiterte. Letztlich wurde im September 1991 die Produktion des LD 3004 nach nur etwa 300 Exemplaren eingestellt; im Oktober 1996 war Robur dann Geschichte.

Robur mit einem Aufbau für Instandsetzungsdienste.　(Foto: © Ralf Weinreich)

Letzter Versuch: Robur LD 3004 mit Deutz-Motor und Atlas-Hakenlift.　(Foto: © Ralf Weinreich)

175

SAF / SAG

Theodor Bergmann, geboren 1850, war Erfinder und Alleininhaber eines Maschinenbauunternehmens zur Produktion von Guss- und Schmiedeteilen, dessen Geschichte mit einem 1680 gegründeten Eisenwerk begann. Seinen »Gaggenauer Eisenwerken« gliederte er 1894 die »Bergmann Industriewerke GmbH« an. Hier produzierte er nicht nur Haushaltswaren und Verkaufsautomaten, sondern plante mit dem Konstrukteur Joseph Vollmer sofort den Bau von Automobilen. Zu diesem Zweck etablierte er eine Automobilfabrik als Tochtergesellschaft der Industriewerke. Ab 1901 mitbeteiligt an dem Unternehmen war bereits der spätere Besitzer Georg Wiß. Zu den bekannten Modellen der Automobilfabrik gehörten der Pkw »Orient Express« sowie der ab 1904 hergestellte und als Volksautomobil geplante »Liliput« mit 4 PS. Der Orient Express war zudem die Basis für einen 1,5-Tonner mit 8 PS.

DIE SÜDDEUTSCHE AUTOMOBIL FABRIK UNTER GEORG WISS

Als für Bergmann der weitere Ausbau der Automobilfabrik zu teuer wurde, übernahm 1905 Georg Wiß das Werk und nannte es um in »Süddeutsche Automobil Fabrik«. Theodor Bergmann konzentrierte sich nun auf die Produktion von Faustfeuerwaffen in Suhl. Wiß war vor allem an der Herstellung von Nutzfahrzeugen interessiert und stellte den Produktionsschwerpunkt dementsprechend um. Schon ein Jahr später konnte Wiß ein vollständiges Programm von leichten bis schweren (sechs Tonnen) Last- und Lieferwagen vorstellen. Diese wurden innerhalb Europas und bis nach Mittelamerika exportiert und traten dort unter den Bezeichnungen »Gaggenau«, »S.A.F.« oder »S.A.G.« in Erscheinung.

In der leichten Klasse gab es den »Gaggenauer Lieferwagen« mit einer Nutzlast von 600 bis 800 kg und Leistungen zwischen 6/16 PS und 18/22 PS oder die D-Reihe mit Nutzlasten zwischen 0,5 und 1,5 Tonnen und 8/12 bzw. 45/50 PS Leistung. Im schweren Bereich präsentierte SAF u. a. einen Frontlenker, bei dem der Fahrer hoch oben über dem Motor saß.

Innovativ war die erste benzingetriebene Feuerspritze aus dem Jahr 1906. Darüber hinaus produzierte das Gaggenauer Werk Fahrzeuge für spezielle Zwecke wie etwa Langholz-, Telegrafen- und Kolonialwagen. 1910 überarbeitete S.A.F. die Modellpalette, um die Fahrzeuge den Subventionsvorschriften des deutschen Militärs anzupassen.

BENZ & CIE. ÜBERNIMMT DAS GAGGENAUER WERK SAMT LASTWAGEN

Der Erfolg der Süddeutschen Automobil Fabrik mit ihrem breit gefächerten Fahrzeugprogramm stellte Georg Wiß vor ein Problem: Wie kann ein kleiner Betrieb bei kleiner Stückzahlfertigung die erforderlichen Investitionen für eine Ausweitung der Fahrzeugproduktion schultern? Auch Wiß suchte in dieser Situation einen Partner und fand diesen 1907 in der »Benz & Cie, Rheinische Gasmotorenfabrik«. Trotz Auslastung mit seiner Pkw-Produktion wollte sich Benz das Geschäft mit den Subventionslastern nicht entgehen lassen. Die Interessengemeinschaft mit der S.A.F. löste dann die Probleme beider Unternehmen.

Die Gaggenauer stellten den Pkw-Bau ein und konzentrierten sich dann ganz auf die Lkw- und Omnibusproduktion, für Personenwagen war zukünftig ausschließlich Benz in Mannheim zuständig. Die finanzstarken Mannheimer kauften in den kommenden Jahren den Gaggenauer Hersteller schrittweise auf, nutzten nach 1911 noch übergangsweise den Namen »Benz-Gaggenau« und hatten 1912 die Übernahme vollzogen: Die Bezeichnungen »S.A.F.« bzw. »S.A.G.« waren Geschichte, die nunmehrigen »Benz-Werke Gaggenau GmbH« avancierten zur einzigen Produktionsstätte für Nutzfahrzeuge, auch nach der Fusion mit Daimler entstanden hier weiterhin Schwerlaster und schließlich der Unimog. Erst im Jahr 2002 endete im ältesten Automobilwerk der Welt die Fahrzeugproduktion. Stattdessen wandelte Daimler es in ein »Kompetenzzentrum« um zur Herstellung von manuellen und automatischen Getrieben, Achsen, Wandler und Pressteile.

Lastwagen der Bergmann Industriewerke in Gaggenau als Bierfass-Transporter.
(Foto: © Mercedes-Benz Classic)

Schwerer Frontlenker von S.A.G.-Gaggenau aus den Jahren 1906 bis 1910 mit Fahrersitz über dem Motor.
(Foto: © Mercedes-Benz Classic)

Dieser 3,5-Tonner der Süddeutschen Automobil Fabrik erschien 1910.
(Foto: © Mercedes-Benz Classic)

Der Lastkraftwagen D10-18 von S.A.F. wurde in den Jahren 1908 bis 1909 in Gaggenau gebaut. Seine Nutzlast betrug eine Tonne.
(Foto: © Sammlung Schrader)

IFA ADK 70-0

Dieser W 50L Pritschenwagen lief als Erster vom Band.
(Foto: © Ralf Weinreich)

oddesse

VEB IFA-AUTOMOBILWERKE LUDWIGSFELDE

Einige mustergültig restaurierte W 50L. (Foto: © Ralf Weinreich)

Am Rande von Ludwigsfelde war vor dem Krieg ein Flugmotorenwerk (»Werk Genshagen«) von Daimler-Benz angesiedelt gewesen, nach der Niederlage indes wurden die Werkshallen, beziehungsweise was noch davon übrig geblieben war, gesprengt. 1952 wurde auf Beschluss der SED-Führung auf der Brache ein neuer Industriekomplex mit elf Hallen hochgezogen, hier wurden zunächst Schiffsdiesel und Maschinenteile, zwischen 1955 und 1964 dann auch diverse Rollertypen produziert. Außerdem avancierte Ludwigsfelde zur Keimzelle der neuen DDR-Luftfahrtindustrie – wenn nicht, wie so oft – auf die hochfliegenden Pläne eine unsanfte Bruchlandung gefolgt wäre. Am 21. Dezember 1962 erging der Beschluss des DDR-Ministerrates zum Aufbau einer Lastwagen-Produktion am Standort Ludwigsfelde, anderthalb Jahre später, im Juni 1964, wurde der Grundstein für die gigantische, zehn Fußballfelder große LKW-Montagehalle gelegt. Die Jahreskapazität war zunächst auf 20.000 Lastwagen ausgelegt. Der erste W 50 rollte dann am 17. Juli 1965 aus dem neuen Werk, das nun als »VEB IFA-Automobilwerke Ludwigsfelde« firmierte.

Für Vortrieb im neuen Standard-Lkw sorgte im Prinzip der aus dem Vorgänger bekannte Vierzylinder-Diesel, der dank einer leichten Hubraumerhöhung von 6 auf 6,5 Liter nun 110 PS bei 2200/min leistete, 1967 erfolgte, nach der Umstellung auf Direkteinspritzung und das Mittenkugel-Verfahren von MAN, ein Leistungssprung um 15 auf 125 PS. Die maximale Zuladung lag bei 5,3 Tonnen, der Verbrauch bewegte sich in den Regionen von 20 bis 25 Liter, was damals durchaus in Ordnung ging. Die Kraftübertragung erfolgte über ein Fünfganggetriebe. Während es zum Antriebsstrang keine Alternative gab, so boten die Ludwigsfelder ihr Adoptivkind zunächst in vier Fahrgestell-Grundtypen an, als Allradler oder Hecktriebler, mit kurzem (3200 mm) oder langem Radstand (3700 mm). Standardausführung war die Pritsche, später kam der kaum weniger beliebte kurze Dreiseitenkipper mit kürzer übersetzter Hinterachse hinzu. Die Anzahl der lieferbaren Varianten wuchs ständig, 1985 sprach die Werksleitung von 59 Varianten und möglichen 240 Ausführungen, zu diesem Zeitpunkt hatten bereits 400.000 W 50 die Werkshallen verlassen. An denen, wie auch den Maschinen, nagte inzwischen gehörig der Zahn der Zeit, zwei Jahrzehnte fehlender Investitionen machten sich bemerkbar: Trotz aller Exporterfolge stand kein Geld zur Verfügung für dringend notwendige Weiterentwicklungen oder den Ersatz der verschlissenen Produktionsanlagen.

STAGNATION STATT WEITERENTWICKLUNGEN

Wie bei allen Produkten der DDR-Automobilindustrie wich man in den kommenden Jahren und Jahrzehnten von der einmal gefundenen Lösung nicht mehr ab. Grundsätzliche Neuerungen gab es nicht, man verließ sich auf die Qualitäten des W 50 als robusten, unverwüstlichen Allrounder, der insbesondere auch im Export als Allradwagen sich in Drittweltländern großer Beliebtheit erfreute. Erst in der zweiten Hälfte der Siebziger dämmerte es auch den Machthabern, dass selbst anspruchslose Exportkunden nicht mehr einfach Schlange standen, um einen W 50 zu ergattern. So begann man in Ludwigsfelde gezielt mit der Entwicklung für »junge Nationalstaaten«, von Allrad-W 50 für den Export in Krisenregionen, wo man die in Anschaffung und Unterhalt günstigen wie auch zuverlässigen Transportmittel aus der DDR zu schätzen wusste.

Im Lastenheft standen die Umgestaltung der W 50-Fahrerkabine zum Kipp-Fahrerhaus, die Einführung einer wartungsfreien Wasserkühlung, Trockenluftfilter mit hochgezogener Saugleitung, Hydrolenkung, Achtgang-Getriebe mit Schnellgang, druckluft-hydraulisches Zweikreis-Bremssystem, hydraulische Kupplungsbetätigung und eine Bordelektrik mit 24 V. Serienbeginn sollte 1983 sein. Doch bevor eine Realisierung möglich war, vollzog das SED-Politbüro eine weitere Kehrtwende und verlangte einen neuen Sechstonner, der mit einem neuen 180-PS-Diesel ausgerüstet werden sollte.

DER NEUE ALTE SECHSTONNER

Dieser neue Lkw sah zwar aus wie der alte W 50, hatte jetzt aber immerhin ein Kipp-fahrerhaus, was die Wartung erleichterte, und einen neuen Diesel-Direkteinspritzer mit 9,2 Litern Hubraum aus dem Motorenwerk Nordhausen. Der neue, moderne und konkurrenzfähige Sechszylinder saß in einem erheblich modifizierten Rahmen, hatte neue Bremsen, überarbeitete Achsen und eine neue Achtgang-Schaltgruppe. Außerdem hatte man die Hütte etwas netter möbliert und einen dritten Sitzplatz untergebracht, doch für ein neues, anständiges Fahrerhaus reichte das Geld nicht: Die neue Technik steckte in uralter Verpackung. Der L 60 (»L« für »Ludwigsfelde«) erschien in Allradausführung im Juni 1987. Hauptsächlich für den Export ausgelegt, wurden vorrangig auch für das Militär nutzbare Varianten wie Blechpritschenwagen für den Mannschaftstransport, Werkstattkoffer, Wasser- und Kraftstofftankwagen produziert. Größter Minuspunkt am neuen Laster aus Ludwigsfelde war aber die völlig unzeitgemäße Optik. Wobei: Verhandlungen mit Steyr und Volvo wie auch Prototypen mit Fahrerhäusern nach Entwürfen eines ostdeutschen Designer-Duos waren vorhanden, letztlich aber scheiterte wieder einmal alles am Geld: Die DDR-Führung machte für den Fahrzeugbau keine müde Mark locker, was nach der Wende das kollektive Aus für die DDR-Fahrzeugindustrie bedeutete. Auch die Ludwigsfelder wären beinahe untergegangen.

NOCH EINMAL DAVON GEKOMMEN

Inmitten der politischen Wende der DDR standen die Ludwigsfelder Automobilwerke so schlecht gar nicht da. Das »Auslaufmodell«, der parallel zum L 60 gebaute W 50 lief immer noch gut und war gefragt bei all denjenigen, denen der L 60 zu teuer war. Allerdings brach der Export als tragende Säule mit der Währungseinheit zusammen. Die meisten Importländer gehörten zum Ostblock oder waren Drittstaaten, die kaum in harter »D-Mark« zahlen konnten oder wollten. Das führte bereits 1990 zum Aus für den Exportschlager W 50, und der L 60 wurde nun vollends unerschwinglich. Glücklicherweise hatten bereits im Spätjahr 1989 sich Gespräche zwischen der IFA und potentiellen Käufern angebahnt, erste Wahl war MAN. Ziel war es, den Standort Ludwigsfelde zu erhalten. Auch Mercedes führte Gespräche, und die Schwaben waren zielstrebiger: Im März 1990 verkündete man, in Ludwigsfelde künftig Mercedes-Lastwagen bauen zu wollen. Im Mai wurde außerdem ein L-60-Prototyp mit Mercedes-Fahrerhaus gezeigt, so hätte der L 60 für die Exportmärkte weiter gebaut werden können. Da allerdings die potenziellen Kunden in »Westwährung« zahlen mussten, war das Ende der Marke IFA besiegelt: Bis zur schlussendlichen Übernahme des Ludwigsfelder Werkes durch Daimler-Benz sollte es zwar noch bis Jahresanfang 1994 dauern, der Weg dazu wurde jedoch schon in Verträgen am 5. Oktober 1990 gebahnt. Im Februar 1991 begann die Montage der leichten Lastwagen-Klasse von Mercedes, später wechselte man zur großen Transporter-Baureihe T 2, nach 2008 liefen dort bestimmte Ausführungen von Sprinter und VW Crafter vom Band. Nach dem Ende der Kooperation mit Volkswagen nutzt Mercedes-Benz Vans das Werk vollständig allein. Mit rund 2000 Mitarbeitern ist Ludwigsfelde das weltweit drittgrößte Transporterwerk von Daimler und das einzige in Europa, in dem die offenen Versionen des Mercedes-Benz Sprinter entstehen, die geschlossenen kommen aus dem Werk Düsseldorf. Rund 2000 Mitarbeiter fertigen rund 50.000 Transporter im Jahr.

Aus dem Versuchsstadium kam dieses Fahrerhaus eines dreiachsigen L 60 nicht heraus.

(Foto: © Ralf Weinreich)

Kein Vergnügen: Mit solchen Lastzügen gingen die Fahrten oft bis tief in die Sowjetunion.
(Foto: © Ralf Weinreich)

L 60 1218 Sattelzugmaschine mit einem nicht serienmäßigen Pritschenauflieger.
(Foto: © Ralf Weinreich)

Selbstverständlich kamen die bewaffneten Organe der DDR auch nicht ohne den W 50 L aus. Hier im Bild zwei Exemplare mit Niederdruckbereifung.　(Foto: © Ralf Weinreich)

Horch S 4000-1 Tankwagen und S 4000-1 Straßenzugmaschine.

(Foto: © Ralf Weinreich)

Dieser S 4000-1 Möbelwagen mit einem Stabholz-Anhänger stammt noch aus den 30er Jahren.

(Foto: © Ralf Weinreich)

Sein skurriles Aussehen verschaffte dem H 3B-Bus den Spitznamen »Maikäfer«.
(Foto: © Ralf Weinreich)

VEB KRAFTFAHRZEUGWERK ERNST GRUBE WERDAU

Nach dem Ende des Zweiten Weltkriegs machten die sowjetischen Besatzer Ostdeutschlands einzigen großen Lastwagenhersteller, die VOMAG in Plauen, dem Erdboden gleich. Lastwagen aber wurden für den Wiederaufbau dringend benötigt, und die sollten nun die ehemaligen Horch-Werke bauen. Die aber hatten keine Kapazitäten, also wurde kurzerhand ein neuer LKW-Hersteller gegründet.

Die Weisheit der staatlichen Planer hatte den ehemaligen Luxuswagen-Spezialisten den Bau eines Dreitonnen-Lastwagens auferlegt, für die es aber keine Motoren gab. Zu den wenigen Trumpfkarten der Horch-Entwickler, die jetzt in die neu gegründete IFA eingebunden waren, gehörten die Pläne einer neuen Dieselmotoren-Baureihe, die noch von der VOMAG stammten, aber nicht mehr umgesetzt worden waren. Diese Pläne für eine Baukastenreihe bildeten die Grundlage eines künftigen Motorenprogramms aus Zwei-, Vier- und auch Sechszylindern: der Zweizylinder als Stationär- oder Einbaumotor für Land- und Baumaschinen, der Vierzylinder für den neuen Dreitonner und einen Sechszylinder für einen darüber angesiedelten, noch zu entwickelnden größeren Lastwagen.

Der neue Dreitonner erhielt die Bezeichnung »H 3 A«, der zwischen 1948 und 1950 entwickelte Schwerlastwagen hieß »H 6« und sah dem Dreitonner zum Verwechseln ähnlich. Aus Kapazitätsgründen indes konnte dieser schwerste Lastwagen der DDR nicht zusammen mit dem H 3 A in Zwickau gebaut werden, für ihn wurde ein anderer Produktionsstandort benötigt.

Diesen fand man in der ehemaligen Sächsischen Waggonfabrik in Werdau. 1898 gegründet und zwischen 1928 und 1931 Teil des Waggonbaukonzerns Linke-Hofmann-Busch (LHB), danach als Fahrzeugbau Schumann GmbH als Aufbauhersteller für Nutzfahrzeuge betrieben und im Krieg zum wichtigsten Hersteller von Obussen aufgestiegen, hatten die neuen Machthaber eigentlich wieder den Waggonbau dort aufnehmen wollen. Allerdings gab es dazu keine Fertigungsanlagen mehr.

NEUSTART MIT OMNIBUSSEN

In Werdau hatte man aus Restteilen der Kriegszeit mit der Produktion von Omnibussen begonnen, danach die Konstruktion eines selbsttragenden Busses in Angriff genommen, der das Interesse der Verkehrsunternehmen fand, die dringend neue Kraftomnibusse benötigten. Die ersten Omnibusse aus Werdau von 1950 hatten noch die Maybach-Panzermotoren aus VOMAG-Beständen. Die 300 PS starken Benziner aus Kriegszeiten waren allerdings nicht nur durstig, sondern auch nur begrenzt verfügbar, daher war klar, dass ein neuer Motor gebraucht wurde, und den hatte man nun dank der VOMAG-Vorarbeiten. Unter diesen Vorzeichen fiel die Entscheidung, die Serienfertigung des Horch H 6 nach Werdau zu vergeben. Im Juli 1952 verließen dann die ersten H 6 das Werdauer Werk, das bis dahin zur »VVB LOWA« (Vereinigung Volkseigener Betriebe für Lokomotiv- und Waggonbau) gehört hatte und nun zur VVB IFA gehörte. Der offizielle Name lautete nun »VEB Kraftfahrzeugwerk Ernst Grube Werdau«. Der neue Name machte aber noch keinen Lkw-Hersteller, in Werdau fehlten die Erfahrungen im Lastwagenbau, auch eine leistungsfähige Zulieferindustrie musste erst aufgebaut werden. Und das war unter den herrschenden Bedingungen kaum möglich. Anfangs liefen die Sechszylinder-Motoren bei Horch in Zwickau vom Band und wurden dann per Bahn nach Werdau geliefert, ebnso wie zahlreiche weitere Komponenten. VOMAG hatte die Dieselmotoren-Baureihe ursprünglich für leichtere Lastwagen konzipiert, im Schwerlastbereich plante man bereits mit einem 200 PS starken Sechszylinder-Diesel, der dann nicht mehr gebaut wurde. Der wäre für den neuen H 6 viel besser geeignet gewesen, so aber musste sich der Horch zeitlebens mit dem letztlich viel zu schwachen 120-PS-Aggregat begnügen, der es nicht erlaubte, das Potenzial der an sich gelungenen Lastwagen-Konstruktion auszuschöpfen.

1954 verlagerte Horch einen Teil seiner Dieselmotorenfertigung, und des für Werdau bestimmten Sechszylinders, ins Dieselmotorenwerk Schönebeck. Dort steigerte man seine Leistung auf immerhin 150 PS. Als er 1957 in die Werdauer Fertigung Einzug hielt, fehlte ein geeignetes Getriebe, sodass die Motorleistung wieder auf 120 PS

VEB KRAFTFAHRZEUGWERK ERNST GRUBE WERDAU

zurückgenommen werden musste. Und als die Getriebe endlich da waren, wurde der Lastwagenbau eingestellt ...

VOM H 6 ZUM G 5

Das mit dem Bau von Lkw und Bussen beanspruchte Werk in Werdau wurde durch die Verpflichtung, parallel zum H 6 auch den geländegängigen Dreiachser G 5 herstellen zu sollen, zusätzlich belastet. Der kantige Hauber war eine Konstruktion des Chemnitzer FEW und für das im Aufbau befindliche Militär der DDR bestimmt. Dass H 6 und G 5 konstruktiv nur wenig gemein hatten und eine Fertigung die Kapazitäten völlig überforderte, interessierte die Staatsführung nicht: Es gab kein weiteres Lastwagenwerk in der DDR, daher musste ab 1952 auch die Nationale Volksarmee bedient werden. Den Planzahlen hinkten die Werdauer hoffnungslos hinterher: 1954 konnten nur etwa 1800 H 6 und 200 G 5 abgeliefert werden. Als Konsequenz daraus mussten die Werdauer Omnibus-Spezialisten im Folgejahr den Omnibusbau an den VEB Waggonbau Ammendorf abgeben; da dieses aber mit der Situation überfordert war, wurde die Verlagerung Anfang 1957 wieder rückgängig gemacht. Trotz aller Widrigkeiten machte man sich in Werdau intensiv Gedanken um Nachfolger für diese erste Lastwagengeneration. Zur Umsetzung kam es aber nicht, denn nach den Ereignissen vom 17. Juni 1953 versuchte die DDR-Führung, den Lebensstandard der Bevölkerung zu verbessern. Daher wurde dem immer wieder verschobenen DDR-Volkswagen »Trabant« oberste Priorität eingeräumt, von dem aber in Zwickau aus Kapazitätsgründen nicht genügend gebaut werden konnten. Deshalb wurde Ende 1959 beschlossen, in Werdau den Bau des H 6 zu beenden und stattdessen die Fertigung des kleineren Dreieinhalb- bis Viertonners aus Zwickau aufzunehmen. Das sollte dort Platz schaffen für die Trabant-Produktion. Ausgenommen vom Produktionsstopp war lediglich der Militärlastwagen G 5, der wurde bis 1964 weitergebaut.

EIN FRONTLENKER AUS EIGENER INITIATIVE

Mit Jahresbeginn 1960 wurde der einstige Horch H 3 A, inzwischen zum Sachsenring S 4000-1 weiterentwickelt, nun ein Werdauer. Grundlegende Modifikationen wie die Steigerung der Nutzlast auf 4,5 Tonnen, ein Ganzstahlfahrerhaus oder auch eine verbesserte Vorderachse, die für Sattelzugmaschinen und Sonderaufbauten wie Ladekran usw. nötig gewesen wären, waren angedacht, aber nicht umsetzbar, ebenso wenig wie die Konstruktion eines modernen Nachfolgers gestattet wurde. Den entwickelten die Werdauer dann unter eigener Regie, auch wenn der erste Prototyp des neuen Lastwagens für die Armee, der W 45 LA (»W« für »Werdau«), zunächst noch als Hauber konzipiert war. Doch zumindest auf dem Papier existierte der Frontlenker bereits. Und dann kam der Zufall zu Hilfe.

Im März 1962 forderte Walter Ulbricht in seiner Rede auf dem VII. Deutschen Bauernkongress einen neuen Lastwagen für die Landwirtschaft. Die Werdauer präsentierten daraufhin auf höchster Ebene ihren Entwurf. Der Joker stach, plötzlich hatte das Projekt maximale Priorität und musste als Frontlenker zur Serienreife gebracht werden. Angedacht war ein Programm aus vier Grundtypen: der Standard-Lastwagen W 45 LF mit Hinterradantrieb, der Allradkipper W 45 LAF für die Landwirtschaft, eine Allrad-Zugmaschine für Anhänger- (W 45 LAZ) oder Sattelbetrieb (W 45 LAS) sowie eine Allrad-Variante für die Armee (W 45 LAF Armee). Der Serienanlauf sollte in der zweiten Hälfte des Jahres 1965 unter der Bezeichnung »W 50«beginnen, was der gestiegenen Nutzlast Rechnung trug. Die Serienfertigung aber sollte statt in Werdau in Ludwigsfelde erfolgen. Die Lkw-Fertigung endete 1967, »Ernst Grube« baute danach Anhänger und dann ab Mitte der achtziger Jahre Ersatzkarosserien für den Trabant. Nach der Wende wurde das Unternehmen zum 10. Juli 1990 in Fahrzeugwerk Werdau GmbH umfirmiert und an Kögel verkauft. Der Ulmer Anhängerproduzent ging 2004 in Insolvenz, die Kögel Werdau GmbH & Co. Fahrzeugwerk entkam dem Untergang und bietet als SAXAS Nutzfahrzeuge Werdau GmbH Transportlösungen für den Verteilerverkehr an, insbesondere für die Deutsche Post.

Eher untypisch: eine H 6 Zugmaschine mit dreiachsigem Kippanhänger.

(Foto: © Ralf Weinreich)

Wegen seiner Geländegängigkeit wurde der G 5 auch als Feuerwehrfahrzeug eingesetzt.
(Foto: © Ralf Weinreich)

Dreiseitenkipper mit Hunger-Aufbau.
(Foto: © Ralf Weinreich)

Im zivilen Bereich wurden G 5 Tanker vornehmlich in der Landwirtschaft eingesetzt.
(Foto: © Ralf Weinreich)

Früher Vomag-Lkw: ein Transportfahrzeug für die Biermarke Löwenbräu.
(Foto: © Alf van Beem, PD)

Ein »Riesen-Personenbeförderungsauto«: Demonstration der Länge des Vomag-Busses.
(Foto: © Bundesarchiv, Bild 102-02037, CC-BY-SA-3.0)

Auch wenn es mal etwas zu reparieren gab, wusste die Deutsche Reichsbahn Gesellschaft die Zuverlässigkeit der Laster aus dem Vogtland zu schützen. (Foto: © Sammlung Ralf Weinreich)

VOMAG

1881 gründeten zwei Unternehmer die Vogtländische Maschinenfabrik J. C. & H. Dietrich. Was großmundig als Fabrik bezeichnet wurde, war im Grunde genommen eine bessere Werkstatt zur Herstellung von Stickmaschinen. Deren Herstellung indes verlangte höchste Präzision, und weil die Plauener das liefern konnten, nahm Dietrichs Werk einen rasanten Aufschwung. Mit vollautomatischen Stickmaschinen und Druckmaschinen avancierte die VOMAG zum Weltmarktführer.

Gewaltige Gefährte waren die Dreiachser von Vomag vom Typ DL 48.

(Foto: © Schrader)

VON STICKMASCHINEN ZU LASTWAGEN

Bis zum Ersten Weltkrieg hatte die VOMAG keine Fahrzeuge gebaut, doch eine Fabrik dieser Größenordnung wurde zwangsläufig in die Rüstungsproduktion eingebunden: Die Oberste Heeresleitung beauftragte das Unternehmen mit dem Bau des bei Magirus entwickelten Regeldreitonners, dem in Teilen vereinheitlichten Einheitslastwagen des kaiserlichen Heeres. Dazu mussten erst einmal entsprechende Kapazitäten geschaffen werden, das Unternehmen lieferte im Sommer 1916 die ersten Fahrzeuge aus, 1918 waren bereits 1000 Lkw an das Militär gegangen. Für die Fahrzeugproduktion gründete die VOMAG ein eigenständiges Unternehmen, das aber, wie alle anderen Automobilhersteller auch, in den ersten Jahren nach Kriegsende stark zu kämpfen hatte. Der Aufschwung in den Zwanzigern und die Tatsache, dass von der NAG ein fähiger Konstrukteur abgeworben werden konnte, führte dann dazu, dass die ursprünglich in erster Linie regional tätige »VOMAG Lastkraftwagen GmbH« mit ihren Lastwagen und Omnibussen sich als feste Größe im Nutzfahrzeugbau jener Jahre etablieren konnte.

Das Fertigungsprogramm der Zwanziger umfasste drei Grundtypen, den Dreitonner P (»Pritsche«) 30, den kleineren P 20 (zwei Tonnen Nutzlast) sowie den P 45. Da die VOMAG sich mit Presto, Magirus und Dux zum kurzlebigen »DAK«, dem »Deutschen Automobil-Konzern«, zusammenschloss, sollte sich VOMAG auf die Lastenklasse über drei Tonnen konzentrieren, daher wurde der P 20 kurz darauf wieder eingestellt (und später wieder ins das Produktionsprogramm aufgenommen). Für Vortrieb sorgten eigene Vierzylinder-Viertaktmotoren mit bis zu 80 PS, die Kraftübertragung erfolgte über eine Viergang-Handschaltung. Wie damals üblich, waren Vollgummiräder aufgezogen, erst 1925 wurden Luftreifen eingeführt. Zu diesem Zeitpunkt wurde auch der Grundstein für die zweite Lastwagengeneration gelegt, der neue Chefkonstrukteur war von der MAN gekommen. Ein neuer Fünftonner mit der Bezeichnung »5 Cz« (wobei das »z« auf den Kardanantrieb verwies) bildete den Auftakt, außerdem entwickelte VOMAG neue Sechszylinder-Motoren, die Leistung stieg auf 100 PS. Als erster deutscher Hersteller beschäftigte sich die VOMAG ab 1923 mit der Entwicklung von Niederrahmen-Bussen, bot als erster deutscher Hersteller Pritschenlastwagen mit hydraulischer Kippvorrichtung an (1925) und Falttüren für Stadtbusse (1928). Überhaupt sollten Omnibusse, neben den Lastwagen, zum zweiten großen Standbein der Nutzfahrzeugsparte werden. Mitte der Zwanziger entwickelte VOMAG auch einen Dreiachser, allerdings war hier die dritte Achse als Schleppachse ausgebildet, Büssing aber hatte einen Schwerlastwagen mit Doppelachse hinten und lief damit den Plauenern den Rang ab.

Nach dem Ende des DAK-Kartells 1926 gehörte die VOMAG zu den ersten Adressen im deutschen Nutzfahrzeugbau, setzte das Konzept des Niederrahmen-Busses in Deutschland durch und verlegte sich auf den Bau von Schwerlastwagen mit zehn Tonnen Nutzlast. Die neuen Dreiachser wiesen nun ebenfalls eine Doppelachse auf, waren jedoch aufwendiger konstruiert als die Büssings. Hyperinflation und die damit einhergehenden Turbulenzen brachten das Unternehmen in Schwierigkeiten, der Lastwagenausstoß sank 1927 auf rund 300 Lkw; in den ersten zehn Jahren ihres Bestehens hatte die VOMAG 5000 Fahrzeuge gebaut. Die Weltwirtschaftskrise 1929 vergrößerte die Schwierigkeiten noch, die Jahresproduktion sank Anfang der Dreißiger auf 160 Fahrzeuge, das war eindeutig zu wenig: Am 9. Mai 1932 ging die Fahrzeugbausparte in Konkurs und musste von der VOMAG-Holding aufgefangen werden. Mit zu diesem Desaster beigetragen hatte auch die Tatsache, dass sich das Un-

VOMAG

ternehmen auf den Bau der teuren Dreiachser konzentriert und in den unteren Tonnageklassen nichts anzubieten hatte. Daher wurde auch wieder ein Programm mit leichten Lkw – »Schnelllastwagen« – entwickelt und angeboten, allerdings spielten diese nie eine große Rolle im Programm der Plauener.

DER RÜSTUNGSBOOM IM DRITTEN REICH UND DAS ENDE

Nach 1933 ging es wieder aufwärts, das NS-Regime machte die Motorisierung und den Straßenbau zur Chefsache. Auch die VOMAG profitierte von den staatlichen Fördermaßnahmen, die Lkw-Käufern Zuschüsse und verminderte Kfz-Steuern bescherten. Außerdem stellte VOMAG endlich auf die wirtschaftlicheren Rohöl (Diesel-) Motoren um. Dabei nützten die Plauener eine Schweizer Lizenz. Die Vier- und Sechszylinder-Wirbelkammer-Diesel leisteten in ihrer letzten Ausbaustufe bis zu 160 PS. Von der militärischen Aufrüstung indes profitierten die Plauener zunächst wenig, bei Vergabe der Lastenwagen-Produktion für die Wehrmacht blieben sie wegen mangelnder Produktionskapazitäten außen vor – was mit ein Grund dafür ist, dass das Unternehmen in den Jahren zwischen 1933 und 1939 nicht mehr als 4000 neue Lkw produzierte, darunter etwa 300 Dreiachser, wobei in den Konstruktionsbüros in Plauen sogar über Vierachser mit zwei gelenkten Vorderachsen und einem zwischen den Hinterachsen platzierten Getriebe nachgedacht wurde. Während diese zunächst für Busse bestimmte Frontlenkerkonstruktion aber nie über das Planungsstadium hinaus gedieh, kam 1935 eine neue Hauber-Generation auf die Straße: Zu den wichtigsten Modellen im Portfolio gehörte die mittlere Lastwagenbaureihe in der Klasse bis sechseinhalb Tonnen 6 LR 653 (= 6 to Nutzlast, Lastwagen, Rohölmotor, 6-Zylinder, 5,30 m Radstand). Sie leistete 100 PS, die um 500 Kilogramm aufgelastete Variante kam auf 140 PS. Drei Jahre später wurde die Modellreihe einer Überarbeitung unterzogen und erhielt ein überaus gefälliges Design, der 6 LR 652 galt als schönster deutscher Lastwagen seiner Zeit. Der Vomag 4,5 LHG 448 war der letzte zivile Vomag-Lastwagen, er hatte Holzgasantrieb.

Allerdings wurde das Unternehmen, zusammen mit Famo und Tatra, in die Produktion der schwersten deutschen Halbketten-Zugmaschine (18 Tonnen, Sd.Kfz. 9, Maybach-Zwölfzylinder-Motor) sowie in die Panzerinstandsetzung eingebunden. 1941 begannen die Vorarbeiten für die Aufnahme einer Panzerfertigung, die VOMAG baute entsprechende Kapazitäten auf, errichtete eine gigantische Panzerhalle und produzierte nach 1942 ausschließlich Panzerkampfwagen IV, den Standard-Kampfpanzer der deutschen Wehrmacht. Außerdem entwickelte das Unternehmen auf Basis dieses Panzers den Jagdpanzer IV, und da Hitler persönlich diesem Typ die Freigabe erteilte und ihn als »kriegswichtig« einordnete, gehörten die Plauener (die rund 1700 dieser Jagdpanzer bauten) zu den wichtigsten deutschen Industriebetrieben. Das rief natürlich die Alliierten auf den Plan, die das kaum verteidigte Plauen im Zuge ihrer Luftangriffe in Trümmer bombten. Als der Krieg zu Ende war, war die sächsische Stadt zu drei Vierteln zerstört, die VOMAG-Werksanlagen dagegen hatten weit weniger gelitten.

Nach 1945 gehörte Sachsen zur sowjetischen Besatzungszone. Im Februar 1946 waren die Aufräumarbeiten so weit abgeschlossen, dass eine – wenn auch bescheidene – Fertigung wieder hätte aufgenommen werden können. Stattdessen wurde das Werk zunächst mit Reparatur- und Instandsetzungsaufträgen für die Besatzungsmacht beschäftigt. Warum aber letztlich die Sowjets die vollständige Demontage mit anschließender Sprengung der Werksanlagen anordneten, wird sich wahrscheinlich nie mehr klären lassen, es gab Automobilwerke, die wesentlich wichtiger für die Rüstungsproduktion der Wehrmacht gewesen waren als die VOMAG und noch heute existieren. Ein Werksteil überlebte als Reparaturwerk und konzentrierte sich nach 1972 auf die Instandsetzung der in der DDR unverzichtbaren Ikarus-Omnibusse. Nach der Wende begann Neoplan dort wieder mit der Omnibusproduktion und knüpfte damit an die große VOMAG-Tradition im Omnibusbau an.

Vomag »Schnelllastwagen« 3 LR 443, 85 PD, 1938.   (Foto: © Ralf Weinreich)

Vomag 4,5 LHG aus dem Baujahr 1940. (Foto: © Ralf Weinreich)

Der Vomag 5 LR 448 hatte eine Nutzlast von 5 Tonnen und eine Leistung von 100 PS. (Foto: © Ralf Weinreich)

Vomag-Parade auf dem Markt in Plauen: ein 3 LR 443, ein 5 LR 448 und zwei Vomag 4,5 LHG. (Foto: © Ralf Weinreich)

ÖSTERREICH / SCHWEIZ

Anders als vielleicht im Pkw-Bau haben Deutschlands Nachbarn diverse bemerkenswerte Lastwagenhersteller hervorgebracht, die sich trotz der schier übermächtigen Konkurrenz über Jahrzehnte am Markt behaupten konnten. Das war zwar auch eine Folge der speziellen Rahmenbedingungen, den der Straßentransport in diesen gebirgigen Gegenden mit sich brachte, mehr aber noch ein Resultat der ausgereiften, robusten und innovativen Entwicklungen, die in den kleinen Werken mit großem Aufwand betrieben wurden. Es war eine Schweizer Firma, nämlich Saurer, die die deutsche M.A.N. in's Rollen brachte, und österreichische Steyr-Motoren machten Chinas Truck-Industrie mobil.

Saurer Kipplaster D 290 B in der Haubenversion. Der 18-Tonner hatte eine Motorleistung von 290 PS.   (Foto: © Ralf Weinreich)

Schweizer FBW-Militärlaster mit Anhänger aus den 70er Jahren. (Foto: © Richard Bleichmann)

Der erfolgreiche »Tornado« von ÖAF als Kipper. (Foto: © Norbert Schnitzler, CC-BY-SA-3.0)

Steyr 1500 A mit 85-PS-V8-Motor und Funkaufbau. (Foto: © Alf van Beem, PD)

Dieser Tribelhorn Elektro-Personentransporter von 1912 kommt heute noch zum Einsatz.
(Foto: © Henrysirhenry, CC-BY-SA-3.0)

EFAG / NEFAG / MOWAG

Wenn heutzutage das Elektrofahrzeug als moderne, zeitgemäße Art der Mobilität gilt, so ist sie doch in Wahrheit ein ganz alter Hut: Elektroautos gab's schon an der Wende zum vergangenen Jahrhundert, und die Probleme waren schon damals die selben: Reichweite und Batteriekapazität. Einer, der sich schon sehr früh damit beschäftigte, war der Schweizer Johann Albert Tribelhorn (1868–1925), der nach einer Lehre als Maschinenschlosser und verschiedenen Stationen in der damals neu aufgekommenen Elektroindustrie in Argentinien sein Glück gemacht hatte und 1899 in die Schweiz zurückgekehrt war.

Nach Gründung der »Schweiz. Accumulatorenwerke Tribelhorn AG« baute er zwei Jahre später ein erstes Elektroauto. Vier Jahre danach kam so etwas wie eine Serienfertigung in Gange, er produzierte Personenwagen, Omnibusse, Lastwagen und Boote mit Elektroantrieb, für die er am Zürichsee auch ein Netz an öffentlichen Ladestationen zu etablieren suchte. Im besten Jahr, 1918, entstanden in neuen Firmengebäuden insgesamt 44 Last- und Lieferwagen. Ein Wagen von 1,5 Tonnen Tragkraft wog leer 3420 Kilogramm, die Hälfte davon ging auf das Konto des Batteriepakets. Der Aktionsradius betrug im besten Fall 60 Kilometer, es konnte aber gut sein, dass schon nach der Hälfte der Strecke der Saft ausging.

VON DER EFAG ZUR NEFAG

Nach 1918 stellte die Benzinversorgung kein Problem mehr da, und das machte den Elektro-Lastern beinahe den Garaus. Tribelhorn geriet in ernsthafte Schwierigkeiten. Im Dezember 1921 machte die Motorwagenfabrik dicht. Vier Monate später hob Tribelhorn, zusammen mit Investoren der Akkumulatorenfabrik Oerlikon eine neue Firma aus der Taufe, die »Elektrische Fahrzeuge AG EFAG«. Die bestand in der Hauptsache zwar nur aus ihm selbst, seiner Tochter und vier Leiharbeitern, doch das Programm war ambitioniert und führte von einfachen Dreirad-Karren für Post und Bahn bis hin zu schweren Brauerei-Lastwagen. Im November 1925 starb Tribelhorn, sein Sohn Leon übernahm den Betrieb, der 1929 auf einen Jahresausstoß von 42 Nutzfahrzeugen kam. Dann, in der Wirtschaftskrise, brachen die Verkäufe zusammen, was Firmenchef Tribelhorn nicht daran hinderte, an immer neuen und komplizierten Lösungen zu tüfteln, die oft nicht richtig funktionierten, wie etwa den raffinierten, aber fürchterlich unzuverlässigen Frontantrieb. Er ging 1932 im Streit, heuerte bei einer Konkurrenzfirma in Aarau an und machte der EFAG das Leben dadurch noch schwerer. Nachdem wichtige Großkunden Hauptaktionär Oerlikon zu verstehen gaben, es wäre doch besser, den Fahrzeugbau ganz einzustellen, fiel 1937 auch für die EFAG der Schlussvorhang. Der damalige Direktor Weiss kaufte die Reste auf und formte daraus die NEFAG, wobei das »N« für »Neue« stand. Elektrofahrzeuge für Kommunen, Bahn und Post hielten den Betrieb bis 1981 am Leben. Dann wurde das Unternehmen an die Motorwagen AG Kreuzlingen (Mowag) verkauft.

VON YAKS UND EAGLES

Dieses Unternehmen, ursprünglich 1905 als Karosseriebauhersteller gegründet und seit 2003 Teil der amerikanischen General Dynamics European Land Systems, ist heute vor allem wegen der Produktion von geschützten Radfahrzeugen für das Militär bekannt. Bei der Bundeswehr im Einsatz sind der Duro3/YAK, offiziell als »Transportfahrzeug mittel, geschützt« klassifiziert, und der Eagle IV. Die technische Basis ist jeweils gleich. Die Beschaffung hat 2003 begonnen. Der Duro als allradgetriebener Dreiachser mit geschütztem Fahrerhaus und geschützten Aufbauten wurde dann bei Rheinmetall nach den Bundeswehr-Vorgaben modifiziert und verstärkt. Die ersten 100 der nunmehr als YAK bezeichneten gepanzerten Mehrzweckfahrzeugen (Gesamtgewicht bis 13,3 Tonnen) wurden 2005 geliefert.

Eine weitere Mowag-Entwicklung fährt ebenfalls im Flecktarn der Bundeswehr: Der Eagle IV gehört zu den »geschützten Führungs- und Funktionsfahrzeugen GFF Klasse 2«, das heißt: Gesamtgewicht 5,3 bis 7,5 t, Mindestnutzlast 1 bis 2 t, luftverlastbar. Anders als der Duro ist der Eagle aber bewaffnet.

FBW

Der innovative Schweizer Lastwagen- und Autobushersteller FBW wurde von einem Einwanderer gegründet. Franz Brozincovic war 1874 im damals zur Habsburger Doppelmonarchie gehörenden Kroatien geboren worden und nach seiner Lehre mit 18 Jahren in die Schweiz gekommen. Dort hatte der gelernte Kunstschlosser bei mehreren Fahrzeugbauern gearbeitet – darunter Saurer –, bevor er in Zürich selber eine Reparaturwerkstatt für Personen- und Lieferwagen aufmachte. Im Jahr seiner Einbürgerung in die Schweiz, 1910, baute Brozincovic seinen ersten Lastwagen, den er »Franz« taufte. Dieser erwies sich als ideales Gefährt für die Schweizer Post und geriet zum Erfolg. Ein Jahr später entwickelte er eine 5-Tonnen-Laster-Reihe, die europaweit einmalig statt des üblichen Ketten- einen Kardanantrieb verwendete. 1913 gründete er die »Motorfahrzeugfabrik Franz«, die er allerdings bereits nach kurzer Zeit mit ihren leichten Lastwagen an den Mitbewerber Berna aus Olten veräußerte. 1916 übernahm Brozincovic die seit 1897 bestehende und mittlerweile Pleite gegangene Motorenfabrik Wetzikon in der gleichnamigen Ortschaft. Während des Ersten Weltkrieges musste er hier zwar kriegsbedingt Traktoren und Werkzeugmaschinen herstellen, dennoch fand er Muße, an der Entwicklung seiner Laster weiterzubasteln. 1918 war es dann soweit: Mit der Umbenennung des Betriebes in »Franz Brozincovic & Cie. Wetzikon« (FBW) einher ging die Umstellung der Produktion auf Lastwagen und Autobusse. FBW erwies sich von Anfang an als eine technisch innovative und qualitativ herausragende Firma. Zudem setzte das Unternehmen nicht auf Massenproduktion, sondern ging auf jeden Kunden individuell ein, schneiderte ihm sein Fahrzeug quasi auf den Leib. Die meisten Teile kamen aus eigener Produktion, die Lkw und Busse galten als sehr zuverlässig und langlebig. Das verursachte natürlich hohe Kosten, weshalb nur wenige hundert Stück im Jahr hergestellt werden konnten und auch ein Export sich kaum lohnte. Die Fahrzeugproduktion belief sich denn insgesamt auch auf weniger als 7000 Exemplare während der gesamten Existenz von FBW.

Der Lizenznachbau der Schweizer Lastwagen und Omnibusse bildete 1925 den Einstieg von Henschel & Sohn in die Nutzfahrzeugherstellung. Zu den technischen Neuerungen in den ersten Jahrzehnten gehörten 1922 der erste obengesteuerte FBW-Vierzylinder-Benzinmotor, 1926 der erste Lkw mit Luftbereifung, der erste kettengetriebene Dreiachser mit patentierter Auspuffbremse, ein Sechszylinder-Benzinmotor mit obengesteuerten Ventilen, der erste eigene Sechszylinder-Dieselmotor 1934 und 1949 der erste Unterflurmotor von FBW für Lastwagen.

Während des Zweiten Weltkrieges belieferte FBW die Schweizer Armee mit Militärfahrzeugen. Danach bediente man die hohe Nachfrage der Bauindustrie nach Schwerlastern, stellte erneut Autobusse her und 1950 den ersten Reisecar mit Unterflurmotor. Wurde in den 50er- und 60er-Jahren das Fahrzeugprogramm noch ausgeweitet und neue Werke gegründet, z. B. in Lausanne und Zürich, führte die Ölkrise in den Siebzigern zu einem ersten Absatzrückgang, zumindest bei den FBW-Lastern; die Autobusse blieben erfolgreicher. Seit 1972 arbeiteten die Schweizer mit Mitsubishi zusammen und verkauften deren Fahrzeuge in der Schweiz. Zwei leichte Lkw der Japaner wurden zur Abrundung der eigenen Modellpalette ins FBW-Programm mit aufgenommen.

Ende der 70er-Jahre besaß FBW ein großes Sortiment an schweren Lastern. Zu Haubenfahrzeugen wie dem 70N 4x2 gesellten sich Frontlenker wie der 28-Tonner 85V 8x4, dazu kamen für den Kommunalbereich Modelle mit Unterflurmotoren wie der 26-Tonner 80U.

Der fortwährende Absatzrückgang führte 1978 zuerst zur Übernahme durch Oerlikon-Bührle und 1982 dann zur Fusion zwischen FBW und Saurer; es entstand die NAW (Nutzfahrzeuge Arbon Wetzikon AG), an der Daimler-Benz mit bis zu 40 % beteiligt war. Bis 1985 entstanden noch FBW-Laster, dann war Schluss. NAW stellte noch bis 1995 für Daimler-Benz Nutzfahrzeuge in Wetzikon her, dann wurde die Produktion nach Arbon verlagert und die Werkstore in Wetzikon endgültig geschlossen. Seit 2008 existiert auch diese Firma nicht mehr.

Links ein FBW-Haubenlaster mit Kranaufbau, rechts ein Frontlenker mit für diese Fahrzeugart typischer, im Laufe der Jahre variierter Kühlergestaltung. (Foto: © Richard Bleichmann)

Belastungsprobe für die in 2,5 Tagen erstellte Pfahljochbrücke mit 10 t . (Foto: © GDLF)

5-Tonner-Frontlenker von FBW mit geteilter Frontscheibe.

(Foto: © Richard Bleichmann)

FBW setzte auf hohe Qualität seiner Lastwagen. Die meisten Teile stammten aus eigener Produktion. Deshalb sind während der ganzen Existenz der Schweizer Firma nicht mehr als ca. 7000 Lkw gebaut worden.

(Foto: © Richard Bleichmann)

Dauerbrenner bei ÖAF war der »Tornado«, der zu Beginn der 60er Jahre erstmals auf den Markt kam.

ÖAF s-LKW bei einer Vorführung der Veranstaltung »Auf Rädern und Ketten« im Heeres-
geschichtlichen Museum in Wien.
(Foto: © Pappenheim, GDLF)

50 PS starker ÖAF/Fiat-Lkw mit Pritschenaufbau von 1952.
(Foto: © Asurnipal, CC-BY-SA-4.0)

Dieser ÖAF TGM 18.330 ist eigentlich ein MAN mit ÖAF-Aufschrift.
(Foto: © ÖAF, CC-BY-SA-3.0)

1907 wurde in Wien-Floridsdorf, Österreich, die »Austro-Fiat-AG« gegründet, in der in den folgenden Jahren Fahrzeuge von Fiat zusammenmontiert wurden. 1911 wagte sich das Werk erstmals an einen eigenen 4-Tonnen-Laster, der sich jedoch noch sehr an seinem Vorbild von Fiat orientierte. Trotzdem ging man den einmal beschrittenen Weg nun konsequent weiter. Neben eigenen Lkw versuchte sich das Austro-Fiat-Werk zudem an eigenen Personenwagen und Omnibussen – das Hauptgeschäft war aber nach wie vor die Fiat-Montage.

Das änderte sich erst 1925. War ein Jahr zuvor noch der letzte Fiat, das Modell TS 1924, aus dem Werk in Wien-Floridsdorf gerollt, überließ man dieses Geschäft von nun an einem anderen Betrieb. Damit einher ging die Umbenennung in »Österreichi-sche Automobil Fabrik AG« – kurz ÖAF. In Eigenregie entwickelte und produzierte das Werk, an der Fiat aber nach wie vor beteiligt war, nun Last- und Personenwagen sowie Omnibusse. In der Abteilung Lkw stellte ÖAF unter der Bezeichnung »AFN« einen 1,75 Tonner vor, ausgestattet mit einem 42 PS starken 4-Zylinder-Fiatmotor. Drei Jahre später bekam er mit dem AF2 einen Nachfolger. Die Bezeichnung »AF« stand immer noch für Austro-Fiat und wurde noch einige Zeit weiterbenutzt, bevor sie von »ÖAF« abgelöst wurde. Im selben Jahr, 1928, beschloss das Unternehmen, sich nach den gemachten Erfahrungen ganz auf die Nutzfahrzeugproduktion zu kon-zentrieren und die Pkw-Fertigung aufzugeben.

1934 begann ÖAF, in Lizenz Dieselmotoren von MAN herzustellen. Vier Jahre später – Österreich war inzwischen an das Deutsche Reich »angeschlossen« worden – über-nahmen die Münchner die Aktienmehrheit bei ÖAF. Fiats Anteil an der Firma war auf einen kleinen Prozentsatz zusammengeschmolzen. Während des Zweiten Weltkriegs baute ÖAF Lastwagen mit MAN-Motoren für die Wehrmacht.

Als der Krieg vorbei war, hatte das Werk zwar überlebt, aber starke Schäden da-vongetragen. Das war aber nicht einmal das Schlimmste. Als folgenreicher erwies sich der Umstand, dass Wien-Floridsdorf in der sowjetischen Besatzungszone lag. ÖAF wurde in die USIA eingegliedert, das war ein Verbund von ca. 300 Firmen, die von den Sowjets beschlagnahmt und nun vor allem zu Reparationsleistungen herangezogen wurden.

Mitte der 50er-Jahre endete dieser Zustand. Österreich hatte 1955 einen Friedens-vertrag (den sogenannten »Staatsvertrag«) mit den alliierten Mächten geschlossen. ÖAF blieb aber auch weiterhin ein Staatsunternehmen, erst in den Siebzigern be-gann seine Reprivatisierung. Mit einem Frontlenkerhaus meldete sich ÖAF wieder zurück als Hersteller. In den beginnenden 60er-Jahren stellte das Unternehmen sein Erfolgsmodell »Tornado« vor, das in diesem und dem nächsten Jahrzehnt in vielen Modellausführungen zu haben war, sowohl als Haubenlaster wie auch als Frontlen-ker. Neben eigenen Motoren lieferten MAN, Leyland und Cummins Aggregate. Den Sturmnamen treu bleibend, hieß ein anderes Modell ÖAF »Orkan«.

Weniger erfolgreich war der Haubenlaster »Husar«, ein 3,5-Tonnen-Allrad-Lkw, der für das österreichische Bundesheer gedacht war, sich aber gegen die Konkurrenz nicht durchsetzen konnte. Ebenso erging es dem 136 PS starken Modell »Hurricane«. In den End-Sechzigern geriet das Unternehmen in die roten Zahlen. Überzeugt, alleine nicht überleben zu können, verhandelte ÖAF mit diversen Firmen, darunter auch Steyr, die allerdings die Lkw-Fertigung bei ÖAF einstellen wollten. Erfolgversprechender liefen die Verhandlungen mit MAN. Während die eigene Sanierung noch im Gange war, fusionierte ÖAF mit den Mitbewerbern Austro-MAN und dem vom Konkurs be-drohten Omnibushersteller Gräf & Stift. 1971 erfolgte schließlich die Übernahme durch MAN. Der erfolgreiche, auch ins Ausland exportierte Tornado blieb noch bis 1977 im Programm. Die restlichen Lkw im Programm waren von nun an identisch mit denen von MAN, lediglich im Kühlergrill blieb noch die Bezeichnung ÖAF lange Zeit bestehen. Neben der Herstellung von leichten und mittleren Lkw sowie Fahrerhäusern hat sich die »MAN Nutzfahrzeug Österreich AG« mit Standort in Steyr auf die Produktion von Sonder-, Spezial- und Militärfahrzeugen spezialisiert.

SAURER

Franz Saurer kam in den 1820er Jahren aus der Hohenzollernstadt Sigmaringen im Südbadischen in die schöne Schweiz und blieb dort in St. Georgen bei St. Gallen hängen. Als fast ein Vierteljahrhundert später ihm eine Wirtschaftskrise zu schaffen machte, entschloss er sich, den Schritt in die Selbständigkeit zu wagen und gründete eine Eisengießerei. Schließlich verlegte er seinen Betrieb nach Arbon am Bodensee und begann 1869 mit der Herstellung von Stickmaschinen. Dieser Schritt erwies sich im Nachhinein als sehr weitsichtig, zieht sich doch die Herstellung von Textilmaschinen bis zum heutigen Tag wie ein roter Faden durch die Geschichte des Unternehmens und begründete seinen lang andauernden Erfolg.

Unter Franz Saurers Sohn Adolph entwickelte sich der Betrieb zum größten Einzelhandelsunternehmen der Schweiz. Da Saurer Maschinen herstellte, für deren Betrieb sich Motoren anboten, entwickelte Adolph Saurer 1888 in Arbon seinen ersten Petrolmotor, gedacht noch für stationäre Anwendungen. Doch bereits 1896 lieferte Saurer einen solchen Motor für die Automobile des Pariser Herstellers Koch. Damit waren die ersten Schritte in eine zukünftige Produktausrichtung getan, die für Saurer bald zum zweiten Standbein werden sollte.

ROBUSTE LASTWAGEN UND DIESELMOTORENPATENTE AUS ARBON

Nachdem bereits Entwürfe mit dem Pariser Automobilhersteller Koch entstanden waren, wagte sich Saurer 1903 an seinen ersten Lastwagen. Gedacht für eine Nutzlast von fünf Tonnen, wurde das Fahrzeug von einem 27 PS starken Vierzylinder-Benzinmotor angetrieben. Eine innovative Erfindung, die er sich patentieren ließ, war die durch Verschieben der Nockenwelle möglich gewordene Motorbremse. Obwohl Saurer im Jahr darauf zusätzlich mit dem Bau von Personenwagen begann, lag sein Hauptinteresse in der Entwicklung von Nutzfahrzeugen. Auf diesem Gebiet erwarb sich der Schweizer Betrieb bald einen hervorragenden Ruf, denn Saurer-Lkw galten als unverwüstlich und technisch immer auf der Höhe der Zeit.

So verwundert es nicht, dass der anhaltende Erfolg auf diesem Gebiet nach einigen Jahren die Lastenwagensparte wichtiger werden ließ als alles andere. Im Jahr 1911 gelang es, die USA von San Francisco bis nach New York in einem Saurer-Fahrzeug zu durchqueren, und das in nur 98 Tagen. Saurer-Lastwagen waren bald auch außerhalb der Schweiz begehrt und so kam es zu Lizenzfertigungen in anderen Teilen der Welt, darunter in den USA, Österreich und Frankreich. Gerade Letzteres wurde allerdings während des Ersten Weltkrieges in Deutschland mit Argusaugen beobachtet. Saurer konnte deshalb von 1914 bis 1918 in Deutschland nicht selber als Hersteller auftreten. Aber es gab einen Kooperationsvertrag mit MAN. Mithilfe der eigens gegründeten Firma »MAN-Saurer Lastwagenwerke GmbH« war es eine Zeit lang möglich, auch den deutschen Markt zu beliefern. Dann jedoch verbot die deutsche Heeresleitung ein weiteres Engagement von Saurer in dem Gemeinschaftsunternehmen.

Überhaupt war der Erste Weltkrieg keine wirklich gute Zeit für den Lastwagenbauer aus Arbon am Bodensee, da viele internationale Engagements eingeschränkt waren. Allerdings begann Saurer in diesen Jahren, Laster an die Schweizer Armee zu liefern, und zwar im Gegensatz zu Deutschland unsubventionierte.

Nach dem Krieg setzte Saurer die Produktion seiner A-Typen-Lkw fort, die er 1915 begonnen hatte. Es entstand eine Lastwagenserie, die die Nutzlastklassen zwischen zwei und fünf Tonnen abdeckte, mit Vollgummireifen ausgestattet war und deren Motoren zwischen 40 und 60 PS leisteten. Die Pkw-Herstellung hatte man mittlerweile aufgegeben. Die Laster der A-Typen stellte Saurer bis in die 30er Jahre hinein her. Als ihre Nachfolger erschienen 1926 die B-Typen. Das Schweizer Unternehmen hatte immer besonderes Augenmerk auf seine Motoren gelegt. Saurer gehörte zu den Pionieren in der Dieselmotorenentwicklung, deshalb entstanden nun mit den B-Typen die ersten serienmäßigen Diesel-Laster aus Arbon. Die Sechszylinderaggregate lieferten den zusätzlich als Drei- und Vierachser erhältlichen Lkw bis zu 85 PS Leistung. Ihre Nutzlast umfasste bis zu zwölf Tonnen.

Der erste Kässbohrer Omnibus auf Saurer-Fahrgestell, Baujahr 1911.

(Foto: © Daimler AG)

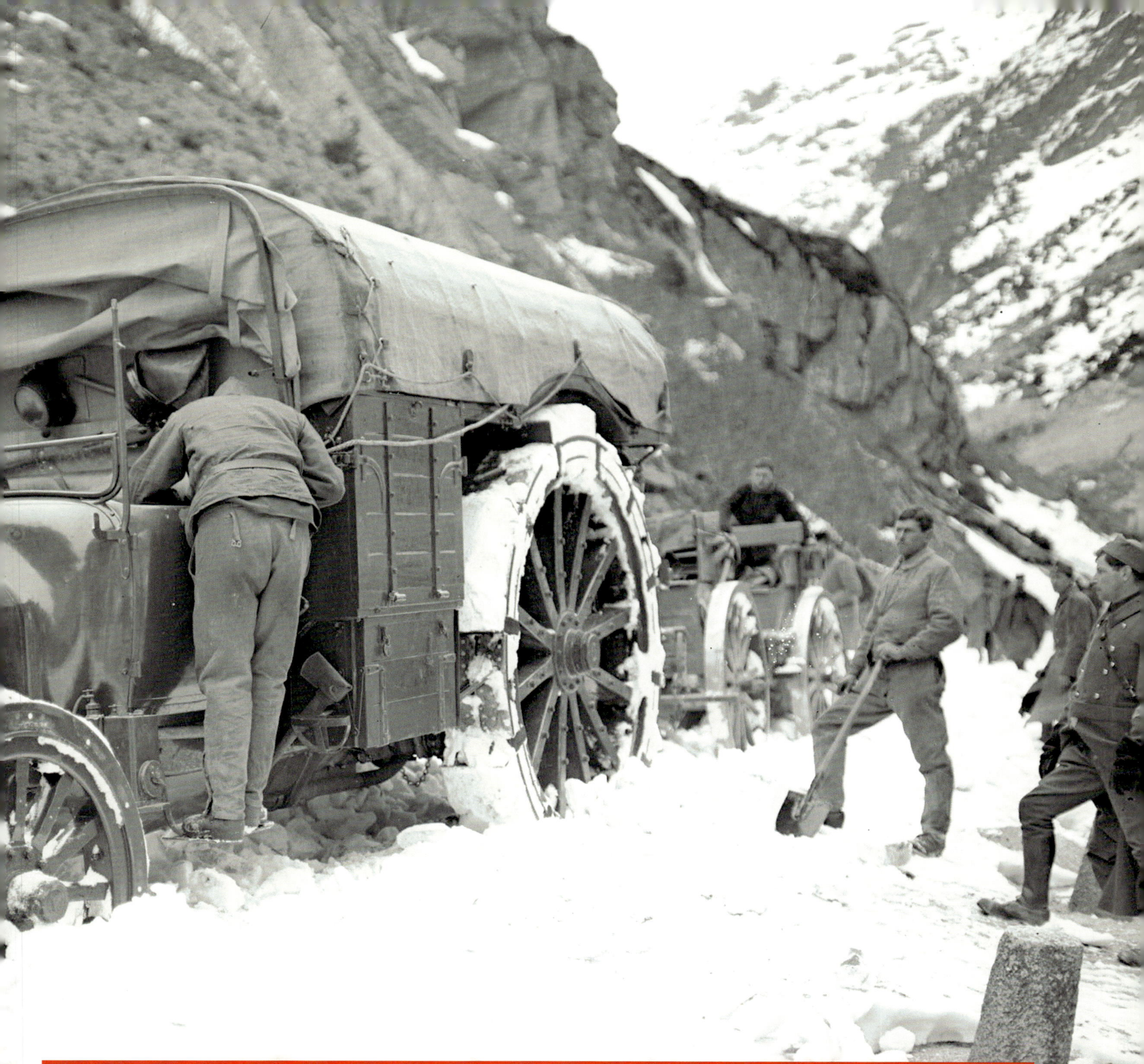

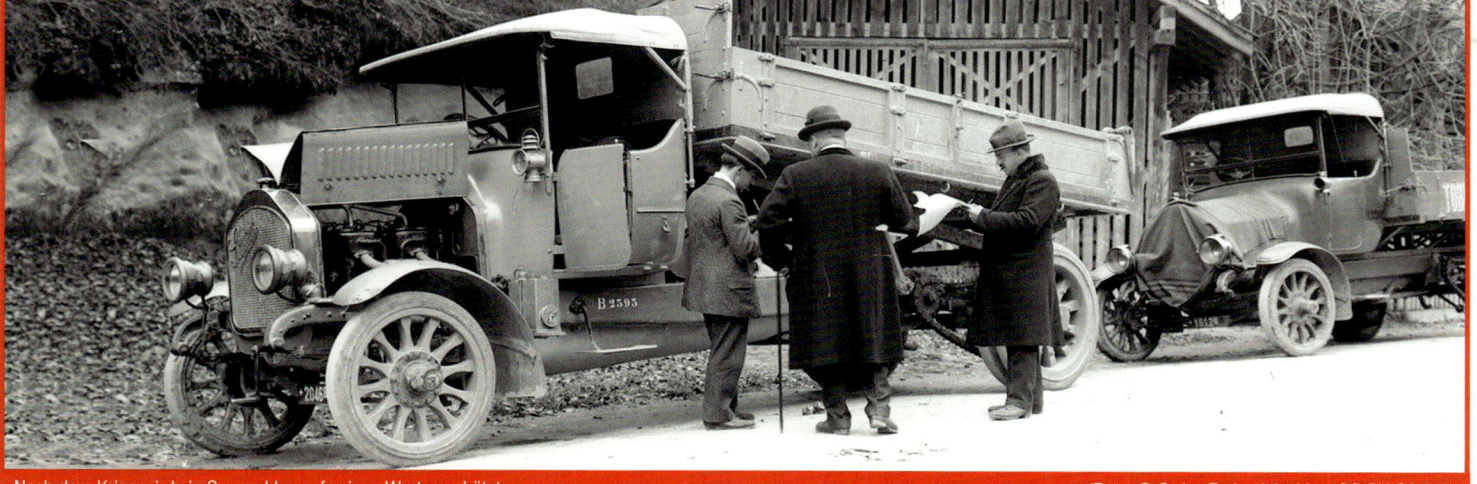

Saurer-Lkw mit riesigen Hinterrädern kamen bei der Schweizer Armee in schwierigem Gelände zum Einsatz.
(Foto: © Schweizer Bundesarchiv, CH-BAR#1000/721#14095#5086*, CC-BY-SA-3.0-CH)

Nach dem Krieg wird ein Saurer-Lkw auf seinen Wert geschätzt. (Foto: © Swiss Federal Archive, CC-BY-SA-3.0)

Saurer Typ 2 DM aus den 60er Jahren mit Allradantrieb und einer Nutzlast von 4,9 Tonnen

(Foto: © Ralf Weinreich)

SAURER

Ein paar Jahre später, 1932, präsentierte Saurer das sogenannte Kreuzstromsystem, das 1934 in den patentierten, wirtschaftlich arbeitenden Saurer-Diesel mit Direkteinspritzung und Doppelwirbelung mündete. Dieser Motor stellte für die nächsten fünf Jahrzehnte das Maß aller Dinge beim Dieselantrieb dar und wurde weltweit von Lizenznehmern nachgebaut.

VON SAURER ZU SAURER-BERNA

Bereits 1929 übernahm Saurer den Schweizer Mitbewerber Berna. Berna, 1902 gegründet, hatte 1905 seinen ersten Fünftonner gebaut, war dann zwischen 1907 und 1912 in englischen Händen gewesen und hatte vor allem Lkw für den Export produziert. Danach ging das Unternehmen wieder an Schweizer Eigner, die mit dem 3,5-Tonner C2 zwischen 1914 und 1917 die Schweizerische Armee belieferten. Der C2 wurde in einigen Ländern nachgebaut, bei British Berna, Perl in Österreich sowie auch bei Krauss in Deutschland. 1916 übernahm Berna außerdem die leichten Nutzfahrzeuge von FBW in Zürich.

Typisch für Berna-Laster war die außerordentlich solide Ritzelachse, als nicht minder haltbar erwies sich die Kipphydraulik, die dazu führte, dass Berna-Lkw auf bald jeder Baustelle in der Schweiz zu finden waren.

Die ersten Berna-Motoren waren Eigenentwicklungen, in der Regel handelte es sich um Vierzylinder-Benziner, später kamen Sechszylinder dazu. Schließlich klopfte Berna bei Deutz in Köln an und erwarb die Lizenz für den Bau eines Sechszylinder-Diesels. Berna baute Lastwagen mit Nutzlasten von zweieinhalb bis sechs Tonnen, sie hießen C, E und G.

Als dann Saurer bei Berna eingestiegen war, wurden die Lastwagen immer ähnlicher und waren Ende der Dreißiger dann praktisch baugleich. Was bei Saurer C-Typ hieß, stand beim Berna-Händler dann als U-Typ.

Dabei handelte es sich um die dritte Saurer-Lkw-Generation. Präsentiert 1933, verfügten diese über bis zu elf Tonnen Nutzlast, hatten Vierzylinder-Motoren mit vier, sechs oder acht Zylindern und standen, behutsam modifiziert, bis 1956 im Saurer-Berna-Programm.

Saurer hatte sich so als führender Schweizer Hersteller von mittleren und schweren Lastwagen etabliert. Auch die Schweizer Armee gehörte zu den Abnehmern von Saurer-Lkw, speziell für sie entstanden schwere, geländegängige Typen.

DIE ENTWICKLUNG BEI SAURER NACH DEM ZWEITEN WELTKRIEG

Der Absatz von Saurer-Lastwagen im Ausland ging nach dem Krieg zurück, denn auf den internationalen Märkten waren nun auch wieder Lastwagen der bisherigen Kriegsparteien zu haben. Saurer indes konnte die sinkenden Verkaufszahlen durch seinen Dieselmotorenbau ausgleichen und begann sich nun, auf den Schweizer Inlandsmarkt zu konzentrieren, denn die dortigen Zulassungsvorschriften – Länge, Breite, Gewicht, Verbot des Betriebs mit Anhänger – erforderten Sonderkonstruktionen, die von der Stückzahl her sich für Massenhersteller nicht lohnte. Mit seinen typisch schweizerischen Haubern, Frontlenkern und Autobussen stieg Saurer in den Sechzigern dann zum Marktführer auf, der Export spielte keine Rolle. Saurer deckte eine breite Palette von leichten bis schweren Lastern ab, die sich nach wie vor durch ihre geringe Reparaturanfälligkeit auszeichneten. Lediglich das Design der Laster war nicht immer auf der Höhe der Zeit. Am Haubenlaster hielt man noch fest, als dieser bei anderen Herstellern längst das Zeitliche gesegnet hatte.

Technisch dagegen war Saurer sehr innovativ: 1952 wurde ein mechanisches Schraubenradgebläse zur Aufladung vorgestellt, zwei Jahre später ein Anti-Lärm-Paket, 1962 kam ein neuartiges Getriebe. Saurer gehörte auch zu den ersten Lkw-Bauern, die eine Kippkabine aufwiesen.

Ende der Fünfziger lösten die D-Typen die C-Modelle ab. Optisch im folgenden Jahrzehnt kaum verändert, wurden sie doch technisch immer wieder verfeinert und

SAURER

erhielten die jeweils neuesten technischen Entwicklungen mit auf den Weg. Dem Aufschwung der frühen Siebziger – ausgelöst durch geänderte gesetzliche Bestimmungen wie auch die Heraufsetzung des zulässigen Gesamtgewichts auf 25 Tonnen – folgte der jähe Absturz im Gefolge der Ölkrise bis hin zum seitens der Behörden verordneten Baustopp, der das Geschäft mit den schweren Bau-Dreiachsern praktisch zum Erliegen brachte. Und die auf dem Genfer Salon im März 1974 vorgestellten Vierachser – Gesamtgewicht bis 28 Tonnen – trafen auf ein zu starkes Umfeld, um auf Dauer das Überleben sichern zu können, denn auch DAF (FAT 2605 DKB 460), Magirus (M 310 D 28 FL) OM (260/8) Scania (LBT 140 S8) und Steyr (Plus 1890.320/8) präsentierten in jenem März neue Vierachser, die dem Saurer-8x4 zusetzten. Der Markt aber war und blieb klein, das Fachblatt Lastauto Omnibus fragte sich, »ob bei diesem Angebot auch nur für eine Firma der Vierachsen-Lkw zum Geschäft« werden könne.

Konnte es nicht, Saurer-Berna steckte schwer in der Klemme. 1971 verschwand Berna als Marke, die Vertriebsanstrengungen konzentrierten sich nun ausschließlich auf Saurer, was nichts daran änderte, dass die Lage schlecht war. Die Schweizer verzichteten für einige Jahre gar auf den Bau von Omnibussen und versuchten, durch die Übernahme von Entwicklungsarbeiten für Fremdfirmen die Konstruktionskapazitäten auszulasten.

Erst 1976 reichte das Geld für eine Überarbeitung der D-Klasse. Die angedachte Folgegeneration verschwand aber wieder in der Versenkung, mit einer Jahresproduktion von rund 850 Lastwagen waren die Saurer-Werke viel zu klein, um sich auf Dauer behaupten zu können, zumal die kleine Fabrik weder von Leichtbau noch von einer Verringerung der Fertigungstiefe etwas wissen wollte: Saurer-Lkw galten als unzerstörbar und in Sachen Dieseltechnik als außerordentlich fortschrittlich.

Die hohe Qualität aber hatte ihren Preis, und das im wahrsten Sinne des Wortes: Die Lastwagen – mit nur 28 Tonnen Gesamtgewicht waren sie im internationalen Vergleich unwirtschaftlich – blieben in der Schweiz, und alle Anstrengungen, im Export Fuß zu fassen, scheiterten und bescherten dem Lastwagenhersteller hohe Verluste. Aus der Kostenfalle konnten sich die Schweizer nicht befreien. Gegenüber dem zunehmenden Konkurrenz- und Konzentrationsdruck in der Branche hatten die technisch nach wie vor vorbildlichen Lastwagen von Saurer auf die Dauer keine Chance.

RÜCKBESINNUNG AUF TEXTILMASCHINEN

1980 erschien mit einer 4x2 Sattelzugmaschine der letzte neue Saurer-Lkw. Zwei Jahre später übernahm Mercedes-Benz den Nutzfahrzeugbereich von Saurer. Saurer war mit der von Mercedes-Benz aufgekauften Firma »Franz Brozincevic & Cie Wetzikon« (FBW) zur »Nutzfahrzeuggesellschaft Arbon & Wetzikon« (NAW) zusammengeschlossen worden. Bis zum Jahr 1983 wurden nun leichte Mercedes-Lastwagen unter dem Saurer-Emblem verkauft, doch die Nachfrage blieb rückläufig, deshalb fand die Lkw-Produktion bei Saurer in diesem Jahr ihr Ende. Lediglich die Schweizer Armee wurde noch einige Jahre lang mit Lastern beliefert.

Doch das Ende war dies für Saurer nicht. Schließlich hatte das Unternehmen mit seiner Textilmaschinenfertigung immer noch ein zweites heißes Eisen im Feuer. Dieses entwickelte sich dann in den folgenden Jahren tatsächlich zur Erfolgsgeschichte. Auch aus dem Fahrzeugbereich hatte sich Saurer noch nicht völlig verabschiedet, denn weiterhin entstanden in Arbon Getriebe.

2007 verschwand der Name Saurer dann für einige Jahre von der Bildfläche, als der Technologiekonzern OC Oerlikon die Firma übernahm. Nach dem Weiterverkauf der Textilmaschinensparte an die chinesische Jingsheng-Gruppe im Jahre 2013 lebte jedoch der Name Saurer wieder auf. Die neu entstandene Saurer-Gruppe, die viele Textilmaschinenmarken unter ihrem Dach vereint, ist nun der weltgrößte Produzent von Textilmaschinen.

Saurer 4DM und 5DF 6x4 Kipper.   (Foto: © JoachimKohlerBremen, CC-BY-SA-4.0)

Vom Modell D330B existierte auch eine vierachsige Frontlenker-Variante. (Foto: © Roger Dircks, CC-BY-SA-3.0)

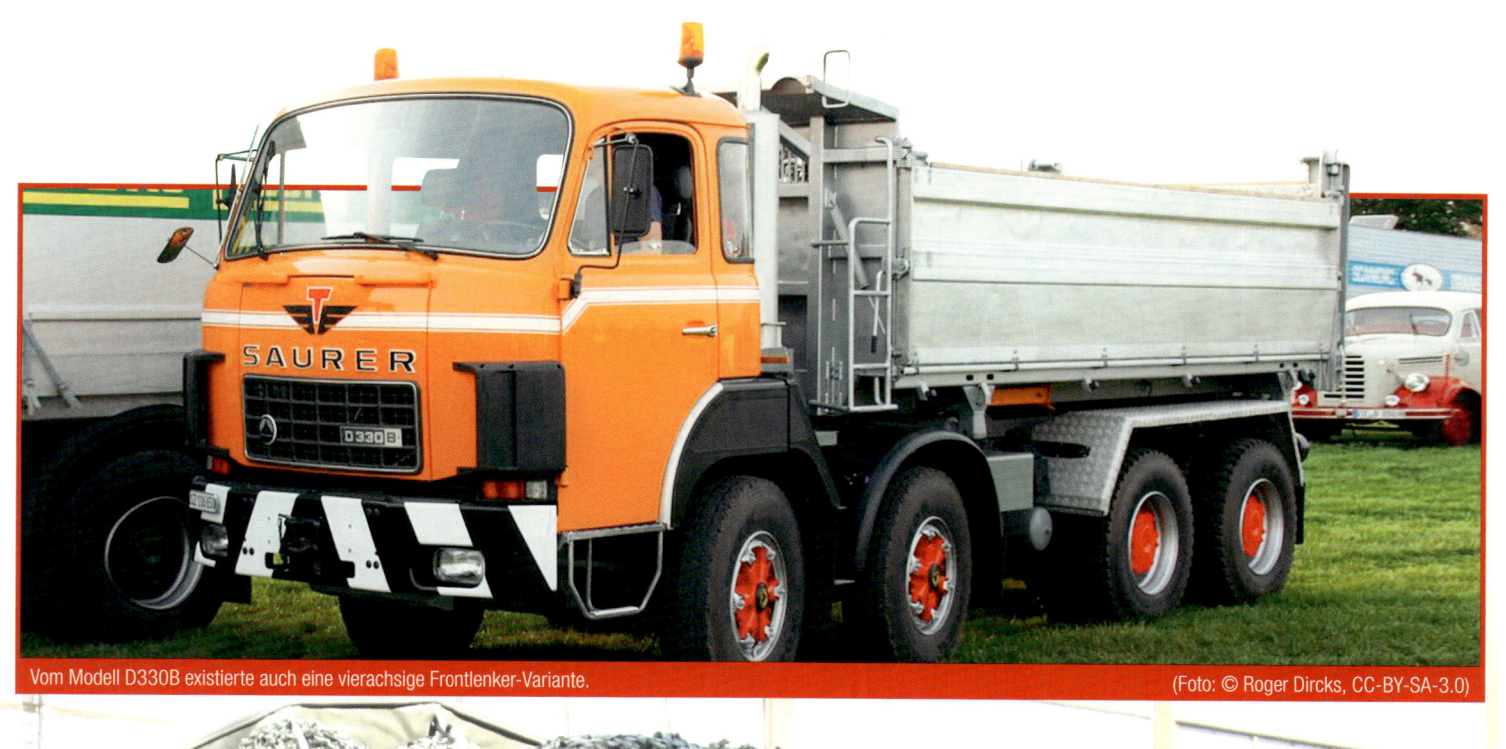

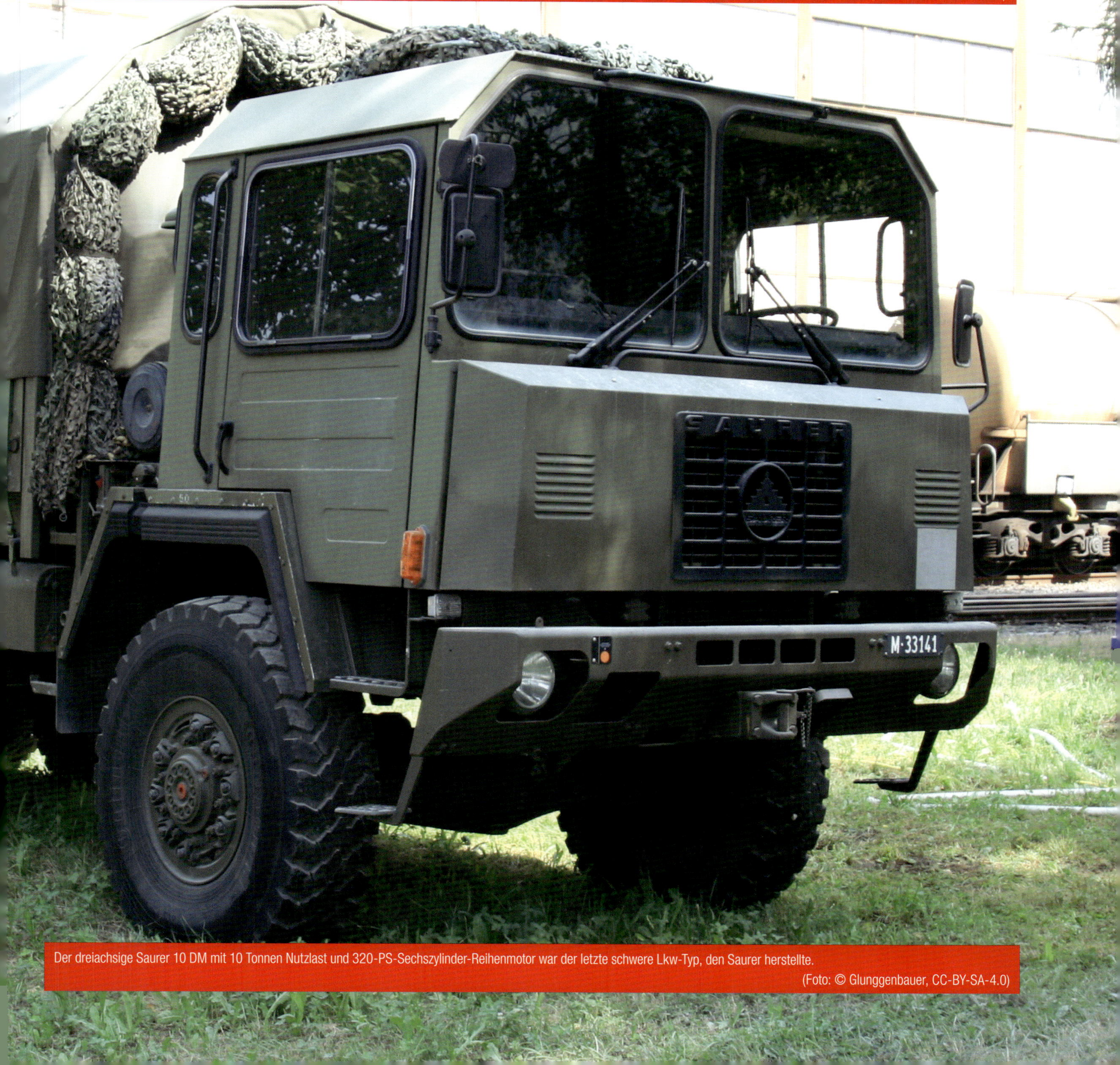

Der dreiachsige Saurer 10 DM mit 10 Tonnen Nutzlast und 320-PS-Sechszylinder-Reihenmotor war der letzte schwere Lkw-Typ, den Saurer herstellte.
(Foto: © Glunggenbauer, CC-BY-SA-4.0)

Der Steyr 40 Lieferwagen von 1932 basierte auf einem Pkw-Fahrgestell.

(Foto: © Sammlung Schröder)

Die österreichische Post setzte ab 1949 diesen Steyr 150 ein.

(Foto: © Sammlung Schrader)

Steyr Lastwagen im Dienste der 375-Jahr-Feier der Brauerei Schwechater.

(Foto: © Michael Kranewitter, CC-BY-SA-4.0)

Der Steyr 480 mit verchromtem Kühler-Emblem und mit 95-PS-Vierzylinder-Diesel wurde von 1957 bis 1969 produziert. (Foto: © Kwerdenker, CC-BY-SA-3.0)

STEYR

Josef Werndl im steyrischen Oberletten/Steyr übernahm 1864 von seinem Vater eine Waffenfabrik und eine Sägemühle. Doch nur die Gewehr- und Pistolenherstellung warf genügend ab, so wurde 1869 daraus die »Österreichische Waffenfabriks-Gesellschaft AG«. Die neue Gesellschaft entwickelte sich in den kommenden Jahren nicht nur zum Waffenausstatter Nr. 1 der österreichisch-ungarischen Armee, sondern sogar zu einem der größten Waffenproduzenten in Europa.

Dennoch schuf sich die Firma aus Steyr weitere Standbeine durch Ausweitung ihrer Produktpalette. So nahm sie gegen Ende des 19. Jahrhunderts die Produktion von Fahrrädern auf, denn der Fahrradbau erforderte hohe Präzision, und damit hatte man ja als Waffenhersteller reichlich Erfahrung. Im Ersten Weltkrieg war Steyr dann in erster Linie als Waffenhersteller gefragt, danach wurden händeringend neue Betätigungsfelder gesucht. So folgte der Schritt hin zum Fahrzeugbau, wobei die zugekaufte österreichische »Fiaker-Automobil-Gesellschaft« die geeignete Plattform bildete. 1922 kamen Lastkraftwagen und Busse hinzu. So richtig in Fahrt kam das Nutzfahrzeuggeschäft aber erst 1934 nach dem Zusammenschluss mit der »Austro-Daimler-Puch AG« zur neuen »Steyr-Daimler-Puch AG«.

STEYR 1500 A FÜR DIE WEHRMACHT

In den Dreißigern hatte Steyr eine Reihe von geländegängigen 4x4- und 4x6-Konstruktionen entwickelt, die in erster Linie für den heimischen Markt bestimmt waren. Nach dem Anschluss Österreichs an das Deutsche Reich 1938 erfolgte die Neuausrichtung des Unternehmens, das nun wieder Gewehre und MG zu fertigen hatte. Steyr indes reagierte mit dem Lastwagen Typ 270, der technisch überzeugte und die Kriterien des Schell-Programms der Reichsregierung erfüllte. Unter der Bezeichnung 1500 A ging der 1,5-Tonner ab 1941/42 an die Wehrmacht. Er ersetzte damit das Modell 640, das noch für das österreichische Militär gefertigt worden war.

Der allradgetriebene Steyr 1500 A überzeugte vor allem durch seine Winterqualitäten, die für den Russlandfeldzug dringend benötigt wurden. Denn sein von Ferdinand Porsche konstruierter luftgekühlter V8-Benzinmotor, der bis zu 85 PS leistete und eine Höchstgeschwindigkeit von 100 km/h ermöglichte, konnte nicht einfrieren. Hergestellt wurde das Modell nicht nur in den Steyr-Werken, sondern auch bei Audi in Zwickau, denn die Kapazitäten bei Steyr reichten nicht aus, um den Bedarf zu decken. Den 1500 A gab's mit vielen Aufbauten, z. B. als Mannschaftstransporter oder als Kommandeurs-, Pritschen-, Funk- und Sanitätswagen. Mehr als 12.000 Fahrzeuge dieses Typs wurden hergestellt. Noch während des Krieges entwickelte Steyr den 1500 A zum Modell 2000 A weiter, dessen Produktion aber 1945 endete.

NEUANFANG NACH DEM KRIEG

Um dem hohen Bedarf an Nutzfahrzeugen in Österreich nach Ende des Zweiten Weltkrieges nachzukommen, wünschte die österreichische Bundesregierung von Steyr den Bau eines Dreitonners. Daher legte Steyr zunächst den alten Kriegstyp 1500 A wieder auf, der dann, 1946 modifiziert und aufgelastet, nun Steyr 370 hieß. Wie gehabt, sorgte der V8-Benziner für Vortrieb. Zum Ende des Jahrzehnts ersetzte ihn der 3,5-Tonner Steyr-Diesel 380, der im Österreich der Fünfziger das Straßenbild prägen sollte. Auf den ersten Blick leicht mit dem Vorgänger zu verwechseln, hatte er einen völlig neu entwickelten Dieselmotor mit zuerst 85, später 90 PS. Der neue Diesel war sparsam, robust und wartungsfreundlich, er half Steyr auch, 1956 mit dem Typ 480 in höheren Nutzlastklassen Fuß zu fassen: Die Hauber mit fünf und sechs Tonnen Nutzlast wurden bis 1968 gebaut. Letzter neuer Haubenlaster war der 120 PS starke Typ 586, der Ende der Fünfziger erschien und erstmals mit einem Sechszylinder-Dieselmotor ausgestattet war. Frontlenker baute Steyr, mal abgesehen vom kurzlebigen 480a32, erst ab 1962; die Baureihen 680 und 780 kamen anfangs vor allem im Fernverkehr zum Einsatz, dann auch als Baustellenkipper.

Trotz der hohen Leistung von 180 PS konnte der 1967 erschienene Steyr 880 mit der noch leistungsstärkeren, preiswerteren und vor allem moderneren Lastwagen-

STEYR

Konkurrenz anderer Hersteller nicht mehr mithalten. Die Antwort aus Österreich auf diese Herausforderung bestand in der Ende der Sechziger runderneuerten Frontlenkerbaureihe. Die neue Steyr-Plus-Reihe wurde bis 1978 hergestellt und brachte dem Unternehmen, das noch immer jegliche Entwicklungsarbeit im Hause vornahm, wieder wachsende Marktanteile. Sie bediente Nutzlasten bis zu 16 Tonnen, hatte ein modernes Fahrerhaus und erfüllte die inzwischen gültige 8 PS/t-Vorschrift. Das Fachblatt Lastauto-Omnibus, Stuttgart, testete Anfang der Siebziger den Steyr Plus 1290 mit 12-Liter-V8. Der aufgeladene Diesel-Direkteinspritzer leistete 320 PS, war leistungsstark genug, aber leise und sparsam – »nervenschonend« sei er, schrieben die Tester, als »einwandfrei und ohne jeden Fehl und Tadel« befanden die Stuttgarter auch den Antriebsstrang. Und die Kabine stelle auch »verwöhnte Fahrer« zufrieden. Gleichwohl: Preisgünstig oder gar billig war er »selbst in Österreich« nicht, denn bei Konstruktion und Bau habe man kaum gespart. Und in Deutschland kaufen konnte man ihn auch kaum, denn Steyr unterhielt kein Vertriebsnetz in der Bundesrepublik. Doch zeige der Testbericht, dass »auch in den Nachbarländern Spitzenprodukte gebaut werden können«.

Das ließ sich mit Fug und Recht auch von der Baureihe Steyr 91 behaupten, welche 1978 die Steyr-Plus ablöste. Das Produktionsprogramm umfasste zunächst die Typen 991, 1291 und 1491. Die 791 und 891 hatten einen Sechszylinder-Motor mit 200 bis 260 PS, die kleineren 591 und 691 waren lediglich 130 PS stark. Das Fahrerhaus der großen Laster war kippbar. Die mit 91M bezeichneten Militärversionen dieser Serie wurden sogar in die USA verkauft.

Dennoch gehörte Österreichs größtes Privatunternehmen mit seinen beiden Werken in Steyr und Graz zu den eher kleinen Herstellern: Die Jahresproduktion lag bei rund 4000 Fahrzeugen und rund 10.000 Traktoren, das war zu wenig, um auf Dauer unabhängig zu bleiben. Daher schien der seinerzeit viel beachtete Griechenland-Coup – der griechische Staat gab den Österreichern den Zuschlag zum Aufbau einer Lkw-Fabrik – ein Schritt in die richtige Richtung zu sein, denn damit hätte Steyr-Daimler-Puch sein Volumen verdoppelt. Im griechischen Zweigwerk liefen dann zwischen 1973 und 1986 ältere Steyr-Typen vornehmlich für's Militär vom Band. Das Unternehmen gehört inzwischen dem griechischen Staat und firmiert unter ELBO.

Ebenfalls für's Militär entstanden die Geländewagen Haflinger und Pinzgauer. Der Haflinger war Österreichs Antwort auf den Jeep, hatte ein Nutzlast von 0,5 Tonnen Allradantrieb. Für Vortrieb sorgte zunächst ein luftgekühlter Zweizylinder-Boxermotor mit 650 Kubik Hubraum und 22 PS. Er lief nach 1961 in größerer Stückzahl dem österreichischen Bundesheer zu. Zehn Jahre später kam dann der Pinzgauer, je nach Konfiguration als 4x4 oder 6x6-Lastwagen (Nutzlast 1,0 bis 1,5 Tonnen) und luftgekühltem Reihen-Vierzylinder-Motor. Aus 2,5 Litern Hubraum schöpfte er 87 PS, der Motor war eine Eigenentwicklung und saß hinter den Vordersitzen. Ab 1985 wurde der auch im Export relativ erfolgreiche Geländekraxler – auch die Schweizer Armee fuhr Pinzgauer – komplett überarbeitet.

DIE ÜBERNAHME DURCH MAN

Steyr-Daimler-Puch war 1980 zum drittgrößten Industrieunternehmen Österreichs aufgestiegen. Um die Wettbewerbsfähigkeit zu erhalten, folgten in den kommenden Jahren umfangreiche Rationalisierungs- und Umstrukturierungsmaßnahmen, in deren Verlauf immer mehr Produktionssparten verkauft oder in eigens gegründete Firmen ausgelagert wurden. 1989 an den deutschen Nutzfahrzeughersteller MAN. Einher damit ging die Gründung der »Steyr Nutzfahrzeug AG«, in der weiterhin mittelschwere Laster von 7,5 bis 17 Tonnen sowie schwere Lkw bis zu 32 Tonnen produziert wurden. Zehn Jahre später rollten aus den Werken in Steyr alle MAN-Laster mit Nutzlasten zwischen sechs und 18 Tonnen. 2001 wurden aus der »Steyr Nutzfahrzeug AG« die »MAN Steyr AG«. Seit 2011 heißt der MAN-Nutzfahrzeug-Bereich »MAN Bus & Truck«. Obwohl die Marke Steyr verschwunden ist, konnten Traditionalisten ihren MAN noch bis 2008 mit einem Steyr-Kühlergrill erwerben.

Steyr Feuerwehrfahrzeug mit Allradantrieb. (Foto: © PD)

Diese dreiachsige Zugmaschine 33S46 für den Schwerlasttransport verfügt über 460 PS.

Ein, mittlerweile ehemaliges Feuerwehrfahrzeug, Steyr Rosenbauer TLFA in Großarl.

LÄNGST VERGESSEN

Jedes Auto, gleich welcher Größe, ist eigentlich ein Nutzfahrzeug, denn es »nützt« seinem Besitzer. In der Frühzeit der Motorisierung stellte daher jeder Autohersteller auch Nutzfahrzeuge her. Die Entwicklungslinien trennten sich aber schon 1896, als Daimler den ersten echten Lastwagen – nicht mehr als einen Pritschenwagen mit offenem Fahrerstand – für die Weltausstellung in Paris vorstellte. Auch wenn die Resonanz darauf, aus kommerzieller Sicht, zunächst enttäuschend war, so war die Konkurrenz doch aufgeschreckt und begann – einer guten Idee ist es ja bekanntlich egal, wer sie hat – mit ähnlichen Entwicklungen; mal mit mehr, meist aber mit weniger Geschick und in jedem Fall mit einem gehörigen Maß an Pech: Einigen dieser Unglücksraben begegnen wir in diesem Kapitel.

Die traditionelle Kühlerfigur der Adler-Fahrzeuge. (Foto: © PD)

DÜRKOPP
MOTORFAHRZEUGE
DÜRKOPPWERKE · AKTIENGESELLSCHAFT · BIELEFELD

ELITEWERKE · AKTIENGESELLSCHAFT · BRAND-ERBISDORF

VI. Ausgabe **AKTIE** № 15391
der
Rud. Ley Maschinenfabrik Aktiengesellschaft,
Arnstadt i. Th.
über
EINTAUSEND MARK.

FÜR DIE WOHLFAHRTSPFLEGE
Elektro-Paketzustellwagen um 1930
100 +50
RP-8487
DEUTSCHE BUNDESPOST BERLIN
1990

Zu Beginn der 30er Jahre erschien noch der Adler 1,0 t Kastenwagen mit Sechszylinder-motor.
(Foto: © Sammlung Schrade)

Zwei Bergmann Paketzustellwagen mit Elektromotoren.
(Foto: © Urmelbeauftragter, GFDL)

BERGMANN·
Elektrizitäts-Werke, A.G.
BERLIN, N.
Oudenarder &
Hennigsdorfer-Str.

Ein Bergmann Elektro-Lkw aus dem Jahr 1907. Besonders die deutsche Post war ein dankbarer Abnehmer.
(Foto: © Sammlung Schrader)

ADLER / BERGMANN / BRENNABOR

ADLER

1899 hatten sich die Adlerwerke in Frankfurt/M. parallel zum Bau von ersten Automobilen zusätzlich in der Herstellung von Nutzfahrzeugen versucht, die auf Pkw-Fahrgestellen basierten. 1905 begannen die Adlerwerke mit der Produktion von Lastkraftwagen. Natürlich bauten die Frankfurter auch Subventions-Lkw – das waren vom deutschen Heer subventionierte Lastwagen, um sie im Kriegsfalle selber nutzen zu können. Wie bekannt, trat dieser alsbald ein, von nun an produzierte Adler für des Kaisers Truppen. Nach dem verlorenen Krieg überschwemmten die Behörden den Markt mit ausgemustertem Militärmaterial zu Schleuderpreisen, was die Lastwagenproduzenten in Schwierigkeiten brachte. Denn die Nachkriegs-Typen, auch bei Adler, bestanden in erster Linie aus den unveränderten Kriegstypen. Erst ab 1922 kam eine neue Modellgeneration, die dank anderer Vergaser auch andere Treibstoffe verkraftete. Das Programm fächerte sich auf in 1,5- bis 2,5-Tonner mit Vierzylinder-Motor und einer Leistung von 12/34 PS sowie einem Sechszylinder-3-Tonner mit 18/80 PS, Luftreifen und Vierradbremsen. Nachdem 1926 Adler für den Pkw-Bau ein Fließband eingeführt hatte, ließen die Frankfurter die bisherigen schwereren Lkw-Reihen auslaufen. Die leichteren Modelle wurden 1931 vom Band genommen, denn Adler musste mit Büssing-NAG kooperieren. Die Frankfurter übernahmen den 1,5–2-Tonner von Büssing und ließen ihre eigene Nutzfahrzeugproduktion zugunsten von Pkw auslaufen.

BERGMANN

Sigmund Bergmann aus Tennstedt/Thüringen war ein deutscher Auswanderer und enger Mitarbeiter von Elektro-Pionier Thomas Edison. Bergmann besaß eine Firma für Glühbirnen, die er später verkaufte; ihn selbst zog es, Millionen schwer, zurück in die alte Heimat. In Berlin begann er 1891 mit der Produktion von Telefonanlagen und elektrischen Beleuchtungen, von Dynamos, Elektromotoren, Schiffsturbinen, Elloks und schließlich – ab 1910 – auch von Lastwagen nach belgischer Lizenz. Die hatten entweder Benzinmotoren oder aber eigene Elektromotoren. Als die Lizenz auslief, wurden nur noch Elektrolastwagen gebaut. Vor allem die deutsche Reichspost war ein dankbarer Abnehmer dieser Lastwagen, die bis Ende der Dreißiger hergestellt wurden und dann, nach dem Krieg neu aufgebaut, vor allem im Ostteil Berlins noch in den Fünfzigern zu sehen waren. 1949 wurde die Bergmann AG in einen Volkseigenen Betrieb umgewandelt. Unter der Bezeichnung »VEB Bergmann-Borsig« stellte die Firma nun Energieanlagen, Großturbinen und Kraftwerksgeneratoren her, seit den 60er Jahren zusätzlich Trockenrasierer. Mit der Wende 1990 entstand zunächst die »ABB Bergmann-Borsig GmbH«, die später in der »Alstom Power Service GmbH« aufging.

BRENNABOR

Längst Geschichte ist auch die Firma Brennabor, gegründet 1871 in Brandenburg/Havel. Erfolgreichstes und meistverkauftes Produkt der Firma waren – Kinderwagen. Denn zu der Zeit hatte Deutschland eine schnell wachsende Bevölkerung, und Körbe und Kinderwagen waren gefragt wie nie. 1881 kamen die ebenfalls sehr nachgefragten Fahrräder dazu, und der Rest ergab sich beinahe von selbst: 1901 Motorräder, 1908 Personen- und Lieferwagen, die zunächst noch auf den Personenwagen basierten. Verschiedene Entwicklungsstufen führten von der dreirädrigen Brennaborette über den offenen C9 mit 18 PS Leistung und 0,6 Tonnen Nutzlast zum 28 PS starken F8 mit bis zu einer Tonne Nutzlast. Nach dem Krieg ging es mit diversen Transportern und Leichtlastwagen weiter bis hin zu den 2-Tonner-Typen ATZ und ASK mit jeweils 55 PS Leistung von 1930. Doch trotz aller Erfolge litten die Brandenburger schwer unter der Weltwirtschaftskrise: Als Konsequenz daraus wurde 1931 zuerst die Lkw- und drei Jahre später auch die so erfolgreiche Pkw-Produktion eingestellt. Den Krieg überlebte das Unternehmen nicht, am ehemaligen Firmensitz entstand dann 1948 der VEB Brandenburger Traktorenwerk.

Ein Schnelllieferwagen der Firma Brennabor aus Brandenburg/Havel.
(Foto: © Michael, CC-BY-NC-SA-2.0)

DAAG / DÜRKOPP

DAAG

Die »Deutsche Last-Automobilfabrik AG« DAAG hatte sich schon in ihrem Firmennamen der Herstellung von Lkw verpflichtet. Und dies tat sie beinahe 20 Jahre lang. Groß geworden war sie mit Lastern für das deutsche Heer, denn das 1906 im westfälischen Ratingen gegründete Unternehmen konzentrierte sich nach 1910 voll auf die Entwicklung eines 4,5 Tonners für die Armee. Mit seinen Subventionslastwagen kam die DAAG dick ins Geschäft. Und mehr noch: Zusammen mit einem Modell von Büssing bildete der schwere DAAG-Laster das Muster für den Subventions-Einheitstyp des Jahres 1913, den alle anderen Hersteller zu bauen hatten. Zu dem 4,5-Tonner gesellten sich in den kommenden Jahren weitere Fahrzeuge mit Nutzlasten zwischen 1,5 bis 6 Tonnen und Omnibusse. Als der Erste Weltkrieg 1914 ausbrach, ging die gesamte Lasterproduktion von DAAG an die Armee.

Dem steilen Aufstieg folgte in der Nachkriegszeit der tiefe Fall: Denn weil das Deutsche Reich mit seinen Reparationsleistungen in Verzug geraten war, besetzten französische Truppen die Region. Daraufhin stellte die Reichsregierung die Zahlungen vorerst ganz ein, Behörden und Betriebe wurden durch Generalstreiks lahmgelegt, davon war auch DAAG betroffen. Erst nach Ende des Ruhrkampfes 1923 konnte es weiter gehen. Wichtig in jenen Jahren war der mit Gummireifen versehene DAAG-Schnelllaster NAC 2/25 (Höchstgeschwindigkeit 50 km/h), der beispielsweise als Brauereilaster, bei der Feuerwehr, in Kommunen und selbst bei der Reichspost lief. Doch richtig Geld in die Kasse spülte nicht der Lastwagen, sondern der davon abgeleitete Postbus. Dafür wurde ein in Schwierigkeiten geratener Karosseriebauer gekauft, doch das bescherte der DAAG so richtig Probleme, denn die Absatzzahlen brachen ein, und weder frisches Geld, neue Typen noch Entlassungen vermochten daran etwas zu ändern: Der unausgereifte 6-Tonner L 6 von 1928 mit seinem anfälligen Sechszylinder-Motor brach dem Ratinger Unternehmen vollends das Genick. Krupp kaufte 1930 die Reste auf und machte dann das Licht aus.

DÜRKOPP

Mit Nähmaschinen fing bei Dürkopp alles an, zu Nähmaschinen ist das heute unter Dürkopp Adler AG firmierende Bielefelder Unternehmen längst zurückgekehrt. Doch dazwischen gab es eine Phase, in der Dürkopp eigene Lastkraftwagen baute.

Am Anfang der Geschichte steht ein Herr Nicolaus Dürkopp, der sich zuerst in der Nähmaschinenbranche getummelt hatte und dann, nachdem immer mehr Anbieter auf den Markt drängten, 1885 erster deutscher Serienhersteller von Fahrrädern wurde. Es folgte der übliche Werdegang: Motorräder, dann Personenwagen und schließlich Nutzfahrzeuge, vor allem Omnibusse, Brauereilaster und dann Subventionslastwagen. Anders als die meisten Konkurrenten hatte nämlich der Dürkopp Viertonner von 1907 Kardanantrieb, keine Ketten, und das überzeugte die Militärs. Während des Krieges lieferte Dürkopp 3- und 4,5-Tonner an das Heer, diese nun allerdings wieder mit Kettenantrieb, denn die anderen Hersteller konnten das ja nicht bieten. Da aber in den Fuhrparks möglichst einheitliche Technik verwendet werden sollte, ruderten die Bielefelder wieder zurück.

Wie vielen Produzenten von Heereslastwagen machte auch Dürkopp nach 1918 der Wegfall der Armee als Abnehmer zu schaffen. Denn die private Nachfrage nach den schweren Armeelastern war in den schlechten Nachkriegszeiten gering. Vielmehr gefragt waren leichtere Fahrzeuge, die aber natürlich kaum einer im Angebot hatte, weil alle auf die Erfordernisse der Militärs eingestellt waren.

Dürkopp fertigte erst einmal in kleinen Stückzahlen seine Heereswagen weiter. Einzig »neuer« Laster im Programm war der zum L 1,5 überarbeitete Vorkriegs-L 30, der in vielen unterschiedlichen Ausführungen bis ins Jahr 1929 gebaut wurde. Gelebt hat die Firma aber von Fahrrädern und Nähmaschinen, was zur Folge hatte, dass bis Anfang der Dreißiger nach und nach die gesamte Palette an Personen- und Lastwagen bis hoch zu den schweren Typen mit 3,5 Tonnen Nutzlast, Luftreifen und Kardanwelle eingestellt wurde.

DAAG Subventionslastwagen von 1912. (Foto: © Sammlung Schrader)

Armaturentafel mit Lenkrad eines DAAG-Postwagens.

(Foto: © Urmelbeauftragter, GFDL)

Ein Dürkopp mit Nachläufer zum Holztransport von 1913. (Foto: © Sammlung Schrader)

Dürkopp Langholztransporter von 1913. Dürkopp hatte bereits vor dem Ersten Weltkrieg mit der Nutzfahrzeug-Herstellung begonnen. (Foto: © Sammlung Schrader)

1918 verfügte das Heer über rund 40.000 überzählige Lkw. Sie wurden, wie dieser Dux Poly, günstig verkauft, was viele Lkw-Hersteller, die keine Neuwagen mehr verkaufen konnten, zur Aufgabe zwang. (Foto: © Sammlung Schrader)

Econom baute die ersten deutschen Laster nach dem Zweiten Weltkrieg.
(Foto: © Sammlung Schrader)

Kavallerie-Heereslastwagen Dux LO, 1917. Luftbereifung war damals kaum mehr üblich, die meisten Lkw waren schon auf Holzräder mit Eisenbandagen oder Eisenräder umgestellt worden. Der Bügel vor dem Kühler dient als Schutz und Drahtabweiser. (Foto: © Sammlung Schrader)

DUX / ECONOM / ELITE

DUX

Seit 1904 beschäftigten sich die »Polyphon-Werke AG« in Wahren bei Leipzig mit dem Automobilbau. Groß geworden waren sie mit Schallplatten und Phonogeräten, dann begannen sie mit dem Bau von Fahrzeugen nach Lizenz und dann auch nach eigenen Entwürfen. Davon abgeleitet wurde ein leichter Lastwagen mit 1,5 Tonnen Nutzlast, gefolgt von den schwereren Typen LI (ein 2,5-Tonner) und LO (3-Tonner). Für Letzteren erwärmte sich das kaiserliche Heer, kaufte ihn an und setzte den Regeldreitonner als sogenannten »Kavallerie-Heereslastwagen« ein. Kurz vor Kriegsbeginn stieg Dux dann auch in die Fertigung der Subventionslaster, der 4,5-Tonner mit 50 PS, ein. Zu Kriegszeiten entstanden davon rund 40 Stück im Monat.

Die 3-Tonnen- und 4,5-Tonnen-Lastwagen, mit denen Dux die Armee versorgt hatte, bildeten nach dem Krieg zunächst die Basis für die Lkw-Produktion der Nachkriegszeit. Nachdem aber wegen wirtschaftlichen Schwierigkeiten das Geld knapp zu werden begann, kam es zu einer kurzfristigen Zusammenarbeit mit den Konkurrenten Presto, Magirus und Vomag zum DAK (Deutscher Automobil Konzern), wobei Dux mit dem 50 PS starken Dux Schnelllaster Typ Z 1925 einen echten Bestseller im Programm hatte. Dux ging zwar dennoch unter, doch in den Werkshallen wurde der Typ Z bis weit ins nächste Jahrzehnt hinein von Büssing-NAG gebaut. Büssing baute dort noch bis 1945 Lkw, Omnibusse und Radpanzer fürs Militär.

10/50-PS-Schnelllieferwagen von Elite aus dem Jahr 1920, von dem auch eine Pkw-Version existierte.
(Foto: © Sammlung Schrader)

ECONOM

Econom galt als erste neue Lastwagenmarke nach dem Kriege und tauchte in den Statistiken als Westberlins einzige Lastwagen-Marke auf. Gegründet wurde sie 1948 von einem ehemaligen Hanomag-Direktor, der nach 1945 ehemalige Wehrmachts-Laster aufmöbelte und dann aus Ford-Teilen eigene Lastwagen zusammenzimmerte. An Teilen kam zum Einsatz, was immer irgendwie brauchbar erschien, wahrscheinlich glich kein »Econom«-Lastwagen dem anderen. Die Bezeichnung selbst war Programm, preisgünstig sollten sie sein, die Lastwagen aus Berlin, haltbar und zuverlässig. Und daher waren sie lahm. Denn der Econom – zulässiges Gesamtgewicht immerhin knapp 8,1 Tonnen – hatte anfangs lediglich einen Zweizylinder-Diesel mit 25 PS unter der Haube und schaffte eine Spitze von 38 km/h. Was an Motorkraft fehlte, machte das Getriebe wieder wett, die Viergangbox hatte ein Vorgelege, so dass letztlich acht Vorwärts- und zwei Rückwärtsfahrstufen zur Verfügung standen. Einen Tachometer schenkte man sich, die innerorts zulässige Höchstgeschwindigkeit von 40 km/h schaffte ein Econom auch an guten Tagen nicht. Mutmaßlich wurden 1955 die letzten Lastwagen gebaut, angeblich entstanden rund 1000 Stück. Überlebt hat wohl keiner.

ELITE

Noch eine Lastwagenmarke aus der Frühzeit des Automobils: Elite. Deren Ursprünge reichen zurück ins Jahr 1888, als in Gera Friedrich Hering einen Zulieferbetrieb für Fahrrad- und später Automobilteile gründete. Um die Jahrhundertwende begann dann unter dem Markennamen »Rex Simplex« der Bau von Pkw. 1908 lief dann in Berlin die Fertigung von leichten Lastwagen im Bereich bis 2,5 Tonnen Nutzlast an. Berlin war auch die Heimat der »Elite Werke AG«, die ebenfalls Autos baute, darunter leichte Lastwagen mit Vier- und Sechszylinder-Motoren. Anfang der Zwanziger fusionierten beide Unternehmen, der eine Werksteil konzentrierte sich auf Personenwagen, der andere auf Lastwagen. So entstanden in den folgenden Jahren 1,5-, 2- und 3-Tonner. Den 3-Tonner BL gab es beispielsweise sowohl als Kasten- und Pritschenwagen als auch als Feuerwehrfahrzeug.

1927 schlitterten die Elite-Diamant-Werke, wie sie mittlerweile (nach Zusammenschluss mit den Diamant-Fahrradwerken) hießen, in die Krise. Daraufhin stieg die Opel AG ein, stieß Elite aber schon ein Jahr später wieder ab. Das bedeutete das Ende für Elite-Diamant. Der eine Betriebsteil, der Personenwagen gebaut hatte, machte gleich dicht, das Lastwagenwerk im Jahr darauf. Auf dem ehemaligen Elite-Werksgelände in Brand-Erbisdorf steht heute ein Gewerbepark.

ERHARDT / LEY

ERHARDT

Heinrich Erhardt war einer der wichtigen deutschen Unternehmer in der Kaiserzeit, sowohl im Automobilbau (»Wartburg«) als auch auf dem Gebiet der Rüstung (Kanonen). Nachdem sich Erhardt im Streit von seiner »Fahrzeugfabrik Eisenach« getrennt hatte, gründete er 1903 in Düsseldorf eine neue Automobilfirma als Abteilung seines Rüstungswerkes, das vor allem Kanonenrohre produzierte. Neben Personenwagen baute der »Kanonenkönig« dort auch Nutzfahrzeuge. Um 1910 umfasste seine Palette Fahrzeuge mit Nutzlasten zwischen 2,5 und 5 Tonnen. Deren Motoren entstanden im Aluminiumguss-Verfahren, weshalb sie werbewirksam als »Kanonenstahl-Nutzfahrzeuge« vermarktet wurden. Natürlich baute Erhardt auch Subventions-Lastwagen mit Kettenantrieb für das Heer; der Kanonenbauer setzte auf die Ladefläche seiner Lkws zudem ein Geschütz (von Rheinmetall), was noch vor dem Kriege zum ersten Flak-Fahrzeug führte. Im Krieg entstanden dann schwere Armeelastwagen sowie das Panzerspähfahrzeug E-V/4. Dieser E-V/4 kam in den unruhigen Anfangsjahren der Weimarer Republik als Straßenpanzerfahrzeug zum Einsatz.

Nach dem Krieg war auch für Erhardt zunächst einmal Schichtende, der Markt für Autos und Lkw war zusammengebrochen. Statt neuer Modelle bot die Firma einen alten Dreitonner mit neuem Motor an. Daneben wurde der erwähnte Straßenpanzerwagen nachgefragt. Mit Beginn der 20er Jahre fertigte Erhardt für die Polizei einen sogenannten »Schupo-Wagen«. Doch Ende 1921 schloss Erhardt sein Automobilwerk und versuchte im Jahr darauf noch einmal unter dem Namen »Erhardt-Szawe« mit leichten Lastwagenmodellen (10/40 und 14/55 PS) den Neustart. 1924 war endgültig Schluss. Erhardt verlor die Reste seines Privatvermögens: Nach Konkursen, Fehlspekulationen und Inflation starb er 1928 verarmt in seiner Heimatstadt in Thüringen.

LEY

Rudolf Ley hatte selber in der 1856 gegründeten thüringischen Fabrik zehn Jahre lang als Schlosser gearbeitet, ehe er sie 1868 übernahm und dort u.a. Schuh- und Nähmaschinen herstellte. Zu Beginn des neuen Jahrhunderts begann das Unternehmen mit der Entwicklung und Produktion von Kleinwagen mit der Markenbezeichnung »Loreley«. Nach dem Tod von Rudolf Ley 1901 übernahmen seine vier Söhne den Betrieb, unter Leitung des ältesten Sohnes Alfred hatte die Fahrzeugentwicklung begonnen, die 1905 schließlich zum ersten Prototyp mit wassergekühltem Vierzylinder-Motor namens »Loreley« führte. Sein Erfolg bei Publikum und Fachpresse hatte die Serienproduktion im Jahr darauf zur Folge. Der Verkauf des betriebseigenen Elektrizitätswerks half dem expandierenden Unternehmen, ein neues Fabrikgebäude auf dem bisherigen Firmengelände zu finanzieren, in der die Automobilherstellung eine von drei Abteilungen bilden sollte.

Nach dem Ersten Weltkrieg, während dem der Thüringer Autobauer u. a. Sanitätskraftwagen hergestellt hatte, nahm Ley die Fertigung seiner Personenwagen wieder auf. Gleichzeitig ersetzte der Familienname »Ley« die bisherige Markenbezeichnung »Loreley«, was nichts daran änderte, dass die Nachkriegs-Inflation zu Beginn der 20er Jahre dem Unternehmen stark zusetzte. Außerdem hatte vor dem Ersten Weltkrieg Ley bis zu 70 Prozent ins Ausland exportiert, und dieser Markt war natürlich komplett weggebrochen. Verzweifelt versuchte Ley, mit Neuentwicklungen die Talfahrt zu stoppen. Weil aber das Geschäft mit den Personenwagen nicht mehr lief, begann Ley 1925 mit der Fertigung von Schnelllastern als Pritschen- und Kastenwagen sowie mit Aufbauten. Das erste Modell 12/14 PS U12 L mit seinem Vierzylinder-Motor und einer Nutzlast von 1,5–2 Tonnen entstand zusätzlich auch als Omnibus, weitere Typen wie der 60 PS starke 2,5-Tonner V14 L mit Sechszylinder, der Zweitonner 14/50 PS, ebenfalls mit Sechszylinder-Motor, sowie der Ley-Dreiachser mit 45 PS und 2,5-Tonnen Nutzlast folgten. Die Verkaufszahlen blieben mies. Zum Schluss hängte sich Ley an die MAN-Vertriebsorganisation an, auch dies erfolglos: Anfang der Dreißiger sperrte Ley den Laden zu, verkaufte 1935 die Reste der Automobilfabrik und behielt nur noch das Gelände in der Wagnergasse von Arnstadt.

Erhardt Lieferwagen Typ 7/21 PS aus dem Jahr 1921 mit 350 kg Nutzlast.
(Foto: © Sammlung Schrader)

Ein Ballonabwehrgeschütz von Erhardt, bestehend aus einer 5-cm-Ballonabwehrkanone L/30 Rheinmetall auf dem teilgepanzerten Erhardt-Lastkraftwagenmodell 1906.
(Foto: © PD)

Als Straßenpanzerwagen eingesetzter Panzerspähwagen Erhardt E-V/4.   (Foto: © PD)

Ley-Zweitonnen-Schnelllieferwagen vom Typ 14/50 PS aus dem Jahr 1928.

(Foto: © Sammlung Schrader)

Frühes Lastwagenmodell von Nacke aus dem Jahr 1914.   (Foto: © Sammlung Schrader)

Podeus-Lastwagen wurden in das Subventionsprogramm der deutschen Armee aufgenommen.

(Foto: © Sammlung Schröder)

Nacke Lkw mit einer Nutzlast von 2,5 Tonnen und einer Motorleistung von 45 PS aus dem Jahr 1928. Der Laster hat noch keine Luftbereifung.   (Foto: © Sammlung Schrader)

NACKE / PODEUS

Subventionslaster von Podeus kurz vor der Erprobung im Jahr 1912.
(Foto: © Sammlung Schrader)

NACKE

Im fortgeschrittenen Alter von 57 Jahren stieg der gelernte Maschinenbau-Ingenieur Emil Hermann Nacke noch in den Automobil- und Lastwagenbau ein und wurde so zum ersten Autoproduzenten in Sachsen, noch vor Horch. Weil sich Nacke allerdings modernen Produktionsmethoden verweigerte, ging die Firma nach rund 25 Jahren pleite.

Bis dahin aber hatte Emil Hermann Nacke, Jahrgang 1843, eine erstaunliche Karriere hingelegt: Erst als Maschinenbauingenieur, dann –1884 – als Gründer einer Zellulosefabrik in Dresden, die bis 1990 existierte. 1891 gründete er eine Maschinenfabrik, die Pumpen und Maschinen für die Papierindustrie fertigte und dann, 1901, eine Abteilung für die Produktion seines selbst entwickelten Autos, des »Coswiga«, benannt nach der Stadt Coswig bei Dresden.

Der Produktion von Nobel-Pkw folgten einige Jahre später schwerere Lastwagen, und zwar 3- und 4,5-Tonner. Natürlich war wieder das Militär zur Stelle und setzte die Nacke-Lkw mit 2,5-, 3,5- und 4,5-Tonnen Nutzlast im Krieg ein.

Danach ging es mit den alten Vorkriegstypen wieder weiter, in den Zwanzigern dann baute Nacke Lkws mit 2,5-, 3,5- und 5 Tonnen Nutzlast, die mit unterschiedlichen Aufbauten erhältlich waren, dazu kamen Kommunalfahrzeuge, Omnibusse und Feuerwehrwagen. Er verpasste Mitte der 20er Jahre seinen Fahrzeugen Luftbereifung und fand damals in der Reichswehr wieder einen treuen Abnehmer. Die Weltwirtschaftskrise von 1929 erwischte Nacke aber dennoch, denn als die Geschäfte gut liefen, hatte Nacke nicht an eine Rationalisierung gedacht, und nun war es zu spät für eine Fließbandfertigung: Die letzten Lastwagen, nun mit MAN-Motoren, verließen Anfang der Dreißiger Nackes Fabrikhalle. Kurz darauf – 1933 – starb der Firmengründer.

PODEUS

Paul Heinrich Podeus stammte aus einer Kapitänsfamilie, hatte, wie es sich gehörte, ursprünglich auch eben diese Laufbahn eingeschlagen und war 1880 als Kommerzienrat wohlhabend genug geworden, um eine Holz-, Maschinen- und Waggonbaufabrik aufzukaufen. Als Unternehmer agierte er nicht minder erfolgreich, eine Betriebsgründung folgte der nächsten, bis seine Söhne 1910 schließlich auch Lastwagen als Artilleriezugmaschinen zu produzieren begannen. Die Entwürfe dazu stammten vom Automobilpionier Josef Vollmer, der u. a. bereits für die N.A.G. gearbeitet hatte. Die Karosserien für ihre Zugmaschinen produzierten die Podeus-Brüder in einem anderen Werksteil. Die beiden Lastwagenmodelle L III mit drei Tonnen Nutzlast und 50 PS sowie der Fünf-Tonner L V mit 60 PS Leistung – die Motoren stammten von Kämper – bewährten sich so gut, dass das Heer bei Podeus auf Einkaufstour ging, und so wurde der Krieg schließlich auch für Podeus zum Geschäft.

Nach 1918 stieg Podeus dann auf die Landmaschinenfertigung um, mit Lkw war kein Geld mehr zu verdienen. Der bereits seit 1912 auf kleiner Flamme gefertigte »Motorpflug«, aus dem die Artilleriezugmaschine hervorging, war aber wegen seiner sehr umständlichen und nicht mehr zeitgemäßen Seilführung nur mäßig erfolgreich, auch die in der nunmehrigen »Motorpflugfabrik gebauten Raupenschlepper waren ebenfalls keine Renner für die Wismarer. Schwedisches Geld half nur, das Ende noch bis 1926 hinauszuzögern, als die Lkw-, Schlepper- und Landmaschinenfertigung endgültig liquidiert werden musste.

Die gesamte Firmengruppe war nun erledigt, alle Betriebe wurden verkauft, nur die Waggonfertigung, die sich auf die Produktion von Kesselwagen stützte, entging dem Untergang und wurde von der Eisenbahn Verkehrsmittel AG EVA übernommen. Bis 1947 konnte sich – in den Händen anderer Besitzer – diese Waggonfabrik noch halten. Auch danach gab es für deren Werkshallen noch Verwendung, zu DDR-Zeiten arbeitete man im ehemaligen Podeus-Werk für die Thesen-Werft und für den VEB Dieselmotorenbau. Erst 2010 wurden die letzten Betriebsteile endgültig geschlossen.

PRESTO / RUMPLER

PRESTO

Fahrräder bildeten die Basis der Chemnitzer Presto-Werke, sie waren das einzige Produkt, das die Firma von Anfang an bis (fast) zum bitteren Ende produzierte. Das Unternehmen gegründet hatte Georg Günther, der sich im Jahr 1897 im sächsischen Tharandt mit einem eigenen Betrieb selbstständig machte, nämlich den »Presto Fahrradwerke Günther & Co.«. Damit hatte er so viel Erfolg, dass er bereits 1898 expandierte und einen Geschäftspartner mit ins Boot holen musste. Seine neue Firma siedelte er in Chemnitz an.

1901 erweiterte Presto sein Portfolio um Motorräder und Automobile. Letztere entstanden nach einer Lizenz des französischen Herstellers Delahaye; sechs Jahre später begannen die Chemnitzer mit der Entwicklung eigener Fahrzeuge, für die dann neue Fertigungsstätten notwendig wurden. In der Zeit bis zum Ersten Weltkrieg entstanden dort ein 1,5-Tonner, der im Krieg als Sanitäts- und Telegrafiewagen zum Einsatz kam, ein 2-Tonner sowie ein 3,5-Tonner, ein »Kavallerie-Heereswagen«. Zu Beginn der 20er Jahre bot Presto mit dem Einheitsmodell Typ D 9/30 PS einen Lieferwagen für den Zivilbereich an.

Die 20er Jahre waren auch für Presto kein Spaß, Inflation und Nachkriegs-Depression belasteten jeden Hersteller, und kleine ganz besonders. Presto schloss sich dann mit den Marken Vomag, Magirus und Dux zum kurzlebigen »Deutschen Automobil Konzern« D.A.K. zusammen, um durch eine gemeinsame Marketing- und Produktpolitik besser durch die wirtschaftlich unsicheren Zeiten zu kommen. Geld für echte Neuentwicklungen fehlte, Prestos Dreitonner von 1926 war ein aufgehübschter Kriegs-Laster.

Ein Jahr später fusionierten die Chemnitzer mit Dux. So entstand auf Basis des Dux-Schnelllasters Typ Z der Presto-Lkw mit 1,5 Tonnen Nutzlast und 40 PS, dessen Weiterentwicklung zum 2- bis 2,5-Tonner 3 AZ führte. Das half aber auch nicht weiter, 1928 stieg die NAG ein, beerdigte nach einer kurzen Schamfrist die Marke und verscherbelte die Werkshallen an die Auto Union.

RUMPLER

Edmund Rumpler, 1872 in Wien geboren, machte Karriere im Deutschen Reich, zuerst als Konstrukteur 1898 in Berlin bei der Allgemeinen Motor-Wagen-Gesellschaft, dann bei den Daimler Motoren Werken, anschließend bei Adler in Frankfurt, wo er für die Hessen die ersten Motoren entwickelte und die Schwingachse erfand.

Vier Jahre später, 1906, machte er sich in Berlin selbstständig und gründete 1908 die erste deutsche Flugzeugfabrik. In den folgenden Jahren entstanden diverse Flugzeuge nach eigenen Entwürfen, darunter die im Ersten Weltkrieg eingesetzten B- und C-Reihen.

Nach dem alliierten Bauverbot von Flugzeugen in Deutschland betätigte sich Rumpler wieder als Automobilkonstrukteur und entwickelte zu Beginn der 20er Jahre den »Tropfenwagen«, in den Rumplers ganze Erfahrungen mit der Aerodynamik von Flugzeugen eingeflossen waren. Dieses erste stromlinienförmige Automobil Deutschlands diente selbst in den Siebzigern und Achtzigern noch Firmen wie VW zum Vorbild in punkto Stromlinien-Design. Der Entwurf indes war ein kommerzieller Reinfall, da das Auto recht teuer und technisch unausgereift war.

Nach dieser Episode fertigte Edmund Rumpler – seine Flugzeugwerkstätten hatte er mittlerweile verkauft – in einer neuen Firma zwei Prototypen eines futuristisch anmutenden Lasters mit hinterer Schwingachse. Im Typ RuV 29 war ein Sechszylinder-Maybachmotor mit 90 PS eingebaut, den Typ RuV 31 trieb ein 150 PS starker Zwölfzylinder-V-Motor an, der dem Stromlinien-Lkw eine Höchstgeschwindigkeit von 100 km/h verlieh. Das verkraftete damals kein Pneu, der Reifenhersteller Continental musste extra dafür Spezialreifen anfertigen. Der Ullstein-Verlag nutzte den ungewöhnlichen Dreiachser für den Überlandversand seiner Zeitung. Zwei dieser frontangetriebenen Laster entstanden, sie gingen 1943 im Bombenhagel verloren. Rumpler war bereits 1940 im englischen Exil verstorben.

1,5-Tonner von Presto aus dem Jahr 1926, basierend auf den Dux-Schnelllastern.
(Foto: © Sammlung Schrader)

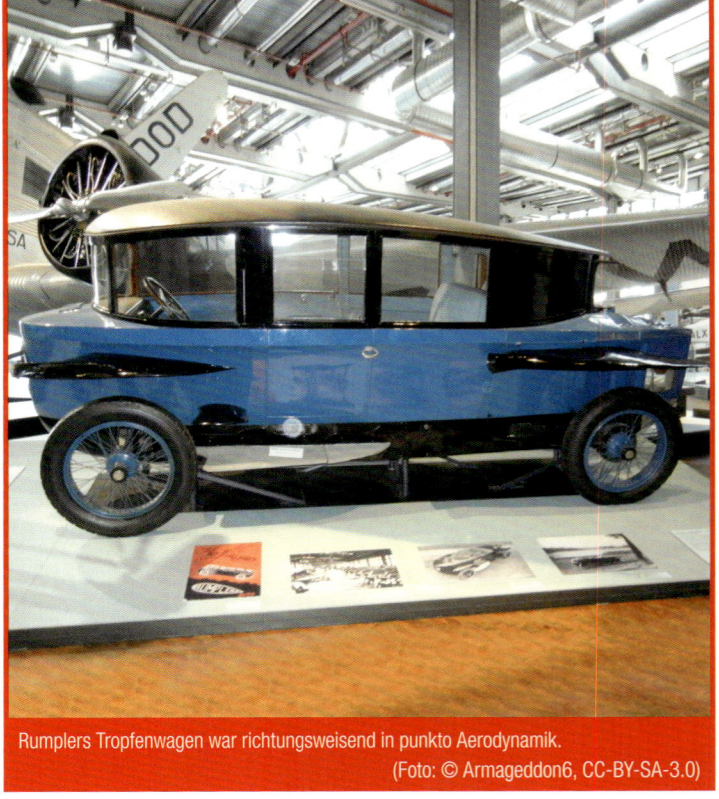

Rumplers Tropfenwagen war richtungsweisend in punkto Aerodynamik.
(Foto: © Armageddon6, CC-BY-SA-3.0)

Rumpler Lkw von 1930 in Diensten des Berliner Zeitungshauses Ullstein.
(Foto: © Bundesarchiv, Bild 183-H080I-0500-001, CC-BY-SA)

MAN-Lasterflotte für den Fern-, Verteiler- und Traktionsverkehr.　　　　　　(Foto: MAN Truck & Bus AG)